"十四五"职业教育部委级规

"现代纺织技术"国家高水平专业群立项教材

新型纤维材料与制品

马顺彬　主　编

陆　艳　副主编

中国纺织出版社有限公司

内 容 提 要

本书以项目制的形式，系统介绍了新型天然纤维、新型再生纤维、新型功能性纤维、生物医学纤维、生物基纤维、新型无机纤维和高性能纤维。通过对本书的学习，学生能够系统掌握和了解新型纤维材料的结构、性能、生产工艺、应用领域及产品特点等方面的知识，为未来从事纤维材料的开发与应用奠定理论基础；并着重提高学生的跨学科融合和创新能力。

本书可作为高等院校纺织、服装、材料等专业的教材，也可作为其他相关专业师生、企业和科研院所的工程技术人员及营销人员的参考用书。

图书在版编目（CIP）数据

新型纤维材料与制品 / 马顺彬主编；陆艳副主编
. --北京：中国纺织出版社有限公司，2024.8
"十四五"职业教育部委级规划教材 "现代纺织技术"国家高水平专业群立项教材
ISBN 978-7-5229-1792-4

Ⅰ.①新… Ⅱ.①马…②陆… Ⅲ.①纺织纤维—职业教育—教材 Ⅳ.①TS102

中国国家版本馆 CIP 数据核字（2024）第 104201 号

责任编辑：沈 靖 孔会云 责任校对：高 涵
责任印制：王艳丽

中国纺织出版社有限公司出版发行
地址：北京市朝阳区百子湾东里 A407 号楼 邮政编码：100124
销售电话：010—67004422 传真：010—87155801
http://www.c-textilep.com
中国纺织出版社天猫旗舰店
官方微博 http://weibo.com/2119887771
北京通天印刷有限责任公司印刷 各地新华书店经销
2024 年 8 月第 1 版第 1 次印刷
开本：787×1092 1/16 印张：16.75
字数：420 千字 定价：58.00 元

前　言

　　纺织行业是我国国民经济与社会发展的支柱产业，解决民生与美化生活的基础产业，国际合作与融合发展的优势产业。随着科学技术的不断进步，各种新型纤维材料应运而生，如石墨烯纤维、海藻纤维、壳聚糖纤维等，其发展更趋向于纤维的高性能化、功能化、差异化。纤维材料作为纺织行业的根基，不仅在纺织服装领域，而且在农林牧渔、建筑建材、冶金矿产、石油化工、交通运输、安全防护、航空航天、体育等领域得到广泛的应用。

　　本书介绍的新型纤维主要包括新型天然纤维、新型再生纤维、新型功能性纤维、生物医学纤维、生物基纤维、新型无机纤维和高性能纤维。通过对本书的学习，学生能够系统掌握和了解新型纤维材料的结构、性能、生产工艺、应用领域及产品特点等方面的知识，为未来从事纤维材料的开发与应用奠定理论基础，着重提高学生知识的跨学科融合和创新能力。

　　本书共有七个任务，任务一、任务二、任务四由江苏工程职业技术学院马顺彬、陆艳，江苏斯得福新材料有限公司冯圣国编写；任务三由江苏工程职业技术学院瞿建新、徐安长、江婉薇，南通旺达纺织有限公司张利民编写；任务五由江苏工程职业技术学院陈和春、仇明慧，江苏天惠医疗科技有限公司任长林编写；任务六、任务七由江苏工程职业技术学院陆艳，南通丰度家纺科技有限公司王勇军编写。全书由马顺彬负责统稿。

　　在本书编写过程中得到江苏斯得福新材料有限公司、江苏天惠医疗科技有限公司、南通丰度家纺科技有限公司、南通旺达纺织有限公司等企业的帮助，在此表示衷心的感谢。

　　由于科学技术发展迅速，各种新型纤维材料不断涌现和更新，加之编者水平有限，书中难免存在疏漏和不足之处，诚挚希望广大读者批评指正。

编者

2024 年 4 月

目　录

任务一　识别新型天然纤维

工作任务：

传统的天然纤维有棉纤维、麻纤维、羊毛和蚕丝等，人类对这些纤维的使用已有相当久远的历史。在中国远古时期，在嫘祖的倡导下，开始了栽桑养蚕的历史，后世人为了纪念嫘祖这一功绩，就将她尊称为"先蚕娘娘"。随着科学技术的发展，生物工程、基因工程、纳米技术等新兴学科与纺织科学技术之间的融合不断增加。天然彩棉纤维、牛角瓜纤维、竹原纤维、桑皮纤维、汉麻纤维等各种新型天然纤维应运而生，满足了人们对纺织材料舒适性、美观性、安全性、环保性的需求。

认识新型天然纤维的工作任务：归纳总结三种新型天然纤维的性能特征；归纳总结三种新型天然纤维的应用领域。任务完成后，提交工作报告。

学习内容：

（1）天然彩棉的性能与应用。

（2）木棉纤维的性能与应用。

（3）罗布麻纤维的性能与应用。

（4）竹原纤维的性能与应用。

（5）香蕉纤维的性能与应用。

（6）菠萝纤维的性能与应用。

（7）桑皮纤维的性能与应用。

（8）汉麻纤维的性能与应用。

（9）牛角瓜纤维的性能与应用。

学习目标：

（1）认识常见新型天然纤维。

（2）了解常见新型天然纤维的性能。

（3）了解常见新型天然纤维的应用领域。

（4）按要求展示任务完成情况。

任务实施：

（1）归纳新型天然纤维的性能。

①材料。随机选取新型天然纤维三种，测试其相关性能。

②任务实施单。

新型天然纤维的性能			
试样编号	1	2	3
物理性能			
耐酸碱性能			
染色性			
热性能			
保暖性			
抗菌性			
吸附性			
其他性能			

（2）归纳新型天然纤维的应用领域。

①材料。随机选取新型天然纤维三种，将其能应用的领域填写在任务实施单中。

②任务实施单。

新型天然纤维的应用领域			
试样编号	1	2	3
服用领域			
家用纺织品领域			
医疗卫生领域			
军事领域			
电子电力领域			
石油行业领域			
其他领域			

（3）您所了解的其他新型天然纤维有：

项目一 天然彩棉纤维

天然彩棉是纤维本身就具有天然色彩、不需印染的棉花，用其制成的服装色泽自然、不褪色，穿着舒适、无污染，被誉为生态服装、环保服装。

彩棉育种和研究工作始于20世纪60年代末，据有关资料不完全统计，目前开展天然彩棉研究的有中国、美国、法国、西班牙、希腊等近30个国家和地区。在彩棉产业化方面，中国彩棉（集团）股份有限公司已经具备从棉花育种、种植、纺织加工、服装生产到市场销售一体化的能力。目前，新疆天然彩棉产量占国内彩棉总量的95%和世界彩棉总量的50%左右。

一、天然彩棉纤维的形态特征

天然彩棉是指自然生长的带有颜色的棉花，可利用基因改性技术培育，通过对棉花植株植入不同颜色的基因，从而使棉桃在生长过程中具有不同的颜色。目前，用于实际生产的有棕、绿两个品系，如图1-1所示。针对这两类彩棉的形态结构进行分析，发现彩棉纤维与白棉纤维在形态结构上基本相同，但也存在不同之处，其形态特征对比见表1-1。

图1-1　天然彩棉

表1-1　彩棉纤维微观形态特征对比表

项目	白棉纤维	绿棉纤维	棕棉纤维
颜色	白色	绿色	棕色
纤维长度	13~70mm	26~28mm	28~31mm
横截面	腰圆形	腰圆形	腰圆形
中腔	存在	存在	存在
纵向外观	规则转曲的扁平状体	规则转曲的扁平状体，卷曲数少	规则转曲的扁平状体，卷曲数少
特点	中间粗，两头细，带有天然卷曲的管状物，有一端开口，另一端封闭	横截面积较小，次生胞壁薄，胞腔却大于白棉，呈"U"字形	纤维次生胞壁和横截面积饱满，胞腔较大

二、天然彩棉产品的特性

天然彩棉制品色泽古朴典雅、纤维柔软、质地安全、穿着舒适，备受用户青睐，其产品主要有以下特点。

（1）零污染。天然彩棉在生产加工过程中不需要进行染色、漂白、煮炼等化学过程，这使天然彩棉的织物内不残留有害化学物质，也不含任何有毒有害的物质，避免了对人体的危害和对环境的破坏。

（2）弱酸性。人体的皮肤表面pH呈弱酸性，天然彩棉纤维pH也呈现弱酸性，两者pH

相符合，所以天然彩棉纤维具有保健护肤的功用，作为服装长期的贴身穿着可以起到止痒、亲和皮肤的特殊效果，这种性能特点较适合婴幼儿等皮肤脆弱的人群使用。

（3）抗静电性。天然彩棉纤维具有较高的回潮率，其与皮肤接触时不易产生静电，产品的抗静电性能强。

（4）透湿性。天然彩棉制品通过快速吸附人体皮肤上的汗水，从而调节身体的温度，使体温迅速恢复正常，保持体温的恒定，其吸湿排汗性较好。

（5）抗紫外线。天然彩棉制品的紫外线透过率远远低于白棉制品，抗紫外线性能优良，尤其是对皮肤损害最大的 UVA 和 UVB 屏蔽效果显著。

（6）易清洗。天然彩棉遇到血渍、污渍极易清洗，这种特性被广泛应用于医疗过程及创伤包扎中，是性能良好的医疗卫生材料。

（7）其他。天然彩棉有较好的抗病虫害和耐旱、耐碱性能，具有一定的阻燃性，且不易起球、不易变形。

三、天然彩棉存在的问题

（一）天然彩棉的色泽

1. 原棉纤维色泽不均匀

在天然彩棉纤维上，不同区域颜色的深浅不一致，通过显微镜观察彩棉纤维的结构形态可知：其结构主要由初生层、次生层及中腔等部分构成，其中次生层的胞壁内具有天然彩棉的色素，由于中间部分纤维成熟度较好，两端成熟度较差，导致中间部分纤维颜色深且一致，但是两端的颜色浅，这直接导致了一根纤维上的不同区域颜色存在差异性的问题。

2. 纺织加工过程中的色泽不稳定

天然彩棉的色泽稳定性较差，在纺织加工过程中，高温处理、碱处理等特殊工序都会对其颜色产生不同程度的影响，并且由于纺织加工过程中纤维处理的时间、温度、试剂浓度等条件各有差异，导致天然彩棉色泽的变化程度也各不相同，产品质量难以保证。

3. 服用过程中色泽的不稳定

在服用过程中，天然彩棉制品在水中进行浸泡和洗涤时，容易出现掉色的现象。这是由于天然彩棉的色泽不稳定，导致天然彩棉制品的掉色与沾色较为明显。天然色素稳定性较差的问题，直接影响彩棉及织物的色泽与品质，也是限制其发展的重要原因之一。

4. 色彩单调

目前，天然彩棉色彩较为单调，真正用于实际生产的只有棕色、绿色两个品系，难以满足广大消费者的需求，其色彩创新性研究已经成为国内外的研究热点。

（二）天然彩棉的产量品质

天然彩棉的生长对于环境要求较高，种植困难、产量低，品质较差，且由于遗传性极不稳定，易出现杂交现象，需要进行严格的防杂保纯措施。天然彩棉纤维短且细，强度低，致使它的可纺性较差，难以纺织成纱线，而且终端加工问题较多。天然彩棉的单产量较低，仅仅是普通棉花的 3/4，产品进入消费市场因其成本偏高，定价也高于普通棉织物，但又与普通印花棉布、人造棉难以区分，使彩棉产品利润远远低于白棉。

上述问题都严重制约着彩棉产品的发展，也是天然彩棉的重点研究方向。

四、天然彩棉的用途

彩棉不仅可以做与皮肤直接接触的内衣、衬衣、休闲装及婴幼儿服装、床上用品等，还可用于医疗卫生、电子电力、石油行业及部队军需装备等领域。部分产品如图1-2所示。

（a）床上用品

（b）袜子

（c）童装

（d）浴巾

（e）毛巾

图1-2　天然彩棉产品

项目二　木棉纤维

木棉树不仅具有观赏价值，其果实中的木棉纤维还可作为纺织原材料。云南地区的少数民族就有用木棉制成床上用品，并用木棉被褥作为女儿陪嫁之物的习俗。而"木棉袈裟"等服用纺织品更是因其手工制作、工艺精细、耗时长久而显珍贵。木棉纤维属于天然纤维素纤维，具有中空超轻、保暖性好、天然抗菌、吸湿导湿等特性，因此被称为"植物软黄金"和"长在树上的羊绒"。木棉纤维如图1-3所示。

图1-3　木棉纤维

一、木棉纤维组成

常见的木棉纤维有白色、黄色及黄棕色三种颜色。将木棉果实中的木棉种子剔出，或将木棉种子装入箩筐中筛动，即可初步得到用于纺织加工的木棉纤维。木棉纤维单纤维长度为8~32mm，直径为20~45μm。经过化学分析，木棉纤维主要成分为纤维素（质量分数约为64%）、木质素（质量分数约为13%）、水分（质量分数为8.6%）、水溶性物质（质量分数为

4.7%~9.7%）以及少量灰分（质量分数为 1.4%～3.5%）、木聚糖（质量分数为 2.3%～2.5%）和蜡质（质量分数为 0.8%）。

二、木棉纤维基本性能

（一）物理性能

木棉纤维纵向（图 1-4）呈圆柱形，表面光滑，无转曲，光泽好。纤维中段较粗，稍端较细，两端封闭，细胞中充满空气，中空度高达 80%～90%，在水中可承受自身 20～36 倍的质量而不下沉，具有较好的浮力性能，进而赋予木棉纤维极好的隔音性和保暖性。纵向易折，容易被压扁，是迄今为止中空度最高的纤维。横截面为圆形或椭圆形（图 1-5），横截面细胞未破裂时呈气囊状结构（图 1-6），破裂后纤维呈扁平带状，不存在类似棉纤维次生胞壁纤维素淀积的过程。胞壁厚度仅为 0.5~2μm，接近透明，胞宽壁厚比值为 20，表面存在较多的蜡质，较为光滑，不易吸水，不易缠结，具有独特的薄壁、大中空结构（图 1-7）。

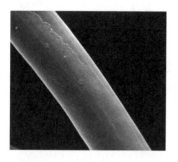

图 1-4　木棉纤维纵向形貌

图 1-5　木棉纤维横截面形貌

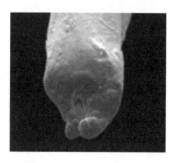

图 1-6　木棉纤维根端形貌

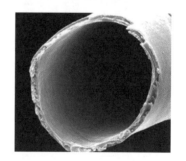

图 1-7　薄壁、大中空结构

木棉纤维独特的纤维结构决定了其与其他天然纤维素纤维具有不同的基本性能。木棉纤维的基本性能见表 1-2。

表 1-2　木棉纤维的基本性能

指标	数值	指标	数值
结晶度/%	33	回潮率/%	10.00~10.73
中空率/%	80~90	扭转刚度/(cN·cm²·tex⁻¹)	$7.15×10^{-3}$

指标	数值	指标	数值
线密度/dtex	0.9~3.2	断裂长度/mm	8~13
密度/（g·cm^{-3}）	0.29	断裂伸长率/%	1.5~3.0
长度/mm	8~34	平均折射率/%	1.717

另外，有文献表明木棉对汗液的吸湿率和导湿率分别可达185.5%和95.18%。

（二）耐酸碱性能

木棉纤维具有较好的耐酸碱性能，常温下，稀酸和NaOH溶液不会对其产生影响。在不同的溶解条件下，分别将木棉纤维置于不同的酸性和碱性溶剂中，一定时间后纤维的溶解情况见表1-3。

表1-3　木棉纤维耐酸碱性能

试剂	溶解温度/℃	溶解时间/min	结果
5%NaOH	常温	20	不溶
60%硫酸	50	15	部分溶解
75%硫酸	30	30	全部溶解
20%盐酸	常温	15	不溶
30%盐酸	100	20	部分溶解
53%硝酸	常温	30	不溶
65%硝酸	100	15	全部溶解
冰乙酸	常温	15	不溶
80%甲酸	常温	20	不溶

（三）染色性能

木棉纤维可用直接染料染色，但是存在上染率低、匀染性差的问题，同样条件下，木棉纤维的上染率只有63%，而棉纤维可以达到88%。这可能是木棉纤维中存在的木质素和半纤维素与纤维素互相纠缠，使部分纤维素羟基被阻蔽，导致染料分子不能顺利进入纤维内部。此外，木棉纤维特殊的形态结构，也可能是导致木棉纤维染色性能较棉纤维差的原因。

（四）热学性能

热降解温度是表征纤维热稳定性最重要的指标，研究表明，木棉纤维的热降解温度比棉低，热稳定性差。虽然木棉纤维的热降解温度低，但是纤维开始产生热降解至达到最大降解速率需要的时间较长，发生热降解的温度区间大，时间长。同时，结晶度较低和半纤维素含量过高均会造成木棉纤维热稳定性能差。

（五）保暖性能

木棉纤维具有优异的保暖性能：一方面纤维中空度高，内部充满大量空气，很容易形成静止空气层，由于静止空气的比热容和导热系数均小于干燥纤维，导致纤维传导热阻高；另一方面纤维孔隙率高达102%，纱体蓬松，超细纤维容易进入织物空隙中，纤维间孔隙变小，散热量减少，两者都会增加木棉纤维的保暖性。

（六）抗菌性能

木棉纤维抗菌的主要原因有两方面：在纤维结构上木棉纤维壁薄、高中空，比表面积大，纤维内部空隙中富含氧气，阻碍了厌氧菌在纤维表面的繁殖；在纤维化学组成上，纤维中含有的黄酮类和三萜类物质，对细菌有较好的抵抗性。木棉纤维产品的抗菌性能归纳于表1-4。

表1-4　木棉纤维产品的抗菌性能

项目	测试结果	备注说明
驱螨率	87.5%	药物驱螨率一般在90.0%以上，木棉纤维产品驱螨率接近药物驱螨率
抗霉变	1级	0~4级，其中，0级最好，4级最差
防蛀性	有效	蛀虫被饿死
抗菌性	有效	（1）大肠埃希菌：杀菌活性值为2.6（合格≥0.0），抑菌活性值为6.0（合格≥2.0） （2）抗真菌活性：1级（0~4级，其中0级最好，4级最差） （3）金黄色葡萄球菌：无生长，无扩散 （4）肺炎克雷伯菌：无生长，无扩散

（七）吸附性

由于木棉纤维含有中空内腔和蜡质表面，再加上木棉纤维含有较高的木质素，木质素中的甲醛基团（质量分数约为13.0%）使得木棉纤维对非极性液体有较高的吸附能力，故木棉纤维可用作深层过滤，以实现油水分离，被广泛应用于去油污领域。目前，油水过滤用木棉纤维材料的研究热点集中在木棉纤维的改性处理方面，具体可通过物理涂层或接枝共聚或酯化修饰等方式改善或增强其吸油性能。

此外，木棉纤维的吸附性还表现在吸声方面。这是因为木棉纤维大长径比与高中空率增大了声音与纤维的摩擦面积。研究表明木棉纤维具有良好的阻尼性能，与相同厚度的商用玻璃棉和脱脂棉组件相比，体积密度小得多的木棉纤维组件具有与之相似的吸声系数。因此，木棉纤维可用作轻质环保吸声材料。

三、木棉纤维在纺织中的应用

随着现代纺织技术的快速发展，以及木棉纤维所具有的强吸湿、抗菌、防螨、防霉、不易缠结、生态、保暖等优良特性，目前，在纺织领域主要集中于产业用和服装用纺织品两大方面。

（一）浮力材料

木棉纤维密度小、质量轻、拒水大中空结构，在水中可承受自重的20~30倍而不下沉，是很好的浮力材料，且经长时间浸泡后，浮力下降极小；干燥后纤维集合体浮力恢复如初。

以木棉纤维为填充料做成的救生衣在穿着使用过程中不会产生老化现象，耐用性好。

由于木棉纤维中空度高，易被压扁破裂，作为救生衣或其他浮力材料长期使用后，经挤压浮力会有所下降。研究表明，木棉纤维浮力材料的最佳体积质量为 $0.036 \sim 0.05\text{g} \cdot \text{cm}^{-3}$。并可通过分层铺絮以及热熔黏合技术等处理工艺，提高纤维集合体的抗压缩性能，更好地满足浮力材料要求。

（二）吸油材料

当前，工业中使用较多的吸油材料为熔喷聚丙烯（PP）非织造布、木棉纤维和高吸油性树脂，其中木棉纤维成本最低，在天然吸油材料中用量最大。木棉纤维表层含有蜡质，疏水亲油性好，可吸收约为自重 30 倍的油量，是丙纶的 3 倍，无论是植物油还是矿物油，都能被其充分吸收，可用于海上浮油的处理。

木棉纤维对废油的吸附性强、吸收速度快，制作吸油材料时只需对其进行浸泡风干即可使用，经过简单的机械挤压后便能快速恢复吸附性，可重复多次使用，并可回收多余的油脂，极大地降低了生产成本。

（三）吸声隔热材料

木棉纤维特有的薄壁、大中空结构，使其具有热含量大、导热系数低、吸音效率高等性能，可用作房屋的吸声层和隔热层材料，比单独的毛纤维材料具有更好的热滞留性，起到较好的隔音、隔热效果。

（四）增强体复合材料

研究表明，将木棉与棉按 2∶3 制成织物，并用 NaOH 对混纺织物进行处理，提高纤维集合体之间的黏附力，然后与不饱和树脂按一定体积分数进行复合，制得的材料可用作增强体复合材料。将经酸或碱处理的木棉与棉混纺织物浸泡于改性过的聚丙烯树脂溶液中，复合材料的柔性模量和挠曲强度会有所提高，使用较少的纤维即可达到玻璃纤维增强体材料的效果。

（五）保暖填充材料

纺织材料的保暖性主要是通过阻断热量的传播途径来实现，材料本身比表面积越大、内部存储的静止空气越多，则保暖性越好。木棉纤维不吸潮、防虫、防蛀，非常适宜作为枕芯、棉被、褥垫、户外睡袋等的填充材料。利用木棉纤维的这些特性，可制成中药保健枕。但由于木棉纤维压缩模量小，弹性较差，经反复挤压后，填充料的蓬松性和保暖性会明显降低，絮片强度低，限制了木棉纤维在这些领域的应用。

为了弥补木棉纤维压缩弹性差的缺点，可将木棉纤维、压缩弹性好的化学纤维、低熔点纤维等混合铺网，再经热熔黏合处理，既可充分利用木棉纤维的保暖性，又可保证纤维集合体较为理想的聚集状态，提高絮片填充料的强度和弹性，可作为中高档被褥絮片、靠垫等的填充材料，研究表明以木棉、羊毛为原料，分别以 50/50 和 30/70 进行混合加工保暖絮片，并与纯羊毛保暖絮片和纯聚酯纤维保暖絮片做对比试验，结果显示，木棉羊毛混合保暖絮片具有优良的综合性能，是一种物美价廉的保暖材料。

（六）服装、家纺面料

木棉纤维长度短，纺成的纱线强度低、毛羽多，纤维可纺性差，一般难以单独纺纱。通常将其与棉、黏胶等其他纤维混合纺纱，综合各自优点，可纺制出光泽好、手感柔软的纱线。试验证明，将棉纤维、木棉纤维、氨纶三者按比例进行混合纺纱，织成的服装面料弹性舒适、吸湿导湿、保暖性好。

通过将木棉纤维进行前处理，使其表面形成较多毛刺，以增大纤维之间的抱合力，可实现木棉纤维单独纺纱。同时，木棉纤维混纺纱线具有抗菌、防螨、抗静电、抗起球、吸湿导湿、柔软亲肤等性能，可用于制作内衣、文胸、浴衣、泳衣、床单、枕套、毛毯等服装和家纺产品。

项目三　罗布麻纤维

罗布麻纤维素有"野生纤维之王"的美誉，可织布成衣或者做被子、床单。罗布麻纤维具有丝的光泽、麻的挺括、棉的柔软，并且有药理作用，这是其他任何纺织原料都不能比拟的。

一、罗布麻纤维与其他麻纤维主要化学成分的比较

罗布麻纤维的主要成分决定其化学、物理性质，与其他麻类纤维一样，有纤维素、半纤维素、木质素、果胶、水溶物、蜡质、灰分等。麻类纤维成分见表1-5。

表1-5　罗布麻纤维与其他麻纤维主要化学成分的比较 单位:%

纤维种类	纤维素	半纤维素	果胶	木质素	水溶物
罗布麻	45~55	15~17	8~10	11~13	14~17
亚麻	70~80	12~15	1.4~5.7	2.5~5	5~7
苎麻	65~75	14~16	4~5	0.8~1.5	6~8
大麻	55~65	15~20	2~4	5~6	4~11

罗布麻纤维的纤维素含量与亚麻、苎麻相差较大，其纤维素含量仅为45%~55%，非纤维素的含量达到一半左右。

韧皮组织中果胶含量在各类麻纤维中居于首位，果胶含量高，表明在麻韧皮组织中各物质间的相互作用更加紧密，因此，罗布麻纤维必须经过脱胶处理，去除果胶。

半纤维素是一种多糖类物质，半纤维素含量越少，则纤维的可纺性能越好。

罗布麻韧皮组织的木质素含量也非常高，阻碍罗布麻纤维的提取。

二、罗布麻纤维性能

（一）医疗保健性能

罗布麻最突出的特点就是对人体有很好的医疗保健作用。罗布麻内含有黄酮类化合物、

强心苷类、多种氨基酸、芸香苷、金丝桃苷、槲皮素等，这些物质对冠心病、高血压、更年期综合征、高血压性心脏病、神经衰弱等有一定的疗效。穿着罗布麻内衣对高血压引起的眩晕、心悸、头痛、失眠等症状能起到缓解作用，可达到内病外防的效果，对皮肤病、慢性支气管炎、褥疮、湿疹和妇科病有较好的防治作用。

（二）良好的抑菌性

罗布麻纤维具有良好的抑菌性，抑菌物质（黄酮类化合物、鞣质、甾体及其苷类、香豆素类化合物、酚酸类和苯甲醛类化合物、脂肪酸及挥发油）对白色念珠菌、金黄色葡萄球菌、大肠杆菌、绿脓杆菌等有明显的抑制作用，对皮肤病、褥疮、湿疹和妇科疾病有较好的防治作用，同时对感冒、慢性支气管炎等疾病也有一定的防治作用。罗布麻纤维对几种常见致病菌的抑菌率见表1-6。罗布麻纤维与棉纤维抗菌作用结果如图1-8所示。

表1-6　罗布麻纤维对几种常见致病菌的抑菌率　　　　　　单位：%

病菌	金黄色葡萄球菌	绿脓杆菌	大肠杆菌	白色念珠菌
罗布麻	47.7	69	56.6	40.1
棉	−87.7	−84.8	多不可计	−29

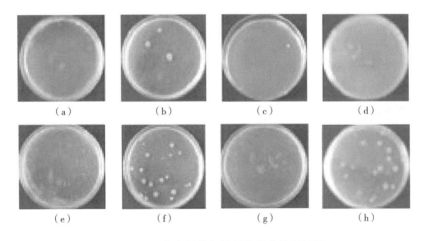

（a）　　　　（b）　　　　（c）　　　　（d）

（e）　　　　（f）　　　　（g）　　　　（h）

图1-8　罗布麻纤维与棉纤维抗菌作用结果

（a）~（d）分别为罗布麻纤维对金黄色葡萄球菌、绿脓杆菌、大肠杆菌、白色念珠菌作用后的结果

（e）~（h）分别为棉纤维对金黄色葡萄球菌、绿脓杆菌、大肠杆菌、白色念珠菌作用后的结果

（三）透气保暖性能

罗布麻纤维是天然的远红外发射材料，远红外线使得罗布麻内衣具有保暖作用，其保暖性在8℃以下是全棉内衣的2倍，21℃以上透气性是纯棉织物的2.5倍，独具"冬暖夏爽"的特性。

罗布麻纤维的纵横截面如图1-9所示。罗布麻纤维的横截面是带沟槽的椭圆形，中间有一个椭圆形的孔，使其具有吸汗、透气的功能，故是一种不可多得的天然纤维材料。

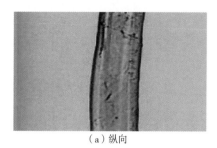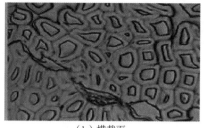

（a）纵向 　　　　　　　　　（b）横截面

图1-9　罗布麻纤维的纵横截面

（四）紫外线防护性能

罗布麻纤维含有能够吸收紫外线的黄酮类化合物，而且纤维表面有许多结节和裂纹，所产生的折射、反射和投射程度引起的耐光性发生了较大变化，所以罗布麻织物具有很好的紫外线屏蔽能力。一般的普通服装仅能阻隔30%~90%的紫外线，但罗布麻织物，紫外线辐射的穿透率仅为2%。

有实验表明，纯棉织物的UPF为14.78，而加入30%的罗布麻后，织物UPF增加到31.40，若同样是罗布麻纤维含量为30%，再加入一定量染色腈纶，织物的UPF可增加到61.91，因此，通过加入染色腈纶可使棉/罗布麻织物获得更好的防紫外性能。

（五）远红外性能

罗布麻还具有发射远红外的功能，是天然的远红外辐射材料，能发出8~15μm的远红外光波，被皮肤吸收后能转化成热能，活化组织细胞，降低血脂，减少脑动脉硬化等心血管疾病的生成，改善人体微循环，增强免疫能力，达到强身祛病功效。

（六）舒适性

罗布麻系列纺织品干爽性、抗静电性能均较好，产品风格别致，吸湿性较好（公定回潮率为12.0%），散湿也快，穿着凉爽且不贴身，且罗布麻纤维较细，织物表面的茸毛较长，与其他麻类纤维相比刚性较小，因此罗布麻纤维不易产生刺痒感，纤维柔软性较好，穿着舒适性好。

三、罗布麻纤维应用

罗布麻与其他纤维的混纺纱，可加工成服装、内衣、睡衣、护肩、护腰、护膝、袜子、床上用品等，是优良的医疗保健产品。

（一）纱线制品

王春燕等利用水溶性维纶，采用新工艺开发纽代尔（Newdal）/罗布麻/水溶性维纶纱线，该纱线具有手感柔软、吸湿透气、抗菌抑菌、环保健康等优良性能；王涛开发精梳棉/罗布麻包覆纱；徐颖等开发了罗布麻/棉混纺纱；赵博探讨了罗布麻/牛奶蛋白纤维与棉混纺精梳纱工艺；张守斌等开发了罗布麻/黏胶/棉（50/30/20）18.2tex三组分喷气涡流纱，其断裂强度较低，毛羽很少，耐磨性较好，细节、棉结很少，条干较差；李娟等将罗布麻纤维与腈纶、莫代尔纤维按混纺比（30/50/20）纺制成线密度为18.5tex的纱线；顾秦榕等探讨棉/罗布麻

（72/28）18.3tex 赛络集聚纱的生产工艺及其纱线特点。

（二）面料

韦节彬结合罗布麻、棉、毛等 3 种原料品质上的差异，探讨确定纺纱工艺流程、各道工艺参数及温湿度，研究罗布麻与棉混纺条的染色工艺控制，合理设计纱线捻度及织物上机紧度，以及后整理工艺，生产出能改善高血压引起的眩晕、头痛、心悸失眠等症状，具有良好的透气性、吸湿性，穿着不沾身、无汗臭、无静电等高附加值，并能满足人们对时尚追求的衬衣面料；杨定勇等采用桑皮纤维与负离子聚酯纤维、薄荷纤维、罗布麻纤维等多组分纤维混纺的转杯纱为原料，分别从织物图案设计、色彩、织物织造工艺流程等方面设计开发了多功能小提花面料；王树英开发了罗布麻/棉混纺麻纱织物；韩英杰采用罗布麻纤维与天丝纤维混纺开发家纺面料；黄晓梅利用棉/罗布麻 85/15 和 75/25 两种混纺纱生产两种不同组织针织内衣。

（三）其他产品

陈晨采用超高分子量聚乙烯短纤纱线与罗布麻纤维纱线分别作为经纬纱原料，交织制备了可洗涤、可折叠的高档保健凉席；韦玲俐等以驼绒与罗布麻纤维为絮片主体，混合超细聚酯纤维、三维卷曲聚酯纤维以及 ES 纤维（聚乙烯/聚丙烯复合纤维），通过热合方式制成不同纤维比例的多组分混合絮片。

除此之外，罗布麻还可加工成鞋垫、枕芯等产品。

项目四　竹原纤维

竹纤维可分为天然竹纤维和化学竹纤维两种。天然竹纤维即竹原纤维，主要用机械、物理等方法将竹子直接加工制成，主要特点是保持了竹材的原有物理结构，被业内称为"会呼吸的纤维皇后"。竹原纤维原料来源于天然可再生资源，产品使用后可生物降解，是一种具有广阔前景的新材料。化学竹纤维又可分为竹浆纤维和竹炭纤维。竹浆纤维是一种将竹片做成浆，然后将浆做成浆粕再湿法纺丝制成纤维，其制作加工过程基本与黏胶相似；竹炭纤维是选用纳米级竹香炭微粉，经过特殊工艺加入黏胶纺丝液中再经近似常规纺丝工艺纺制出的纤维产品。

一、竹原纤维的制取工序

竹材→制竹片（首先把竹子截断去掉竹节并剖成竹片，竹片的长度根据需要定）→煮练竹片（将竹片放入沸水中煮炼）→压碎分解（将竹片取出压碎锤成细丝）→蒸煮竹丝（将竹丝再放入压力锅中蒸煮，去除部分果胶、半纤维素、木质素）→生物酶脱胶（把上述预处理的竹丝浸入含有生物酶的溶液中，让生物酶进一步分解竹丝中的木质素、半纤维素、果胶，以获得竹子中的纤维素纤维。在分解木质素、半纤维素、果胶的同时也可在处理液中加入一定量可以分解纤维素的酶，以获得更细的竹原纤维）→梳理纤维（把酶分解后的竹纤维清洗、漂白、上油、柔软、开松梳理即可获得纺织用的竹原纤维）→纺织用纤维。

二、竹原纤维的结构和性能

（一）竹原纤维的化学成分与组成

竹原纤维的化学成分主要为纤维素、半纤维素和木质素，见表1-7。三者同属于高聚糖，总量占纤维干质量的90%以上，其次是蛋白质、脂肪、果胶、单宁、色素、灰分等，大多数存在于细胞内腔或特殊的细胞器内，直接或间接地参与其生理作用。纤维素由大量葡萄糖残基彼此按照一定的连接原则，即通过第一个、第四个碳原子用β键连接起来的不溶于水的直链状大分子化合物。在纤维素化学结构式的构造单元中，含有三个游离醇羟基，这三个游离醇羟基中，一个是伯羟基，两个是仲羟基，分别处在2、3、6三个碳原子上，使纤维素具有很强的吸湿能力，纤维素分子结构如图1-10所示。

表1-7　竹原纤维的组成

组成成分	组成单体	分子形态
纤维素	$C_6H_{12}O_5$	直链状高聚物
半纤维素	多缩戊糖（$C_6H_{10}O_5$）	线形（含支链）高聚物
木质素	苯丙烷（$C_6 \sim C_3$）碳架结构	三维网状高聚物

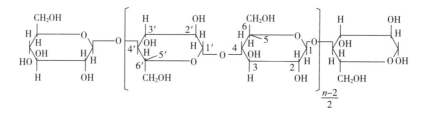

图1-10　纤维素分子结构

（二）竹原纤维的结构形态和微细结构

竹原纤维的微观结构比较复杂，次生内层是由宽层与窄层交替组合而成的，次生外层的微纤取向角很小，与纤维轴近乎平行排列，通过扫描电镜显微镜（SEM），可以观察到竹原纤维的同心层结构，竹原纤维SEM横纵向形貌（×3000）如图1-11所示。竹原纤维中部布满了不规则的椭圆形空隙，其毛细管效应显著，可在短时间内吸收和蒸发水分，充分证明了竹原纤维的吸湿性能，也因此被称为是"会呼吸的纤维"。与其他纤维材料相比，竹原纤维密度较低，多环型网状中空结构使其具有了质量轻的突出优点。竹原纤维内带中腔，进一步加强了其织物的吸湿排汗功能，因此用竹原纤维所制作的服装在夏季穿着非常干爽、舒适。

从图1-12计算出竹原纤维的结晶度为52.6%，说明竹原纤维属于典型的纤维素Ⅰ型结晶结构，在它的生长过程中，结晶结构没有变化。竹原纤维的红外光谱图在1600cm⁻¹和1750cm⁻¹处出现特征吸收峰，这从另一侧面证实竹原纤维的微观结构呈结晶紧密结构，是典型的纤维素Ⅰ型结晶结构，其纤维素的含量较高，具有较高的结晶度和取向度，大分子链的排列规整，是一种粗纤维。

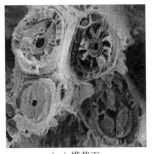 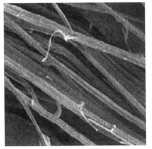

（a）横截面　　　　　　　（b）纵向表面

图 1-11　竹原纤维（SEM）图

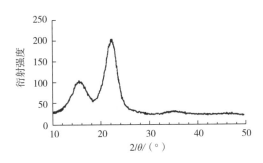

图 1-12　竹原纤维 X 射线衍射图

（三）竹原纤维的物理性能

竹原纤维的一般性能参数见表 1-8。竹原纤维与棉、苎麻、羊毛、蚕丝相比，具有良好的力学性能。竹原纤维密度与棉、苎麻相当，纤维更细、更长，并具有与其相当的伸长率。竹原纤维干、湿状态的性能也存在一定的差异，尤其是断裂强力、干湿强力比率。

表 1-8　主要天然纤维性能对比

性能指标		棉	苎麻	羊毛	蚕丝	竹原纤维
密度/（g·cm^{-3}）		1.54	1.5	1.32	1.33	1.49
含水率/%（标准状态：20℃，65%RH）		7	7~10	16	9	8~10
断裂强力/（cN·dtex^{-1}）	标准状态	2.6~4.3	5.7	0.9~1.5	2.6~3.5	4.72
	湿润状态	2.9~5.7	2.2~2.4	0.7~1.4	1.9~2.5	3.84
干湿强力比/%		102~110	108	76~90	70	81.4
断裂伸长率/%	标准状态	37	1.8~2.2	25~35	15~25	3.48
	湿润状态	—	2.2~2.4	25~50	27~33	4.02
杨氏模量/（cN·dtex^{-1}）标准状态		60~82	163~358	10~22	44~88	192.82
伸长规定值的回弹率/%		74	84	99	55	65

（四）竹原纤维的其他性能

1. 抗菌性

竹原纤维对于大肠杆菌的平均抑菌率为 95.34%，已达到 GB/T 20944.3—2008 中关于大肠杆菌抗菌率 70% 的规定。竹原纤维对于大肠杆菌的抑菌率测试结果见表 1-9。

表 1-9 竹原纤维对大肠杆菌的抑菌率测试结果

试验序号	活菌浓度的平均值/(CFU·mL⁻¹)		试样的抑菌率/%
	标准空白试样	竹原纤维试样	
1	255×10⁵	20×10⁵	92.16
2	280×10⁵	5×10⁵	98.21
3	230×10⁵	10×10⁵	95.65

竹原纤维优良的抗菌性来源于纤维细胞壁上的抗菌、抑菌物质"竹醌"，竹醌对大肠杆菌具有抑制作用，因而对人体具有保健作用。又因为竹原纤维是通过物理、机械的方法从天然竹材中直接分离出来的，制取过程中，抗菌物质没有被破坏，始终结合在纤维大分子上，故竹原纤维具有天然的抗菌、抑菌作用。

2. 除臭和防紫外线

竹原纤维由于含有叶绿素铜钠，因而具有良好的除臭作用。实验表明，竹原纤维织物对氨气的除臭率为70%~72%，对酸臭的除臭率达到93%~95%。另外，叶绿素铜钠是安全、优良的紫外线吸收剂，因此竹原纤维织物具有良好的防紫外线功效。

3. 绿色环保

资源的广泛性和可利用性，主要表现在竹子生长期短，2~3年即可成材而且一次种植长期经营，它能够快速生长和更新，能够代替棉花、木材等资源，可持续利用。竹纤维制成的产品可在土壤中自然降解，分解后对环境无任何污染，是一种天然的、绿色的、环保的纺织原料。

4. 吸湿透气

由于竹纤维的横截面凹凸变形，布满了近似于椭圆形的孔隙，呈高度中空，毛细管效应极强，可在瞬间吸收和蒸发水分，在所有天然纤维中，竹纤维的吸放湿性及透气性好，居五大纤维之首，远红外发射率高达0.87，大大优于传统纤维面料，因此符合热舒适的特点。在温度为36℃、相对湿度为100%的条件下，竹纤维的回潮率超过45%，透气性比棉强3.5倍。

（五）竹原纤维的应用

1. 服用和家用纺织品

张振方等采用长绒棉/竹原/木棉（35/35/30）的原料配比，采用转杯纺纺纱，以线密度36tex的混纺纱为毛圈组织，以线密度为30tex的纯棉纱为地组织织造毛巾织物；刘建政等以竹原纤维为鞋垫材料，采用非织造针刺法和热定型工艺生产鞋垫，抑菌率达到99%，具有很好的抑菌效果；王军采用竹原纤维/麻赛尔混纺纱为原料，开发了婴幼儿用竹原纤维/麻赛尔混纺凉席面料，成品凉席完全符合 GB 18401—2010《国家纺织产品基本安全技术规范》；张慧敏等以竹原纤维和聚酯纤维为原料，开发了三种具有导湿速干性能的双层混纺机织物；赵恒迎等设计开发了竹原纤维与 Coolpass 纤维导湿快干针织物。

2. 产业用纺织品

黄志琴等利用竹原纤维开发面膜布，根据 GB 15979—2002《一次性卫生纺织用品卫生标准》对竹原纤维面膜布进行抑菌测试，对金黄葡萄球菌抑菌率为33.1%，大肠杆菌抑菌率为33.6%，白色念珠菌抑菌率为33.8%。

　　叶张龙等以竹原纤维和聚丙烯纤维为原料，采用针刺、热轧工艺制作竹原/聚丙烯纤维过滤材料；王春红等采用竹原纤维、亚麻纤维作为增强体，低熔点聚酯纤维（LMPET）及丙纶纤维（PP）做基体，通过非织造工艺制作混合纤维预成型件，采用模压成型工艺制作植物纤维增强复合材料；王溪繁开发了竹原纤维/PLA复合材料；张逸挺开发了竹原纤维/PP复合材料；郭蕴琦研发了竹原纤维/丙纶纬编针织复合材料；楼利琴等以天然环保和可再生的竹原纤维为增强材料，以聚氨酯为基体，制备了一系列不同方式复合的隔音复合材料；张青菊制备了竹原纤维及其单向连续增强复合材料。

项目五　香蕉纤维

　　我国是世界香蕉的主产国之一，为香蕉纤维的开发提供了非常丰富的资源条件。香蕉纤维是通过加工香蕉叶、香蕉假茎等副产品得到的，如图1-13所示。因此，开发香蕉纤维不仅可以改善这些被丢弃的副产品所造成的环境污染，而且也增加了纺织品的花色品种，同样可带来经济效益，具有生态和经济两重意义。另外，中国传统中医认为：香蕉麻（假茎）具有防治高血压等疾病作用，这些功效与假茎所含丰富的K、Ca、Fe等元素有关。香蕉纤维可分别从香蕉树韧皮及香蕉叶里提取，从香蕉树韧皮内提取的是香蕉茎纤维，属韧皮类纤维，而从香蕉树的树叶中提取的则是香蕉叶纤维，属于叶纤维。香蕉纤维和其他纤维素纤维一样，其主要成分为纤维素、半纤维素、木质素、灰分、脂蜡质和果胶，还有少量的水溶解物和其他物质。香蕉纤维中的纤维素含量低于亚麻，而半纤维素的含量则较高，见表1-10。

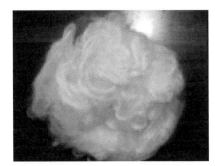

图1-13　精细加工的香蕉纤维

表1-10　香蕉茎纤维与麻类纤维化学组成的比较　　　　　　　　　　单位:%

成分	香蕉茎纤维	亚麻	黄麻
纤维素	58.5~76.1	70~80	50~60
半纤维素	28.5~29.9	8~11	12~18
木质素	4.8~6.13	1.5~7	10~15
果胶	—	1~4	0.5~1
灰分	1.0~1.4	0.5~2.5	0.5~1
水溶物	1.9~2.61	1~2	1.5~2.5
脂蜡质	—	2~4	0.3~1
其他（含氮物）	—	—	（0.3~0.6）

一、香蕉纤维的宏观结构

（一）横截面形态

香蕉纤维的横截面形态如图1-14所示。

香蕉纤维横截面呈腰圆形，粗细差异较大，其中一部分与棉纤维一样，呈耳状，内有中腔；大部分类似苎麻、亚麻纤维的腰圆形，中腔到胞壁之间存在明显的裂纹；还有一些纤维没有明显的中腔，为实心的腰圆形。由此可知，香蕉纤维兼具棉纤维和麻类纤维的截面特征。

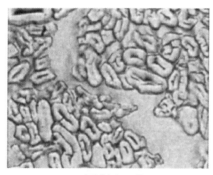

（a）放大200倍　　　　　　　　　（b）放大400倍

图1-14　香蕉纤维的横截面形态

（二）纵向形态

香蕉纤维的纵向形态如图1-15所示。

图1-15（a）中，两根纤维粗细对比非常明显，细的不到10μm，粗的近20μm，纤维较平直。图1-15（b）中，纤维纵向有明显的横节，与羊毛鳞片形状相仿，有凹凸的特点，而且横节贯穿整个纤维的横向，可以看到纤维除了有横节外，沿纵向还有长短粗细不一的竖纹。

（a）放大1000倍　　　　　　　　　（b）放大2000倍

图1-15　香蕉纤维的纵向形态

二、香蕉纤维的特征基团分析

香蕉纤维的红外吸收光谱图如图1-16所示。

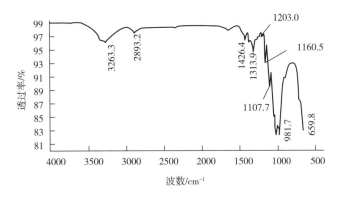

图 1-16 香蕉纤维的红外吸收光谱图

在 3263.3cm^{-1} 处有一处较宽的吸收峰，说明在香蕉纤维中有大量的 O—H 伸缩振动基团存在，证明纤维吸湿性好。在 2893.2cm^{-1} 处宽并有肩峰的吸收峰，则说明纤维中有甲基（—CH$_3$）和亚甲基（—CH$_2$）的对称与不对称伸缩振动，说明纤维中有大量的甲基（—CH$_3$）和亚甲基（—CH$_2$），它是纤维素的特征吸收峰，从中可以看出香蕉纤维也是属于纤维素纤维，纤维内含有典型的纤维素特征。从相关光谱中可知，与木质素相关的特征吸收峰在 1500~1750cm^{-1}，香蕉纤维的红外光谱图中，在 1500~1700cm^{-1} 这一波数段之间有一处较宽的低吸收峰，说明其木质素特征吸收峰也存在，但并不明显。在 1426.4cm^{-1} 处有—CH$_3$ 的对称伸缩振动，在 1053.1cm^{-1}、1027.9cm^{-1}、1107.7cm^{-1}、1160.5cm^{-1}、1203.0cm^{-1} 处的强吸收峰是纤维素纤维的特征吸收峰，它们来自纤维素葡萄糖环中 3 个═C—O—C 醚键的对称与非对称的伸缩振动。所以，香蕉纤维是一种纤维素纤维，它的红外吸收光谱图与麻类纤维非常相似。

三、香蕉纤维的性能

（一）香蕉纤维的吸湿性

经过测试，在常温下纤维的回潮率为 7.57%，与苎麻纤维接近，因此，香蕉纤维的吸湿能力较好，其制品具有较好的吸湿透气性能。

（二）香蕉纤维的强伸性

纤维的强伸性能测试结果见表 1-11。香蕉束纤维的强力与相关文献所测的数据基本接近，强力较好，其湿态强度比干态强度高 50% 左右，明显好于其他的麻类纤维。这也符合天然纤维素纤维的特征，符合纺织生产工艺的要求，能够进行纺纱织造，但纤维强力的不匀率很大，这使得纤维的纺纱工艺较难控制。

表 1-11 香蕉纤维的强伸性能指标

指标	干态	湿态
强度/（cN·dtex^{-1}）	6.85	9.78
强度不匀率/%	56.09	48.50
断裂伸长率/%	2.92	3.86

（三）香蕉纤维的化学性能

香蕉纤维不耐酸，在酸中纤维的断裂强度和断裂伸长明显下降，其下降程度与在一定范围内的反应时间的长短没有关系，也不耐碱，即使在常温较低浓度下，纤维的断裂强度和断裂伸长也会下降很多，其下降程度与在一定范围内的反应时间的长短也没有关系；较耐还原剂，但是不耐氧化剂；不溶于一般有机溶剂；阻燃性较差。香蕉纤维化学性能测试结果见表1-12。

表1-12 香蕉纤维化学性能测试结果

试剂	断裂强度	断裂伸长
10%双氧水	变化很小	变化很小
20%双氧水	变化很小	变化很小
10%亚硫酸氢钠	变化很小	变化很小
20%亚硫酸氢钠	变化很小	变化很小
11%盐酸 30min	明显下降	明显下降
11%盐酸 60min	明显下降	明显下降
4.5%氢化钠 30min	明显下降	明显下降
4.5%氢氧化钠 60min	明显下降	明显下降
一般有机溶剂	不溶	
酒精灯燃烧	接近火焰不收缩、不熔融，在火焰中迅速燃烧，离开火焰继续燃烧，灰烬为灰白灰	

四、香蕉纤维的应用

（一）服用和产业用纺织品

喻华等对香蕉纤维采用了牵切工艺，确定了合理的工艺参数，仿制了28tex香蕉纤维纯纺及15.1tex香蕉纤维/棉混纺纱；刘东升等研发了棉纤维/香蕉纤维（50/50、70/30）14.8tex混纺纱；王艳等开发了19.4tex（30/70）香蕉纤维/棉混纺纱和58.3tex（30/70）香蕉纤维/棉OE纱；万敏等选用纱线线密度为27.8tex的香蕉纤维纯纺纱作为原料，开发了七种不同组织的针织面料；蔡永东以18.5tex香蕉纤维/黏胶/天丝™混纺纱（30/30/40）为原料，设计开发了家纺床品面料。

香蕉纤维可用于制作家庭用品，手工剥制的纤维可生产手提包和其他装饰用品，或是在黄麻纺纱设备上加工成纱，制作绳索和麻袋以及家纺用品。由于香蕉纤维轻且有光泽、吸水性高，也可以制成窗帘、毛巾、床单等。香蕉纤维和棉纤维的混纺织物可织造牛仔服、网球服以及外套等，香蕉纤维还可用于制造高强度纸和包装袋等。

（二）复合材料用制品

以其为原料，制备复合材料，如庞锦英等采用硅烷偶联剂（A-174）对香蕉纤维（BF）

进行表面处理，采用硫酸铵、硼砂、磷酸氢二铵、磷酸三丁酯作为阻燃剂处理 BF，选用添加了阻燃剂三聚氰胺焦磷酸盐（MPP）和季戊四醇（PER）的环氧树脂作为基体树脂，通过热压成型工艺制备阻燃 BF 增强环氧树脂复合材料；庞锦英等以偶联剂处理过的香蕉纤维、聚乳酸为原料，添加膨胀型阻燃剂制备阻燃香蕉纤维增强聚乳酸复合材料；庞锦英等采用乙酰柠檬酸三丁酯（ATBC）作为增塑剂增塑聚乳酸，添加改性香蕉纤维和膨胀型阻燃剂（IFR）制备阻燃香蕉纤维增强聚乳酸复合材料；黄仙等利用热压成型法制备香蕉（茎）纤维增强不饱和聚酯树脂复合材料；黄仙等利用有机硅烷偶联剂 KH-550、NaOH 和 CH_3COOH 三种功能剂对香蕉纤维进行改性处理，并将三种不同改性香蕉纤维和未改性香蕉纤维分别与不饱和聚酯树脂（UPR）通过热压法制备香蕉纤维与 UPR 复合材料；庞锦英等以香蕉纤维为基础原料，使用接枝共聚法制得吸油香蕉纤维，利用离子液体做溶剂体系，加入聚乳酸（PLA）做增强剂，通过溶胶—凝胶和冷冻干燥制备吸油香蕉纤维/PLA 气凝胶，把该气凝胶浸泡在柴油中，研究其吸油性能；李芳制备了香蕉纤维/热固性树脂复合材料。

项目六　菠萝纤维

菠萝纤维即菠萝叶纤维，又称凤梨麻，是从菠萝叶片中提取的纤维，属于叶片麻类纤维。菠萝纤维可以通过手工或机械剥取的方法制得，机械剥取采用苎麻或黄麻剥麻机，取得叶片后进行刮青处理，然后充分用水洗涤，日光晒干，利用阳光的氧化作用使纤维洁白光亮，即菠萝叶片→刮青→水洗→晒干→原麻。制得的菠萝纤维经过适当化学处理后，可在棉纺设备、毛纺设备、亚麻及黄麻纺纱设备上进行纺纱。

一、菠萝纤维的初加工

（一）菠萝纤维的提取

我国的广东、海南、广西等地都是菠萝的主产地，有广泛的菠萝叶原料。以往被当成废物丢弃的菠萝叶，如今已有了非常广阔的市场前景，从菠萝叶中提取出的菠萝纤维具有抗菌、坚韧、吸湿快干等优良性能，已逐渐被消费者所青睐。提取菠萝纤维的方法主要有人工法、机械法和化学法三种。最开始使用的人工提取纤维，由于技术的欠缺由人工法提取出的纤维织制的面料手感不好，再加上劳动强度较大，机械法提取纤维便应运而生。虽然机械法能节省不少人工，但是所得的纤维强度较低，无法满足纺纱的要求，因此以往只能将菠萝纤维与其他纤维混纺，来提升纱线的强力。随后技术人员又研究了化学法提取纤维，改性过的菠萝纤维经过深加工处理后，外观洁白，手感柔软爽滑，强度优异，但却带来环境污染问题。

（二）菠萝纤维的脱胶

为了提高菠萝纤维的纺纱性能，在纺纱前必须进行脱胶处理，除去一部分胶质，改善柔软度和伸长，但由于菠萝纤维的单纤维长度很短，难于单独纺纱，所以要求脱胶处理还要保留部分胶质将短纤维粘连在一起,以保证有一定的长度来满足纺纱要求。

菠萝纤维的脱胶主要有化学脱胶和酶脱胶。郁崇文等研究了四种化学脱胶的方案,通过比较脱胶处理后的菠萝纤维性能,最后确定了最佳的化学脱胶工艺流程:浸水→浸碱→脱碱→煮练→酸、水洗(室温)→脱水→给油→脱油(水)→烘干,处理后的菠萝纤维性能改善,如强力为 30.96cN·dtex^{-1},残胶率为 7.482%,木质素残余率为 1.865%。煮练前的浸碱有助于由胶质粘连的纤维蓬松和纤维本身的溶胀,有助于煮练中碱液渗透,从而能缓和、均匀、有效地对纤维作用。

陈嘉琳等采用物理—化学—生物脱胶法从菠萝叶中提取菠萝纤维,脱胶后纤维的结晶度从 33.19% 提高到 52.1%,且菠萝纤维的热分解温度显著升高。菠萝纤维残胶率为 19.98%,纤维直径为 31.25μm,断裂强力为 21.35cN。刘恩平等研究了果胶酶脱胶技术,脱胶工艺流程为:称样→预处理→酶脱胶→敲打→冲洗→后处理→漂洗→给油→晒干(烘干),研究表明:果胶酶用量 8%,pH 为 7.0,温度为 52℃,处理 4h 左右菠萝叶纤维能达到良好的脱胶效果,脱胶后菠萝叶纤维再经木聚糖酶处理 45min,再用 30% 的 H_2O_2 处理 15min 即能满足纺织工艺要求。菠萝纤维酶法脱胶技术解决了菠萝纤维产业化的瓶颈,有效利用了热带农业废弃资源,减轻了农业生态环境污染,对促进我国热带地区经济的良性循环和可持续发展有着重要意义。

二、菠萝叶纤维的化学成分和结构

(一) 菠萝叶纤维的化学成分

菠萝叶纤维、苎麻、亚麻、黄麻的化学成分见表 1-13。

表 1-13 菠萝叶纤维、苎麻、亚麻、黄麻的化学成分　　　　　　　　　　单位:%

纤维	纤维素	半纤维素	木质素	果胶物质	水溶物	脂蜡质	灰分
菠萝叶纤维	56~62	16~19	9~13	2~2.5	1~1.5	3.8~7.2	2~3
苎麻	65~75	14~16	0.8~1.5	4~5	4~8	0.5~1.0	2~5
亚麻	70~80	8~11	1.5~7	1~4	1~2	2~4	0.5~2.5
黄麻	50~60	12~18	10~15	0.5~1	1.5~2.5	0.3~1	0.5~1

菠萝叶纤维的化学组成与其他麻类纤维相类似,含有较多的胶杂质,其中尤以木质素含量较高,远高于苎麻、亚麻,而略低于黄麻,说明菠萝叶纤维的柔软度和可纺性优于黄麻而次于苎麻和亚麻。同时,为了改善纤维的可纺性,减少纤维中胶质的含量,提高成品纱品质,菠萝叶纤维在纺纱前应采取适当的脱胶处理。

(二) 菠萝叶纤维的结构特点

黄涛等经过研究发现,菠萝叶纤维外观类似麻纤维,表面比较粗糙,有纵向裂缝和孔洞,无天然扭曲。由于纤维表面有纵向裂缝和孔洞,表面还有突起,突起部位上面有许多孔洞,这些孔洞增大了菠萝叶纤维的比表面积,这使其具有较好的毛细效应、吸湿性和透气性,散湿速率大于吸湿速率。

三、菠萝纤维的性能

(一)菠萝纤维的力学性能

菠萝纤维的单纤维长度较短,所以菠萝纤维在纺纱加工前必须进行脱胶处理,而且必须是半脱胶以保证有一定的残胶存在,将很短的单纤维粘连成满足纺纱工艺要求的束纤维。菠萝纤维的束纤维长度达到 10~90cm,线密度为 2.5~4tex,密度为 1.543g·cm^{-3}。

菠萝纤维的结晶度和取向度较高,结晶度为 0.72,取向因子为 0.97,说明纤维结晶区内大分子排列较整齐密实,缝隙空洞较少。

菠萝纤维的强度为 30.56cN·tex^{-1},断裂伸长率为 3.42%,弹性模量为 9.99×10^{7}Pa,柔软度为 185 捻·(20cm)$^{-1}$,可见菠萝纤维的强度较大,伸长较小,弹性较差。

(二)菠萝纤维的可纺性

菠萝纤维质软,虽强度较大,但无法满足纺纱的要求,因此以往只能将菠萝纤维与其他纤维混纺,可制成渔网、面料、纸张等。

随着纺织技术的进步,菠萝纤维经过深层加工处理后,其强度比棉花高,外观洁白,柔软爽滑,手感如亚麻,已成功地利用不同的纺纱工艺流程纺制出菠萝叶纤维的纯纺纱与混纺纱。

在纯纺纱方面已纺制成 15tex、21tex 100%菠萝纤维纱。在混纺纱方面可纺制成一般的梳棉纱、精梳纱、线密度为 53.4tex、28tex、19.6tex 等 30%菠萝麻 70%棉的纱线,也有纺出 25~36tex 的(30/70)菠萝麻/棉混纺纱。100%全手工菠萝麻纱(线)可用于织造全手工菠萝麻布、全手工菠萝麻/苎麻交织布、菠萝麻/芭蕉麻交织布、菠萝麻/蚕丝交织布、菠萝麻/手工棉纱交织布。其制成的织物容易印染、吸汗透气、挺括而不起皱。具有良好的抑菌防臭性能,适宜制作高中级的西服、衬衫、裙裤、床上用品及装饰织物等。

(三)菠萝纤维的染色性能

菠萝纤维属纤维素纤维,所以染色用染料基本都能适合菠萝纤维。前期的研究工作证明菠萝纤维可用碱性染料(如亚甲基蓝、孔雀绿等)和低温型活性染料染色。

李娜娜用活性红 K-2G 在传统和无盐染色条件下对未改性和改性过的菠萝纤维进行染色;黄小华等研究了菠萝纤维碱改性前后用高温型活性染料进行染色的染色性能,同时还与棉纤维、苎麻纤维的染色性能进行比较,菠萝纤维经过碱改性后对染料的上染率、固色率和提升性能都有显著提高,菠萝纤维对活性染料的上染性介于棉纤维和苎麻纤维之间。

顾东雅等采用双活性基活性染料诺威克隆蓝 FN-R 对阳离子改性菠萝纤维/棉混纺针织物进行染色。最佳染色工艺条件为:元明粉 10g·L^{-1},纯碱 9g·L^{-1},染色温度 65℃,时间 70min,改性织物各项色牢度均比未改性织物有明显提高。

顾东雅等采用雅格素 NF 系列活性染料阳离子改性菠萝纤维/棉混纺针织物进行染色,可以实现无盐、无碱染色。最佳的染色工艺条件为:染料 2%(omf),染色温度 75℃,染色时间 85min，浴比 1∶40，改性织物的各项染色牢度比未改性织物有明显提高。

顾东雅等采用双活性基活性染料对阳离子改性后的菠萝纤维/棉混纺针织物进行染色，得到的最佳改性工艺条件为：改性剂 5g·L^{-1}，氢氧化钠 10g·L^{-1}，改性温度 70℃，时间 50min。

于洋等探讨活性染料 CN-3B 对菠萝纤维的染色性能，采用活性红 CN-3B 对菠萝纤维进行染色，以上染百分率为考察指标，最优染色工艺条件为：氯化钠质量浓度 40g·L^{-1}，碳酸钠质量浓度 1g·L^{-1}，染色温度 50℃，染料用量 1%（owf），浴比为 1∶50，最优工艺条件下菠萝纤维的上染百分率为 96.05%，断裂强力下降率为 12.1%。

四、菠萝叶纤维的应用

（一）服用纺织品

纯菠萝纤维纱线所织制的织物容易印染，悬垂性好，吸汗透气，挺括而不起皱，穿着非常舒适，手感如蚕丝，比较透气柔软，故有"菠萝丝"的称谓，相当于中国的苎麻夏布，可以保存 10 年，受到很多环保人士的追捧。

用菠萝叶纤维和棉纤维混纺纱可生产牛仔布；菠萝叶纤维和绢丝混纺可织成高级礼服面料；用聚酯纤维/羊毛/菠萝纤维混纺纱可生产西服与外衣面料；用聚酯纤维/腈/菠萝纤维混纺纱作芯纱生产的包缠纱，可用于生产针织女外衣、袜子等，如图 1-17、图 1-18 所示。

（二）家用纺织品

用转杯纺生产的纯菠萝叶纤维纱作纬纱，用棉或其他混纺纱作经纱，可生产各种不同的装饰织物及家具布；用菠萝纤维/丙纶混纺纱可生产各种服装面料；用菠萝纤维/棉混纺纱可织制窗帘布、床单、家具布、毛巾、地毯等；菠萝纤维还可以与大豆蛋白纤维混纺，利用大豆蛋白纤维良好的亲和性使菠萝纤维的天然抑菌杀菌和防臭性能充分发挥出来，织制高档织物。

（三）产业用纺织品

经过碱处理的菠萝纤维可以用作特殊用途的非织造布原料，由于菠萝纤维具有良好的绝热性，开发出来的非织造布可用于房屋壁顶的保暖材料，也可用作汽车内饰、飞机座椅等的填充料，是较为理想的轻质、低价绝热材料。用菠萝叶生产的针刺非织造布可用作土工布，用于水库、河坝的加固防护。菠萝叶纤维是生产橡胶运输带的帘子布、三角胶带芯线的理想材料。用菠萝叶纤维生产的帆布比同规格的棉帆布强力要高。菠萝叶纤维还可用于医疗、造纸、强力塑料、屋顶材料、绳索、缝线、渔网及编织工艺品等，菠萝纤维仿皮革制品（图 1-19）。

图 1-17　菠萝纤维服装　　　图 1-18　菠萝纤维背包　　　图 1-19　菠萝纤维仿皮革制品

项目七　桑皮纤维

桑皮纤维蕴藏在桑树茎的韧皮内，属于韧皮类纤维，是一种新型天然纤维素纤维。桑皮纤维作为一种新型天然纺织原料有着相当好的可纺性能，具有棉的一些特性，又兼备麻的一些优点。

一、桑皮纤维生产工艺

自然界中的桑皮纤维被果胶、半纤维素、木质素等胶质物质束缚于桑树韧皮层中，需通过理化、生化、机械等手段将纤维与胶质分离，因此纤维制备成为桑皮纤维开发的首要环节。桑皮纤维制备工艺分为全脱胶和保留部分胶质的半脱胶工艺，其产品分别为单纤维和工艺纤维（束纤维）。

全脱胶工艺（单纤维）：原料预处理→两煮一练化学（或生物）全脱胶→桑皮后整理联合机清洗脱水→上油→烘干→开松→桑皮纤维开松棉。

半脱胶工艺（工艺纤维）：原料预处理→一煮一练化学（或生物）半脱胶→打洗→酸漂→氯漂→清洗→脱水→上油→烘干→毛式开松梳理（或麻式开松）→束纤维。

工艺纤维由于保留了部分胶质使一定数量的纤维黏结成束纤维状，长度较长，但纤维纵向均匀度相对较差，易起短绒毛，强度低，纤维粗，只能纺粗特纱。而单纤维在柔软性、纤度、强度上较工艺纤维优势明显，但长度过短，不能作纯纺，两类桑皮纤维主要特性见表 1-14。

表 1-14　桑皮工艺纤维和桑皮单纤维的主要特性比较

纤维种类	纤度/dtex	长度/mm	断裂强度/（cN·dtex^{-1}）
桑皮工艺纤维	1.39~3.8	149.0~57.3	1.06~2.11
桑皮单纤维	0.22~0.32	10.2~20.7	3.01~5.13

二、桑皮纤维的化学成分和结构

(一) 桑皮纤维的化学组成

桑皮纤维的纤维素含量低于剑麻、大麻、黄麻、苎麻纤维，但纤维素仍是桑皮纤维的主要成分；桑皮纤维果胶含量大于其他几种植物纤维，果胶物质对纤维的吸附性能有较大影响，直接关系到桑皮纤维的可纺性能及染色性能，见表1-15。

表1-15　桑皮纤维的化学成分

纤维种类	纤维素	半纤维素	木质素	果胶物质	水溶物	脂蜡质	其他
桑皮纤维/%	41.4	15.5	8.6	12.2	15.4	1.2	5.7

(二) 桑皮纤维的形态结构特征

1. 桑皮纤维横截面形态特征

如图1-20所示，桑皮纤维截面多为不规则椭圆形、三角形和少量多边形。截面上分布有大小不等的孔洞、缝隙，使纤维具有良好的光泽和吸放湿等性能。

2. 桑皮纤维纵向形态特征

由桑皮纤维的纵向SEM照片（图1-21）可见，桑皮纤维为一条细长的管状体，表面较桑蚕丝粗糙。桑皮纤维与麻类相似，没有天然扭转，表面凹凸不平，不同程度地伴有孔洞和缝隙。桑皮纤维横向有枝节细胞壁上有稀疏的折叠形裂隙，可造成桑皮纤维上弱节的存在，会导致桑皮纤维强度在一定程度上的下降（图1-22、图1-23）。

图1-20　桑皮纤维横截面形态特征

图1-21　桑皮纤维的纵向形态

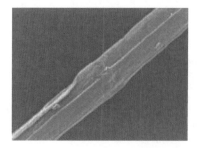

图1-22　桑皮纤维表面枝节

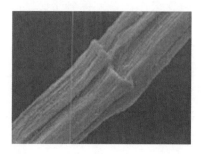

图1-23　桑皮纤维表面折叠型裂隙

（三）桑皮纤维的分子结构

桑皮纤维的红外光谱图与棉、麻等天然纤维素纤维的红外吸收光谱的谱图特征十分相似，如图 1-24 所示。对照其主要吸收谱带及其特征波数推断其特征基数，在 3396cm^{-1} 附近有一个很强的波段，是由—OH（分子间氢键缔结）伸缩振动所引起的一个吸收带；在 2902cm^{-1} 附近是 C—H$_2$ 反对称伸缩振动引起的吸收波；在 2136cm^{-1} 附近是 C≡C 伸缩振动的吸收波；在 1735cm^{-1} 附近是由 C=O 伸缩振动产生的吸收波；在 1641cm^{-1} 附近是 C=C 伸缩振动的吸收波；1430cm^{-1} 左右是 O=C—OH 的 C—O 伸缩和 O—H 面内变形振动；1373cm^{-1} 左右是 C—H 对称变形振动的吸收波；1319cm^{-1} 附近是 O—H 面内变形振动；1243cm^{-1}、1059cm^{-1} 附近是 C—O—C 伸缩振动吸收波；898cm^{-1} 芳香族 C—H 面外变形振动引起的吸收波；614cm^{-1} 附近是 C—H 面内变形振动产生的吸收波；在 559cm^{-1} 附近是—OH 面外变形振动吸收带。

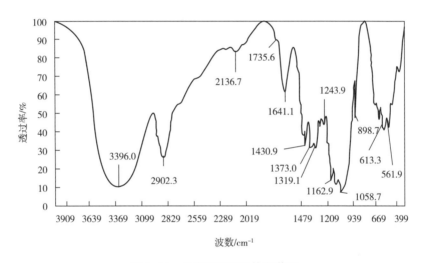

图 1-24　桑皮纤维的红外光谱图

（四）桑皮纤维的超分子结构

由图 1-25（a）（b）可见，桑皮原样初始热分解温度（T_d）为 229℃，最大热分解温度（T_{dm}）为 330℃，而经化学处理后的桑皮纤维（$T_d = 291℃$，$T_{dm} = 356℃$）和经微波—酶—化学辅助技术（AMBET）处理后的桑皮纤维（$T_d = 308℃$，$T_{dm} = 366℃$）的初始热分解温度和最大热分解温度均高于桑皮原样，热稳定性提高。这是由于经前处理后，尤其是经 AMBET 处理后，桑皮纤维中的非纤维素大部分被除去，纤维的结晶度大大提高。由图 1-25（c）可见，经前处理后，桑皮纤维的热分解焓由桑皮原样的 1.56J·g^{-1} 提升至化学处理的 2.84J·g^{-1} 和 AMBET 处理的 4.78J·g^{-1}，经处理后桑皮纤维的热分解焓显著提高，尤其是经 AMBET 技术处理后，桑皮纤维具有良好的热稳定性。

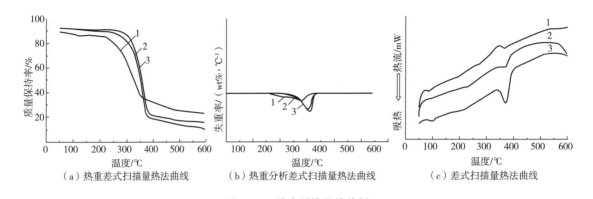

图 1-25　桑皮纤维的热分析

（a）热重差式扫描量热法曲线　（b）热重分析差式扫描量热法曲线　（c）差式扫描量热法曲线

1—桑皮原样　2—经化学处理的桑皮纤维　3—经 AMBET 处理的桑皮纤维

三、桑皮纤维的性能

（一）桑皮纤维的长度与细度

桑皮纤维长度在 5～15mm，桑皮单纤维长度较短，不能直接用于纺纱。因此，桑皮纤维的纺纱加工必须与亚麻、黄麻一样，采用工艺纤维，即在脱胶处理时必须采用半脱胶，以保留一定量的残胶，将很短的单纤维粘连成具有一定长度的束纤维，以满足纺纱的工艺要求。桑皮纤维的工艺纤维长度与棉纤维长度相似，因而经半脱胶制得的工艺纤维可采用棉型纺纱系统进行纺纱。

为了便于比较，表 1-16 中列出了与桑皮纤维相近的几种植物纤维的长度、细度数据。由表 1-16 可见，桑皮单纤维的长度比竹纤维、菠萝纤维、香蕉纤维、黄麻要长，和亚麻、大麻纤维差不多；单纤维宽度较香蕉纤维窄，跟其他几种纤维大致相同。工艺纤维无论是长度还是细度都较其他纤维小，符合一般工艺纤维"越长越粗，越短越细"的规律。

表 1-16　桑皮纤维与几种植物纤维长度、细度的对比表

纤维	单纤维		束纤维（工艺纤维）	
	长度/mm	宽度/μm	长度/mm	细度/dtex
桑皮纤维	5～15	10～22	27～52	0.7～1.9
黄麻	2～5	15～25	80～150	2.8～3.8
亚麻	16～20	12～17	300～900	2.5～3.5
大麻	20～50	14～17	40～120	0.8～1.2
菠萝叶纤维	3～8	7～18	100～900	2.5～4.0
香蕉纤维	2.3～3.8	11～34	80～200	6.0～7.6
竹纤维	1.5～2.0	15～20	70～130	14.0～21.0

（二）桑皮纤维的强伸性

纤维具备一定的机械性能是纤维可纺的先决条件。桑皮纤维具有一定的断裂强度和断裂

伸长，其与黄麻、亚麻等天然纤维断裂强度、断裂伸长率比较见表1-17。桑皮纤维的断裂强度比其他几种纤维低，这与前面分析的纤维细胞壁上折叠形裂隙有一定关系，但其断裂伸长较大。从桑皮纤维的断裂强度、断裂伸长率来看桑皮纤维的织造是可行的。

表1-17　桑皮纤维与几种天然纤维的强伸性对比表

纤维	断裂强度/（cN·tex^{-1}）	断裂伸长率/%
桑皮纤维	10~29	4~6
亚麻	47.97	3.96
黄麻	26.01	3.14
香蕉纤维	50.75	3.18
菠萝纤维	30.56	3.42
竹纤维	30.99	3.48

（三）桑皮纤维的回潮率

桑皮纤维的回潮率为9%~10%，与其他几种天然纤维的回潮率对比见表1-18。桑皮纤维的回潮率介于棉和麻类之间，故其吸湿性比棉纤维强，较麻类差。

表1-18　桑皮纤维与其他纤维的回潮率对比表

纤维	桑皮纤维	棉	亚麻	黄麻	大麻
回潮率/%	9~10	8.5	12.0	14.0	12.0

（四）桑皮纤维的热性能

桑皮纤维的热性能由差示扫描量热仪（DSC）测定如图1-26所示，利用DSC分析桑皮纤维内部的分子热运动特征，用它的玻璃化转变温度、结晶熔融温度、热解温度来表征。这些参数为制定纤维的脱胶、纺织染整加工参数提供依据。

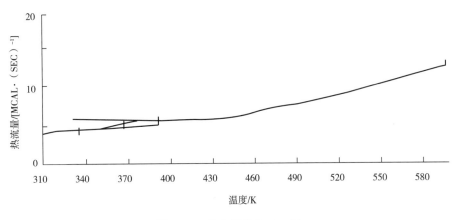

图1-26　桑皮纤维的DSC图

桑皮纤维在20℃·min^{-1}的升温速率下，达到61.4℃，少许分子热运动开始，至118℃，全部分子运动，包括链段运动，因此取其峰值 77.8℃ 为玻璃化转变温度，反映分子运动的 DSC 线至 157℃ 左右吸热增大，达 310℃ 左右，桑皮纤维吸热炭化分解，未发现有熔融吸热峰。与其他纤维素纤维一样，桑皮纤维是热分解温度低于其热熔融温度的材料。掌握好适当的升温速度，桑皮纤维可以成为炭化纤维。

（五）染色性能

桑皮纤维具有较好的染色性，几乎适用于各种还原染料、碱性染料、硫化染料、直接染料染色，并且色泽鲜艳，色牢度好。桑皮纤维与棉、麻、竹、丝混纺面料同浴染色性也较好，采用活性染料所染的浅、中、深色，其色牢度指标除耐湿摩擦色牢度为 4 级外，其他指标如耐干摩擦色牢度、耐皂洗色牢度变色、耐皂洗色牢度沾色、耐碱汗渍色牢度沾色等指标均可达 4-5 级。但需注意桑皮纤维织物经纱浆膜较厚，染前整理宜采用先退浆后烧毛处理，以避免造成烧毛不彻底而产生的染色不匀。此外，采用工艺纤维制成的织物，因含有一定量的胶质，染色前应通过练整处理脱尽胶质。通常采用活性染料上染桑皮纤维织物，其效果（尤其是色牢度）优于直接染料。

四、桑皮纤维产品开发

（一）纱线制品

桑皮纤维与大多数天然纤维或常规棉型化纤有良好的互混性，如可制备桑皮纤维/黏胶基甲壳素纤维（50/50）混纺纱、芳砜纶/桑皮纤维/棉（50/30/20）混纺纱、精梳棉/桑皮纤维混纺集聚纱、芦荟黏胶纤维/桑皮纤维（70/30）复合纱、桑/棉/绢（40/40/20）164dtex 混纺纱等。

（二）服用纺织品

桑皮纤维除可用作组织面料外，还可用作小提花面料、大提花面料（图 1-27）。此外，开发的棉/桑皮纤维段染色织面料（图 1-28）不仅外观新颖，而且对大肠杆菌和金黄色葡萄球菌具有抑菌性。

图 1-27　桑皮纤维大提花面料　　　　图 1-28　段染色织桑皮面料实物

（三）产业用纺织品

以桑皮纤维作为骨架结构，海藻酸钠为柔性片层功能性组件，制备桑皮纤维/海藻酸钠双网络复合水凝胶，是集吸水、保水、缓释于一体的功能性高分子材料；桑麻纤维还可制备具有自然降解、抗菌抑菌的水刺医用非织造布。

项目八 汉麻纤维

汉麻是一种传统的可再生经济作物，曾被人类广泛应用几千年，被誉为人类发现的"最完美的工业材料"。但由于其纤维固有的刚硬、易皱等特点，近百年来逐步被棉花和化纤所取代，应用逐年下降。但研究发现，汉麻具有独特的性能，其在纺织、食品、医药、造纸、建材等领域的应用前景非常广阔，采用新的工艺技术，完全可改变汉麻纤维在人们头脑中固有的形象，而使其焕发出新的光彩。

一、汉麻纤维的结构

（一）汉麻纤维的形态结构

图1-29是汉麻茎部横截面示意图，从横切面看，汉麻最外层是表皮，顺次为皮层、次生皮层、韧皮部、形成层、木质部和髓。纤维束大多存在于次生皮层，一般纤维束层最外一层为初生纤维，次生纤维位于韧皮部。

图1-30为汉麻微纤维排列示意图。从物理构成来看，汉麻韧皮纤维主要由细胞壁和细胞空腔组成，细胞壁又分为细胞膜和初生壁（P层）及次生壁（S层），次生壁又可以细分为3层（由外而内分为S1、S2和S3层），其中胞间物质木质化严重。汉麻S2层的原纤螺旋角约为6°，苎麻为7.5°，亚麻为10°。

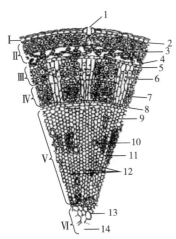

图1-29 汉麻茎部横截面示意图

Ⅰ—表皮角质层 Ⅱ—初生皮层 Ⅲ—次生皮层

Ⅳ—韧皮层 Ⅴ—木质部 Ⅵ—髓

1—气孔 2—角质细胞 3—厚角组织 4—初生皮层薄壁细胞

5—内皮层 6—初生韧皮纤维 7—次生韧皮纤维

8—形成层 9—木薄壁细胞 10—木质导管 11—木纤维

12—髓微观薄壁细胞 13—髓薄壁细胞 14—髓管道

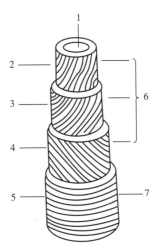

图1-30 汉麻微纤维排列示意图

1—纤维轴向 2—次生壁S3层 3—次生壁S2层

4—次生壁S1层 5—初生壁 6—异向螺旋排列

7—垂直纤维轴排列

汉麻单纤维呈管形，表面有节，无天然扭曲，表面很粗糙，不同程度地有纵向缝隙和孔洞，横截面略呈不规则多边形，中心有空腔，空腔与纤维表面的缝隙和孔洞相连，在胞间层物质的黏结下交织成网状。图 1-31 为汉麻纤维的 SEM 图，可以清晰地看到这些特点。

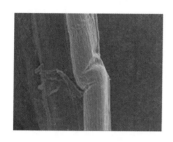

图 1-31 汉麻纤维 SEM 图

（二）汉麻纤维的分子结构

汉麻纤维的 X 射线衍射测试表明，汉麻纤维与苎麻、亚麻一样，其结晶晶型都是典型的纤维素 I。图 1-32 为汉麻、苎麻、亚麻三种纤维的 X 射线衍射图，从图中测得的纤维特征衍射峰的位置见表 1-19。利用分峰法求得的三种麻纤维的结晶度和结晶指数，其中汉麻纤维的结晶度为 84.79%，结晶指数为 1.47%，苎麻纤维的结晶度为 84.48%，结晶指数为 1.36%，亚麻纤维的结晶度为 80.33%，结晶指数为 1.29%。测试结果表明，汉麻纤维的结晶程度最高，苎麻次之，亚麻纤维相对小一些。

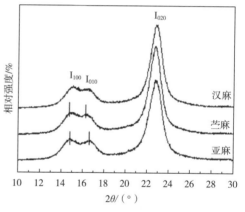

图 1-32 汉麻、苎麻和亚麻纤维的
X 射线衍射曲线图

表 1-19 汉麻、苎麻和亚麻纤维的特征衍射峰

纤维种类	特征峰位置 2θ/（°）			
	101 晶面	晶面	002 晶面	040 晶面
汉麻	15.04	16.44	22.72	34.38
苎麻	14.82	16.24	22.66	34.04
亚麻	14.84	16.68	22.70	34.20

三种麻的结晶晶型得到了红外光谱图测试的验证，图 1-33 为三种麻纤维的红外光谱图，从图中可以看出，汉麻、苎麻和亚麻纤维的主要特征吸收峰几乎相同，说明三种麻纤维都同属于典型的纤维素 I。

从三种麻的红外光谱图中还可看出，与亚麻纤维相比，汉麻和苎麻纤维谱带上多了 1735cm^{-1} 吸收峰（半纤维素聚木糖的 C=O 伸缩振动），1510cm^{-1} 吸收峰（木质素苯环伸缩振动），这可能与汉麻和苎麻纤维中含有较多的木质素和胶质成分有关。汉麻和苎麻在 $700cm^{-1}$（氢氧键的弯曲振动）处有一个特征峰，而亚麻纤维谱带上却没有发现该特征峰。另外，$3400 \sim 3450cm^{-1}$ 处的 OH 伸缩振动特征峰处存在微小差别，汉麻纤维的特征吸收峰为 $3408cm^{-1}$，而苎麻和亚麻纤维的特征吸收特征峰的位置为 $3419cm^{-1}$，并且谱带宽也不相同。

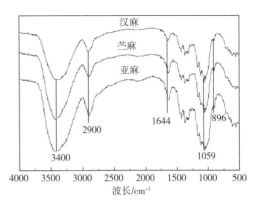

图 1-33　汉麻、苎麻和亚麻纤维的
傅里叶红外光谱图

（三）汉麻纤维的化学组成

汉麻植株中含有 400 多种化学物质，其中 60 多种汉麻酚类物质是汉麻植物所特有的。在这 60 多种汉麻酚类物质中，最主要的有四氢大麻酚（THC）、大麻二酚（CBD）、大麻酚（CBN）、大麻萜酚（CBG）、大麻环萜酚（CBC）。

与此同时，汉麻纤维中含有多种微量元素，这些成分以各种方式与纤维素结合在一起，其存在对纤维的性能造成一定的影响。图 1-34 为微量元素能谱仪（EDS）分析图，从中可以看出，汉麻纤维中结合了 Cu、Zn 等多种微量元素。

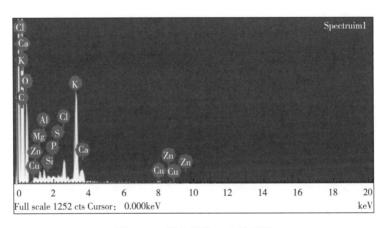

图 1-34　微量元素 EDS 分析图

采用电感耦合等离子体原子发射光谱仪（ICP-AES）对汉麻纤维中元素作半定量的测试，由于 As、I、Hg、Li 等重金属挥发性元素在制样中会挥发掉，所以确定这些挥发性元素时，先用微波消解法制样，然后做原子吸收光谱确定其有无。表 1-20 列出了 ICP-AES 分析法测得的汉麻纤维中微量元素的种类与含量。

表 1-20　ICP-AES 分析法测得的汉麻纤维中微量元素含量

元素	Ag	Al	As	B	Ba	Ca	Cd	Co
含量/($mg \cdot kg^{-1}$)	0.0176	43.18	0.0028	1.212	0.7669	693.6	0.0123	0.0515

元素	Cr	Cu	Fe	K	Mg	P	Pb	S
含量/（mg·kg⁻¹）	0.890	0.7957	31.41	851.2	191.5	265.2	0.0489	77.37
元素	Si	Sn	Sr	Ti	V	Zn	Na	
含量/（mg·kg⁻¹）	15.78	0.4849	3.704	1.477	0.0813	0.8397	16.22	

二、汉麻纤维的性能

（一）汉麻纤维的物理性能

研究表明，汉麻纤维是一种优异的服用纤维，它纤维细、强度高、吸湿排汗性好，既具良好的服用舒适性，又有一定的保健性，表1-21为汉麻纤维基本物理性能。

表1-21　汉麻纤维基本物理性能

性能指标	汉麻纤维	细绒棉
长度/mm	20~25	25~31
纤维细度/tex	0.22~0.38	0.12~0.20
纤维比强度/（N·tex⁻¹）	>0.48	0.22
断裂伸长率/%	2.2~3.2	7.12
杨氏模量/（N·tex⁻¹）	16~21	6.0~8.2
织物吸湿速率/（mg·min⁻¹）	2.18	1.33
织物散湿速率/（mg·min⁻¹）	4.4	2.37
聚合度	2000~2300	10000~15000

从表1-21中可以看出，汉麻纤维强度高，断裂伸长小，适合于作为复合材料中的增强纤维，但其纺织加工难度大，因此纤维处理时需要采用各种工艺对其进行改性，以适应于服用的需要。

（二）汉麻纤维的化学性能

汉麻纤维遇强酸类易受损，耐碱性好，漂后强力受损，耐霉菌、耐虫蛀、耐日光良好。纤维素、木质素含量高于亚麻、苎麻，果胶含量低于苎麻高于亚麻。汉麻纤维化学组成见表1-22。

表1-22　汉麻纤维化学组成

纤维种类	纤维素	半纤维素	木质素	果胶	脂蜡质	水溶物	灰分
汉麻	76%	9.3%	8.3%	3.4%	1.2%	1.2%	0.6%

（三）汉麻纤维的耐热性能

汉麻纤维有优异的耐热性能，尽管受热时，汉麻纤维强度总体呈下降趋势，但当处理温度在200℃以内，处理时间小于30min时，汉麻束纤维强度基本可保持在80%以上；即使处理温度上升到240℃，当处理时间不大于5min时，汉麻束纤维相对断裂强度仍可保持在80%以上。图1-35显示了汉麻束纤维断裂强度保持率与温度、时间之间的关系。

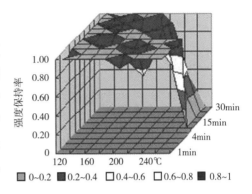

图1-35 汉麻束纤维断裂强度与温度、时间关系图

（四）汉麻纤维的抗菌抑菌性能

以革兰氏阴性大肠杆菌为代表菌株，根据GB/T 20944.3—2008《纺织品抗菌性能的评价 第3部分：振荡法》，对汉麻织物进行抗菌性能测试。汉麻织物对大肠杆菌的平均抑菌率达到98.82%，达到GB/T 20944.3—2008中关于大肠杆菌的抑菌率大于70%的规定，因此，可以看出汉麻具有优良的抗菌性能。

经研究表明，洗涤50次后的汉麻原布依然具有较为优良的抗菌性能，虽然抗菌性能相比未洗涤之前有所下降，但对大肠杆菌的抑菌率均达到90.2%，说明汉麻织物的抗菌性能优良且持久。

分析汉麻纤维天然抗菌抑菌的原因，认为主要是两种机理：一是结构抗菌。汉麻具有多孔的结构和很强的吸附能力，在自然状态下，汉麻纤维内将吸附较多的氧气，使厌氧菌的生存环境受到破坏，这是汉麻具有较强的抑菌性的原因之一。同时，由汉麻纤维制成的织物，能使人体的汗液较快地排出，使细菌赖以生存的潮湿环境受到破坏，宏观上表现为抑菌性；二是化学成分抗菌。汉麻植株中含有多种活性酚类物质（四氢大麻酚、大麻二酚、大麻酚）、有机酸（齐墩果酸、熊果酸、十六烷酸）和无机盐（NaCl），这些物质对多种细菌有明显的杀灭和抑制作用。通过前面的EDS和ICP-AES分析得知，汉麻纤维中还含有多种微量元素，其中就有具有抑菌特性的Ag、Cu、Zn、Cr等元素存在。

（五）汉麻纤维的防紫外性能

研究表明，汉麻纤维是目前已知的防紫外性能最佳的天然纤维，未经任何处理，以汉麻纤维为原料的织物，其防护等级即可达到极佳的程度。图1-36为相同规格的苎麻、汉麻和亚麻织物的紫外线防护系数（UPF值）测试图。汉麻织物的UPF值可达50以上，而亚麻织物的UPF值不超过26，苎麻织物的UPF值仅为5左右，这主要得益于其所含的木质素有很强的紫外线吸收能力。

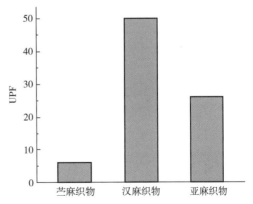

图1-36 苎麻、汉麻、亚麻织物的UPF值

（六）汉麻纤维的吸附性能

图 1-37 是汉麻与棉纤维对化学挥发物（TVOC）的吸附性能图。将 300g 汉麻纤维和 300g 棉纤维分别置于两个 1.0m³ 密封舱中，密封后加入 TVOC，并开始计时，分别测试不同时间舱内 TVOC 浓度，TVOC 初始浓度为 3.5mg·m⁻³。从图中可见，汉麻的吸附性能明显好于棉纤维，这与其多孔中空的形态结构是密切相关的。

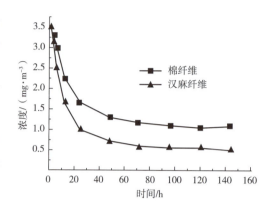

图 1-37　TVOC 浓度随时间变化图

从前面的汉麻纤维形态结构分析可以发现，汉麻纤维是多孔而中空的结构，横截面形态极不规则，这种多纵向裂纹且不规则的形态，赋予汉麻较大的比表面积，从而表现出极佳的吸附性能。此外，汉麻纤维中含有微量化学物质，可与 TVOC 中的化学成分发生反应，从而提高 TVOC 的吸附性能。

（七）汉麻纤维的抗静电性能

汉麻纤维的抗静电性能与汉麻纤维的微观结构有关。汉麻纤维分子排列取向度好，结晶度高、初始模量大，产生静电能力极低。汉麻纤维的吸湿性能好，它的吸湿速率也非常快，这种吸湿透气性能使汉麻纺织品不会产生静电聚集，不会因摩擦而起球和吸附灰尘，不会产生静电，即汉麻纤维的抗静电性能优异。因此，汉麻服装能够避免静电给人体造成的危害，比如皮肤过敏、皮疹、针刺感等。

三、汉麻纤维的应用

（一）纱线制品

张超波等研究表明，栉梳后汉麻纤维中的胶质有一定的去除，纤维素含量也有所提高，从纤维各物理指标来看，梳理两次后各项指标基本可达到纺纱要求，而梳理三次后更有利于纺纱；唐萍从原料选配入手，将汉麻纤维与功能性化纤结合起来，突破汉麻纤维需高回潮率和高湿度纺纱状态与化纤难以混纺的瓶颈，纺制出汉麻/微孔聚酯（35/65）16.4tex 集聚纺纱；马德建采用一种介于湿法、干法之间的热湿纺纱方法，纺制了 41.7tex 纯汉麻纱；亓焕军等针对汉麻纤维受纤维处理和纺织加工技术限制，以及在手感、外观等不能满足高端消费人群需求的缺点，对汉麻纤维处理、纺纱等关键技术和装置进行研究，成功纺制出赛络集聚纺精梳棉/汉麻（75/25）4.9tex、精梳棉/汉麻（70/30）7.3tex 等纱线。汉麻纤维纱线如图 1-38 所示。

图 1-38　汉麻纤维纱线

（二）服用纺织品

刘锁银等对染色、浆纱、织造、后整理等关键工序的工艺参数进行优化，开发多种纤维与汉麻混纺或交织色织面料，这些面料的抗菌效果符合 AA 级，抗紫外线 UPF ≥ 40，透气率 ≥ 100mm · s^{-1}，吸水率 ≥ 100%，抗皱 DP ≥ 3.0；郝新敏等采用汉麻纤维开发了针织短裤、运动服，并认为汉麻针织产品手感柔软、无刺痒、不伤皮肤、卫生、洗涤干燥快，具有良好的穿着舒适性。

（三）家用纺织品

娄琳等认为腈氯纶/汉麻纤维阻燃织物非常适合窗帘、沙发布、车内织物等用途。汉麻家用纺织品如图 1-39 所示。

图 1-39　汉麻家用纺织品

（四）产业用制品

汉麻已经在化工、造纸、黏胶、木塑、汽车内饰、新型建材、复合材料、食品保健、医药、活性炭、生物柴油等领域获得应用，如以汉麻秆细粉为原料，制作木质防弹陶瓷（图 1-40）、汉麻电磁屏蔽板材（图 1-41），汉麻电磁屏蔽板材可用于指挥所电子信息屏蔽；汉麻秆做成的高效碳吸附材料，可用于制作高档的防毒面具（图 1-42）；辛丹维制备了一种用于擦拭布的汉麻纤维非织造材料；郝燕飞分析了汉麻纤维复合材料毡板的制备过程，分析了汉麻纤维复合板材的成型温度、压力以及铺层方式对汉麻纤维板材性能的影响，确定最佳的成型工艺参数，以获得最佳性能的板材；刘胜凯研究了汉麻纤维以及聚丙烯纤维热解过程中挥发物的释放现象，并据此分析了汉麻纤维增强聚丙烯复合材料的挥发性有机化合物释放来源；刘俊辉利用汉麻纤维脱胶工艺和复合材料界面改性来降低汉麻纤维增强聚丙烯复合材料的 VOC 释放量，并提升其力学性能；韦新培将经处理的汉麻纤维和聚乳酸纤维制成毡材，再与玄武岩纤维预浸料层压成型制备成混杂复合材料。

图 1-40　木质防弹陶瓷

图 1-41　电磁屏蔽板材

图 1-42　防毒面具

项目九　牛角瓜纤维

牛角瓜广泛分布于亚洲和非洲的热带及亚热带地区，由于其果实形如牛角，故名牛角瓜。牛角瓜纤维是从牛角瓜的种子上生长出来的，属天然植物纤维，其成分基本上由纤维素组成，与现在大量种植和使用的原料纤维——棉同属天然植物种子纤维，与逐步应用于家纺填充原料的木棉纤维同属，是一种亟待开发和利用的天然纤维。牛角瓜纤维的获取是采用牛角瓜的果实，经脱籽后取其种子的冠毛纤维。

一、牛角瓜纤维的物理性能

牛角瓜纤维的物理性能见表1-23。

表1-23　牛角瓜纤维的物理性能

种类	断裂强度/(cN·dtex⁻¹)	断裂伸长率/%	回潮率/%	含水率/%
牛角瓜纤维	4.45	3.40	11.90	10.80

由表1-23可知，牛角瓜纤维的回潮率和含水率较高，因此，在同样的湿度环境中，牛角瓜纤维具有较好的吸湿性能；牛角瓜纤维不仅断裂强度小，而且断裂伸长率较低，致使纤维的相对扭曲刚度较大，降低加捻效率，不利于牛角瓜纤维的纺纱。

高吸湿纤维吸附的水分为两类：一类是结合水，存在于纤维外表面、内部空隙表面、晶区表面和无定形区，且与纤维素的羟基结合成氢键；另一类是游离水，即当纤维吸湿达到饱和点后，水分子继续进入纤维的中腔和孔隙中，形成多层吸附水或毛细水。水对纤维材料的可及性取决于材料的几何结构和组成。牛角瓜纤维的结晶度大于棉，无定形区比例大，晶区颗粒小、比表面积大；牛角瓜纤维为薄壁大中腔结构，中空度高达80%以上，而半纤维素聚合度低（80~200），亲水基团数量多，对水分子高度可及。上述因素都会使牛角瓜纤维含有较多的结合水和大毛细水，因而，牛角瓜纤维表现出较好的吸湿性。衣着用纤维一般要求吸湿平衡回潮率在12%~14%。牛角瓜纤维符合人体对纺织纤维吸湿性的要求，且轻柔保暖、防霉防蛀、低过敏，可以预测其织物具有良好的服用舒适性。

二、牛角瓜纤维的形态结构

牛角瓜纤维的形态特征参数见表1-24。

表1-24　牛角瓜纤维的形态特征参数

纤维类别	直径/μm	中空度/%	壁厚/μm	腔宽壁厚比值
牛角瓜纤维	18~37	80~90	0.6~1.2	20~26

在光学显微镜和扫描电子显微镜观察下得到牛角瓜纤维的横截面和纵向形态，如图1-43所示。

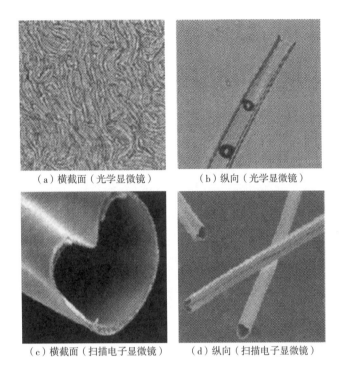

（a）横截面（光学显微镜）　　　（b）纵向（光学显微镜）

（c）横截面（扫描电子显微镜）　　　（d）纵向（扫描电子显微镜）

图1-43　牛角瓜纤维横截面与纵向形态

经观察发现，牛角瓜纤维纵向形态光滑平直，色泽光亮通透。牛角瓜纤维横截面纤维壁很薄，截面近似圆形或椭圆形，有很大的中腔，其中空度高达80%~90%，但是经纺织加工后的牛角瓜纤维中空被挤压，纤维截面呈现出扁平带状，中空减小甚至消失。

研究发现，牛角瓜纤维纵向和横截面形态与其他纤维素纤维有着较大的差异。牛角瓜纤维纵向没有棉纤维的天然转曲，也没有麻纤维的横节或沟槽。虽然经过丝光处理的棉纤维纵向形态转曲完全消失，纤维呈顺直状态，但没有牛角瓜纤维透亮，而且由于牛角瓜纤维在纺纱中被压扁，导致其纤维纵向看较丝光棉稍粗。未加工处理的牛角瓜纤维横截面近似圆形，有很大的中腔，经纺纱加工后的牛角瓜纤维被压扁，中空变小，与大部分再生纤维素纤维的实心结构不同。

三、牛角瓜纤维的化学性能

牛角瓜纤维的化学组成见表1-25。

表1-25　牛角瓜纤维的化学组成及结晶结构　　　　　　　　　单位:%

纤维素（α-纤维素）	半纤维素（木聚糖）	木质素	蜡质	果胶	灰分
49~64	20~24	18~23	2~3	3.0~3.8	1.2~3.8

牛角瓜纤维具有较好的化学性能，耐酸性好，常温下稀酸对其没有影响。将木棉纤维置于不同的溶剂中，在不同的溶解条件下观察其化学溶解情况，结果见表1-26。

表1-26　牛角瓜纤维的耐酸耐碱性及化学溶解性

试剂	溶解时间/min					
	5		15		30	
	牛角瓜	棉	牛角瓜	棉	牛角瓜	棉
98%硫酸（常温）	S	S	S	S	S	S
75%硫酸（40℃）	P	P	S	S	S	S
59.5%硫酸（20℃）	P	I	P	I	P	I
59.5%硫酸（40℃）	P	I	P	I	P	I
59.5%硫酸（70℃）	P	I	P	I	P	P
甲酸—氯化锌（40℃）	I	I	P	I	P	I
甲酸—氯化锌（70℃）	P	I	P	P	P	P
80%甲酸（常温）	I	I	I	I	I	I
36%盐酸（常温）	P	I	P	I	P	I
20%盐酸（常温）	I	I	I	I	I	I
1mol·L^{-1}次氯酸钠（常温）	I	I	I	I	I	I
二甲基甲酰胺（95℃）	I	I	I	I	I	I
65%硫氰酸钾（75℃）	I	I	I	I	I	I
冰乙酸（20℃）	I	I	I	I	I	I
冰乙酸（沸）	I	I	P	I	P	I
2.5%氢氧化钠（沸）	I	I	P	I	P	I
5%氢氧化钠（沸）	I	I	P	I	P	I
二氯甲烷（常温）	I	I	I	I	I	I
丙酮（常温）	I	I	I	I	I	I

注　S—溶解，P—部分溶解，I—不溶解。

从表1-26中牛角瓜纤维与棉的化学溶解性的对比分析发现，前者的化学溶解性能接近棉纤维，有较好的化学性能，在常温下稀酸或弱碱都对其没有太大影响。在常见的有机试剂中表现为不溶解，因此除棉纤维之外，牛角瓜纤维与其他纤维可以通过溶解法进行鉴别。

四、牛角瓜纤维的应用

（一）纱线制品

罗艳等采用不同的混纺比，纺制了几种牛角瓜/棉混纺纱和牛角瓜/棉聚酯纤维混纺纱，并对其性能进行了测试分析，研究表明：随着牛角瓜纤维含量的增加，混纺纱强力和条干均匀度变差；聚酯纤维对条干均匀度改善较大，当牛角瓜纤维含量不超过40%时，纱线性能可以满足织造要求；武文正等从梳理、并条、粗纱和细纱等工序分析牛角瓜纤维纯纺环锭纱的生产工艺参数和原则，针对牛角瓜纤维纯纺纱断裂强度偏低、条干均匀度差、毛羽较多等问题，采用赛络纺、集聚纺和集聚赛络纺等纺纱方法对其纺纱工艺进行优化，对比分析三种方法所纺36.4tex纱性能；王静等根据牛角瓜纤维及咖啡碳纤维的特性，制定了研发思路和设计方案、纺纱工艺原则、纺纱技术要点及工艺参数，最终成功研制了14.5tex牛角瓜纤维/咖啡碳纤维（35/65）混纺浅灰针织纱；叶智玲针对目前牛角瓜纤维纯纺纱遇到的难题，采用经过开清棉、梳理、并条、粗纱工序处理后得到定量为$5.6g \cdot (10m)^{-1}$的牛角瓜粗纱，在细纱工序纯纺11.66tex牛角瓜高支纱，进行了相关工艺优化实验。

（二）针织面料

牛角瓜纤维完全适用于针织面料的生产。利用牛角瓜纤维的抗菌性能，用牛角瓜纤维/棉混纺纱织成针织面料，可生产出具有抗菌作用的针织品，包括内衣、内裤、袜子、毛巾及床上用品等中高档针织产品，满足人们对抗菌、保健服饰织物的需求，应用前景十分看好。

（三）机织面料

王静等设计了牛角瓜纤维/蚕蛹蛋白纤维/改性聚酯（Aircell纤维）混纺抗菌机织小提花面料（图1-44），所得产品直条纹明显，滑爽挺括，具有麻织物的粗犷特点，质感明显，该产品对金黄色葡萄球菌、大肠杆菌及白色念珠菌抑菌率分别为78%、78%、71%，产品质量和抗菌性较好。

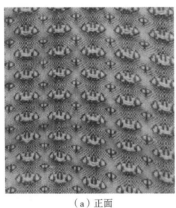

（a）正面　　　　　　　　　　（b）反面

图1-44　面料外观图样

参考文献

[1] 崔淑芳，张海娜，李俊兰，等．彩色棉研究进展［J］．中国棉花，2011，38（2）：2-5.

[2] 谭燕玲，周献珠．天然彩棉研究现状及其发展趋势［J］．纺织科技进展，2015（1）：1-4.

[3] 毕研伟．天然彩棉的性能分析及发展趋势［J］．山东纺织科技，2017（4）：4-7.

[4] 孙晓婷．木棉纤维的性能及其在纺织上的应用［J］．成都纺织高等专科学校学报，2016，33（1）：145-149.

[5] 楚久英，廖师琴，李会改．木棉纤维性能及其应用进展［J］．产业用纺织品，2018，36（11）：6-10.

[6] 苏扬帆，葛明桥．木棉纤维及其在纺织品的应用［J］．服装学报，2018，3（1）：9-13.

[7] 张振方，王梅珍，林玲，等．以木棉为户外睡袋填充料的探索研究［J］．成都纺织高等专科学校学报，2015，32（4）：94-97.

[8] 杨娜，洪玉，赵嘉雨，等．氧化石墨烯—木棉纤维过滤膜的制备及其油水分离应用［J］．安徽化工，2021，47（6）：84-85，89.

[9] 谭燕玲，徐原，朱静．罗布麻的性能与现状研究［J］．轻纺工业与技术，2021，50（1）：16-18.

[10] 徐绚绚．罗布麻纤维抗菌功能的物质基础及天然多酚化合物与纤维结合机制研究［D］．天津：天津工业大学，2020.

[11] 王春燕，张会青．Newdal/罗布麻/水溶性维纶轻盈舒适纱线的开发［J］．上海纺织科技，2008，36（10）：33-34，42.

[12] 王涛．精梳棉/罗布麻包覆纱的开发及其性能研究［D］．青岛：青岛大学，2015.

[13] 徐颖，张元明，韩光亭．罗布麻/棉混纺纱工艺及混比对成纱性能的影响［J］．纺织科技进展，2007（2）：77-79.

[14] 赵博．罗布麻/牛奶蛋白纤维与棉混纺精梳纱工艺［J］．纺织科技进展，2006（6）：75-78.

[15] 张守斌，邢明杰，刘敏，等．罗布麻/粘胶/棉喷气涡流纱的开发及成纱质量的研究［J］．中国纤检，2009（1）：72-74.

[16] 李娟，刘新金，谢春萍，等．罗布麻针织用纱设计与开发［J］．上海纺织科技，2018，46（1）：15-18.

[17] 顾秦榕，谢春萍，王广斌，等．棉罗布麻混纺纱的生产工艺研究［J］．棉纺织技术，2017，45（3）：56-57.

[18] 韦节彬．罗布麻保健功能衬衣面料的开发［J］．毛纺科技，41（2）：19-21.

[19] 杨定勇，乔冠娣，殷翔芝，等．多组分混纺桑皮纤维纱小提花织物的设计［J］．山东纺织科技，2019（5）：12-15.

[20] 王树英．罗布麻/棉混纺织物的生产实践［J］．山东纺织科技，2009（4）：27-28.

[21] 韩英杰．天丝/罗布麻家纺面料开发［J］．上海纺织科技，2017，45（6）：47-48，62.

[22] 黄晓梅．罗布麻保健针织内衣的开发［J］．江苏纺织，2007（7）：54-55.

[23] 陈晨．超高分子量聚乙烯/罗布麻交织凉席面料的设计与生产［J］．上海纺织科技，2021，49（7）：47-48.

[24] 韦玲俐，王璐，孙窈，等．功能型驼绒多组分混合絮片的开发及其性能研究［J］．毛纺科技，2020，

48 (5)：7-12.

[25] 童星．竹原纤维微观结构及抗菌性能分析 [J]．棉纺织技术，2017，45 (1)：31-34.

[26] 熊伟，潘贝贝，宋卫卫，等．竹原纤维的性能及开发 [J]．林业机械与木工设备，2018，46 (6)：32-35.

[27] 张振方，王梅珍，林玲，等．木棉混纺毛巾织物的性能研究 [J]．棉纺织技术，2015，43 (9)：13-16.

[28] 刘建政，吴锐．新型竹原纤维鞋垫材料的开发 [J]．产业用纺织品，2013 (3)：6-9.

[29] 王军．婴幼儿用竹原纤维/麻赛尔混纺凉席面料的研发与生产 [J]．上海纺织科技，2021，49 (4)：16-18.

[30] 张慧敏，沈兰萍．竹原纤维/Coolmax 纤维导湿快干双层织物的开发 [J]．西安工程大学学报，2017，31 (3)：322-326.

[31] 赵恒迎，陈红娟．竹原纤维与 Coolpass 纤维导湿快干针织物的开发 [J]．上海纺织科技，2011，39 (9)：18-20.

[32] 黄志琴，符木云，扬祎璇，等．一种竹原纤维面膜基布材料的表征及性能测试 [J]．江西化工，2021 (2)：113-115.

[33] 叶张龙，王春红，王瑞，等．竹原/聚丙烯纤维过滤材料的制备和性能研究 [J]．上海纺织科技，2014，42 (3)：59-62.

[34] 王春红，王瑞，于飞，等．竹原/亚麻复合材料力学性能的模糊评判 [J]．纺织学报，2007，28 (3)：34-37.

[35] 王溪繁．竹原纤维/PLA 复合材料性能的研究 [D]．苏州：苏州大学，2009.

[36] 张逸挺．竹原纤维/PP 复合材料的制备及其性能研究 [D]．杭州：浙江农林大学，2019.

[37] 郭蕴琦．竹原纤维/丙纶纬编针织复合材料的制备及拉伸性能研究 [D]．上海：东华大学，2010.

[38] 楼利琴，傅雅琴．竹原纤维/聚氨酯复合材料的隔音性能 [J]．纺织学报，2017，38 (1)：73-77.

[39] 张青菊．竹原纤维及其单向连续增强复合材料的制备与性能研究 [D]．天津：天津工业大学，2015.

[40] 陈敏，蒋艳凤，季荣，等．香蕉纤维的形态结构与性能分析 [J]．上海纺织科技，2010，38 (8)：9-11.

[41] 陈瑶，薛少林，许彬．香蕉纤维的理化性能测试 [J]．纺织科技进展，2012 (1)：56-61.

[42] 熊月林，崔运花．香蕉纤维的研究现状及其开发应用前景 [J]．纺织学报，2007，28 (9)：122-124.

[43] 董杰，陈敏，夏建明．香蕉纤维结构及其染色性能 [J]．印染，2011 (10)：10-12.

[44] 姜文琦，刘杰．香蕉纤维研究现状及展望 [J]．纤维素科学与技术，2021，29 (3)：70-76.

[45] 盛占武．香蕉茎秆纤维脱胶、改性及其结构性能分析 [D]．武汉：华中农业大学，2018.

[46] 王德骥．苎麻纤维素化学与工艺学 [M]．北京：科学出版社，2001.

[47] 柳新燕，郁崇文．香蕉纤维的性能与开发应用分析 [J]．上海纺织科技，1997，25 (5)：11-18.

[48] 石杰，吴昌斌，姬妍茹，等．亚麻脱胶微生物的筛选及应用研究 [J]．中国麻业科学，2013，35 (1)：22-27.

[49] 殷祥刚，滑钧凯，吴洪兵．"闪爆"处理对大麻纤维理化性能的影响 [J]．纤维素科学与技术，2002，10 (4)：13-19.

[50] SHENG Z W, GAO J, JIN Z Q, et al. Effect of steam explosion on degumming efficiency and physicochemical characteristics of banana fiber [J]. Journal of Applied Polymer Science, 2014, 131 (16)：500-600.

［51］ 殷祥刚，滑钧凯．大麻纤维"闪爆"处理脱胶方法初探［J］．纤维素科学与技术，2006，14（3）：41-46.

［52］ 谢晓丽．超声波在木质纤维的预处理及酶解工艺中的应用［D］．镇江：江苏大学，2010.

［53］ 杨春燕．香蕉茎纤维制取工艺研究［D］．上海：东华大学，2009.

［54］ 王春，王彩燕，周天．香蕉茎秆纤维的超声法脱胶研究［J］．广东石油化工学院学报，2015，25（3）：19-22.

［55］ 刘杰，田雨，孙聆芳，等．香蕉纤维的碱法脱胶工艺［J］．印染助剂，2020，37（11）：13-15，36.

［56］ 盛占武，高锦合，王培，等．香蕉纤维化学脱胶工艺优化［J］．热带作物学报，2012，33（2）：359-363.

［57］ 石杰，吴昌斌，姬妍茹，等．亚麻脱胶微生物的筛选及应用研究［J］．中国麻业科学，2013，35（1）：22-27.

［58］ 黄小龙，陶祥艳，曹树威，等．香蕉纤维脱胶菌的筛选及其产酶条件的初步研究［J］．热带作物学报，2011，32（1）：71-75.

［59］ 喻红芹，牛建设，郁崇文．亚麻粗纱的生物处理［J］．纤维素科学与技术，2008，16（1）：50-53，57.

［60］ 孟霞，齐鲁．黄麻纤维脱胶方法及产品开发［J］．针织工业，2011（8）：45-48.

［61］ 盛占武．香蕉茎秆纤维脱胶、改性及其结构性能分析［D］．武汉：华中农业大学，2018.

［62］ 蔡勇，韦仕岩，吴圣进，等．香蕉假茎生物脱胶菌株筛选及其应用效果初探［J］．南方农业学报，2011，42（8）：944-947.

［63］ 徐树英，谭蔚，张玉苍．香蕉茎秆酶法脱胶工艺及其脱胶纤维性能［J］．化工学报，2015，66（9）：3753-3761.

［64］ 胡佳丹．生物法提取香蕉假茎纤维素及其性能研究［D］．海口：海南大学，2018.

［65］ 刘文娟．香蕉纤维的脱胶工艺及可纺性研究［D］．齐齐哈尔：齐齐哈尔大学，2015.

［66］ 党敏译．香蕉纤维及其制品［J］．国外纺织技术，2001（12）：11-13.

［67］ 喻华，郁崇文，殷庆永，等．香蕉纤维的纺纱工艺探讨［J］．上海纺织科技，2009，37（9）：24-25.

［68］ 刘东升，唐佩君，阮浩芬，等．棉纤维香蕉纤维混纺纱的开发［J］．棉纺织技术，2009，37（8）：32-33.

［69］ 王艳，梁宝生，蔡中庶．香蕉纤维/棉混纺纱的开发与应用［J］．上海纺织科技，2008，36（12）：21-22.

［70］ 万敏，孟家光．香蕉纤维纯纺纱性能测试及产品开发［J］．针织工业，2010（4）：22-24.

［71］ 蔡永东．香蕉纤维/粘胶/天丝™混纺纱线家纺床品面料的生产技术［J］．纺织导报，2018（11）：90-92.

［72］ 庞锦英，莫羡忠，刘钰馨，等．阻燃香蕉纤维增强环氧树脂复合材料的动态力学性能和热性能研究［J］．塑料科技，2014，42（12）：29-33.

［73］ 庞锦英，莫羡忠，刘钰馨，等．阻燃香蕉纤维增强聚乳酸复合材料的热老化性能研究［J］．化工新型材料，2016，44（3）：208-210.

［74］ 庞锦英，莫羡忠，刘钰馨．阻燃香蕉纤维增强聚乳酸复合材料的制备与表征［J］．化工进展，2015，34（4）：1050-1054.

［75］ 黄仙，于湖生，李芳，等．香蕉纤维增强不饱和聚酯树脂复合材料的制备工艺研究［J］．现代纺织技

术，2019，27（3）：5-9.

[76] 黄仙，于湖生，李芳，等.香蕉纤维与UPR复合材料的制备及性能研究［J］.针织工业，2018（8）：20-22.

[77] 庞锦英，莫羡忠，刘钰馨，等.吸油香蕉纤维/聚乳酸气凝胶制备及其吸油性能［J］.现代塑料加工应用，2016，28（2）：33-36.

[78] 李芳.香蕉纤维/热固性树脂复合材料性能的研究［D］.青岛：青岛大学，2012.

[79] 顾东雅，王祥荣.菠萝纤维的研究进展［J］.现代丝绸科学与技术，2011（3）：115-117.

[80] 张劲，姚欣茂，李明福，等.菠萝叶纤维提取与工艺设备的研究［J］.农业工程学报，2000（6）：99-100.

[81] 郁崇文，张元明，姜繁昌，等.菠萝纤维的纺纱工艺研究［J］.纺织学报，2000（6）：352-354.

[82] 陈嘉琳，李端鑫，于洋，等.菠萝纤维的制备与表征［J］.棉纺织技术，2021，49（2）：31-35.

[83] 刘恩平，郭安平，郭运玲，等.菠萝叶纤维酶法脱胶技术［J］.纺织学报，2006（12）：41-43.

[84] 黄涛，蒋建敏，王金丽，等.菠萝叶纤维结构及其热力学性能研究［J］.上海纺织科技，2009，37（10）：9-12.

[85] 郁崇文，张元明，姜繁昌.菠萝纤维的性能及化学处理研究［J］.中国麻作，2000（3）：28-31.

[86] 熊刚，李济群，高金花，等.菠萝叶纤维的性能与纺纱分析研究［J］.毛纺科技：2007（1）：34-35.

[87] 李娜娜.菠萝叶纤维的前处理及染色性能研究［D］.青岛：青岛大学，2012.

[88] 黄小华，沈鼎权.菠萝叶纤维脱胶工艺及染色性能［J］.纺织学报，2006（1）：75-77.

[89] 顾东雅，刘德驹，封怀兵.菠萝纤维/棉混纺针织物的低盐低碱染色［J］.印染，2017（10）：23-25，30.

[90] 顾东雅，谢继田.菠萝纤维/棉混纺针织物的无盐无碱染色［J］.印染，2018（17）：20-22.

[91] 顾东雅，吴焕岭，刘德驹.菠萝纤维/棉混纺针织物的阳离子改性工艺研究［J］.印染技术，2017（8）：59-61.

[92] 于洋，孙颖，陈嘉琳，等.菠萝纤维活性染料染色工艺研究［J］.毛纺科技，2021，49（8）：42-45.

[93] 杨洪君，肖凯旭，宋佳珈.基于菠萝纤维面料的背包设计研究［J］.中国皮革，2022，51（2）：137-145.

[94] 郭爱莲.菠萝叶纤维的性能及应用［J］.山东纺织科技，2005（6）：49-51.

[95] 辛欣.菠萝叶纤维的性能及应用［J］.天津纺织科技，2008（4）：33-34.

[96] 瞿才新.桑皮纤维及其产业化开发［M］.北京：中国纺织出版社，2017.

[97] 陈桂香，陈浩文.桑皮纤维结构及性能特征［J］.南通纺织职业技术学院学报（综合版），2009，9（1）：10-13.

[98] 陈祥平，方佳，李乔兰，等.桑皮纤维及其纺织品开发研究［J］.丝绸，2013，50（12）：1-6.

[99] 荆学谦，杨佩鹏，武海良.桑皮纤维脱胶工艺初探［J］.中国麻业，2006，28（4）：182-186.

[100] 王军，夏东升，陈悟，等.苎麻生物脱胶研究进展［J］.安徽农业科学，2008，36（15）：6517-6518.

[101] 李树明，华坚.桑皮胶质绿色降解方法［J］.源开发与市场，2008（1）：7-9.

[102] 闵庭元，周彬，王美红.桑皮纤维的绿色高效脱胶工艺［J］.化纤与纺织技术，2010，39（3）：18-20.

[103] 华坚，彭旭东，郑庆康，等.桑皮纤维的结构和性能研究［J］.丝绸，2003（10）：21-23.

[104] 李顺英. 桑皮纤维的结构与机械性能研究 [D]. 苏州：苏州大学，2008.

[105] 瞿才新，毛雷. 18.2tex 桑皮纤维/粘胶基甲壳素纤维混纺纱的开发 [J]. 上海纺织科技，2011，39（7）：34-35.

[106] 王可，瞿才新，周红涛，等. 芳砜纶桑皮纤维棉 19.4tex 混纺纱的生产 [J]. 棉纺织技术，2014，42（8）：55-58.

[107] 高小亮，刘艳，郁兰. 精梳棉桑皮纤维 11.7tex 混纺集聚纱的纺制 [J]. 棉纺织技术，2015，43（2）：49-52.

[108] 王建明，瞿才新，赵磊，等. 精梳桑皮纤维棉 18.5tex 转杯纱的工艺优化 [J]. 棉纺织技术，2014，42（2）：56-58，74.

[109] 张立峰，瞿才新，陈贵翠，等. 芦荟粘胶纤维/桑皮纤维/金银丝赛络菲尔纱的开发 [J]. 上海纺织科技，2014，42（8）：42-44.

[110] 彭孝蓉，陈祥平，范小敏，等. 桑皮纤维/棉/绢混纺纱开发实践 [J]. 丝绸，2013，50（1）：41-43.

[111] 张国兵，王建明，瞿才新，等. 桑皮纤维/棉喷气涡流针织纱的生产实践 [J]. 上海纺织科技，2014，42（11）：39-40.

[112] 王冯宇，陈贵翠. 芦荟纤维/桑皮纤维/金属丝赛络菲尔复合纱功能针织物的开发 [J]. 轻纺工业与技术，2018，47（Z1）：6-8.

[113] 杨定勇，乔冠娣，殷翔芝，等. 多组分混纺桑皮纤维纱小提花织物的设计 [J]. 山东纺织科技，2019，60（5）：12-15.

[114] 李闪闪，马倩，王可. 桑皮纤维十字绣底布的设计与开发 [J]. 国际纺织导报，2016，44（9）：28-30，32.

[115] 马倩，王可，瞿才新，等. 长绒棉桑皮纤维混纺大提花织物的开发 [J]. 棉纺织技术，2015，43（4）：61-64，74.

[116] 马倩，王可，王曙东，等. 长绒棉桑皮纤维混纺段染色织面料的开发 [J]. 棉纺织技术，2021，49（1）：64-68.

[117] 张立峰，陈贵翠. 双网络桑皮纤维/海藻酸钠水凝胶的制备及其性能 [J]. 纺织导报，2020（4）：40-43.

[118] 瞿才新，赵磊. 用桑皮纤维加工医用非织造布的研究 [J]. 上海纺织科技，2012，40（11）：32-33，46.

[119] 张建春，张华. 汉麻纤维的结构性能与加工技术 [J]. 高分子通报，2008（12）：44-51.

[120] 张华，张建春. 汉麻纤维加工技术研究及其在针织行业的应用 [J]. 针织工业，2007（3）：20-24.

[121] 张超波，季英超，姜凤琴. 栉梳工艺与汉麻纤维可纺性关系的研究 [J]. 毛纺科技，2008（2）：32-34.

[122] 唐萍. 汉麻 35/微孔聚酯 65 16.4tex K 集聚纺纱的生产实践 [J]. 纺织器材，2012，39（5）：26-28.

[123] 马德建. 24 公支纯汉麻纱纺纱工艺研究 [D]. 武汉：武汉纺织大学，2018.

[124] 亓焕军，赵兴波，赵玉水. 汉麻纤维纺纱关键技术研究 [J]. 棉纺织技术，2019，47（7）：55-57.

[125] 刘锁银，王天瑞，胡宝栓. 汉麻多纤维混纺或交织色织面料的开发 [J]. 上海纺织科技，2012，40（5）：43-46.

[126] 郝新敏，王飞，杨元. 汉麻纤维与功能性针织面料的开发 [J]. 针织工业，2012（11）：4-6.

[127] 辛丹维. 一种用于擦拭布的汉麻纤维非织造材料的制备工艺及性能研究 [D]. 上海：东华大

学，2014.

[128] 郝燕飞. 用于汽车内饰件的汉麻纤维复合材料的成型工艺与性能的研究 [D]. 长春：吉林大学，2015.

[129] 刘胜凯. 汉麻纤维增强聚丙烯复合材料 VOC 释放及性能研究 [D]. 天津：天津工业大学，2015.

[130] 刘俊辉. 汽车内饰用汉麻纤维增强聚丙烯复合材料的制备及性能研究 [D]. 长春：吉林大学，2019.

[131] 韦新培. 玄武岩纤维混杂汉麻纤维增强聚乳酸复合材料的制备及其性能研究 [D]. 长春：吉林大学，2021.

[132] 高静，赵涛，陈建波. 牛角瓜、木棉和棉纤维的成分、结构和性能分析 [J]. 东华大学学报（自然科学版），2012，38（2）：151−155.

[133] 李璇，费魏鹤，李卫东. 牛角瓜纤维鉴别方法研究 [J]. 上海纺织科技，2013，41（3）：20−22.

[134] 崔玉梅，程隆棣，肖远淑. 云南野生牛角瓜纤维的吸湿与吸水性 [J]. 纺织学报，2016，37（7）：22−27.

[135] 罗艳，江慧，汪军. 牛角瓜纤维混纺纱的开发 [J]. 棉纺织技术，2016，44（4）：56−58.

[136] 罗艳. 牛角瓜纤维纺纱工艺研究与保暖用混纺产品开发 [D]. 上海：东华大学，2016.

[137] 武文正，张玉泽，万贤福，等. 牛角瓜纤维纯纺 36.4tex 纱的开发 [J]. 纺织器材，2018，45（4）：24−26，31.

[138] 武文正. 牛角瓜纤维环锭纺纯纺工艺研究 [D]. 上海：东华大学，2018.

[139] 王静，史善静，郭亭，等. 牛角瓜纤维/咖啡碳纤维混纺针织纱开发 [J]. 上海纺织科技，2019，47（9）：27−29.

[140] 叶智玲. 牛角瓜纤维纯纺高支纱的工艺优化探究 [D]. 武汉：武汉纺织大学，2019.

[141] 方国平，胡惠民. 牛角瓜纤维及其在针织领域应用初探 [J]. 针织工业，2014（5）：26−30.

[142] 成广明，丁心华，陆敏杰，等. 牛角瓜纤维及其应用研究进展 [J]. 中国纤检，2019（5）：122−123.

[143] 王静，刘琦，王碧峤，等. 牛角瓜纤维/蚕蛹蛋白纤维/改性聚酯纤维混纺抗菌机织小提花面料 [J]. 毛纺科技，2023，51（4）：12−16.

任务二 识别新型再生纤维

扫描查看本任务课件

工作任务：

再生纤维是指以高聚物为原料制成浆液，其化学组成基本不变，并经过高纯净化后制成的纤维，分为再生纤维素纤维、再生蛋白质纤维、再生淀粉纤维和再生合成纤维。再生纤维非常适于制作非织造布和纱线。

识别新型再生纤维的工作任务：归纳总结三种新型再生纤维的性能特征；归纳总结三种新型再生纤维的应用领域。任务完成后，提交工作报告。

学习内容：

（1）莫代尔（Modal）纤维的性能与应用。

（2）莱赛尔（Lyocell）纤维的性能与应用。

（3）竹浆纤维的性能与应用。

（4）蛋白改性纤维的性能与应用。

（5）醋酯纤维的性能与应用。

（6）芦荟改性黏胶纤维的性能与应用。

学习目标：

（1）认识常见的新型再生纤维。

（2）了解常见新型再生纤维的性能。

（3）了解常见新型再生纤维的应用领域。

（4）按要求展示任务完成情况。

任务实施：

（1）归纳新型再生纤维的性能。

①材料。随机选取新型再生纤维三种，查阅资料或实验完成任务。

②任务实施单。

新型再生纤维的性能指标			
试样编号	1	2	3
形态结构			
超分子结构			
红外谱图			
热性能			
物理性能			
化学性能			
其他性能			

（2）归纳新型再生纤维的应用领域。

①材料。随机选取新型再生纤维三种，将其能应用的领域填写在任务实施单中。

②任务实施单。

新型再生纤维的应用领域			
试样编号	1	2	3
服用领域			
家用纺织品领域			
产业用领域			
其他领域			

（3）您所了解的其他新型再生纤维有：

项目一　莫代尔（Modal）纤维

莫代尔纤维是一种高湿模量再生纤维素纤维，该纤维的原料采用欧洲的榉木，先将其制成木浆，再通过专门的纺丝工艺加工成纤维，纤维的整个生产过程中没有任何污染。

一、莫代尔纤维的化学组成及分子结构

莫代尔纤维是一种再生纤维素纤维，它的化学组成是纤维素，纤维素的结构就是再生纤维素纤维的结构。表 2-1 为莫代尔、棉和黏胶特征纤维结构对比分析。

表 2-1　莫代尔、棉和黏胶特征纤维结构对比分析

结构	莫代尔纤维	棉	普通黏胶纤维
结晶度/%	50	50	30
晶区厚度/mm	7~10	—	5~7
取向度/%	75~80	—	70~80
聚合度	550~650	2000	250~300
羟基可及度/%	60	—	65
原纤化等级	1	—	1

从表 2-1 中可知，与普通黏胶纤维相比，莫代尔纤维的结晶度和取向度较高，因此纤维中无定形区较小，大分子排列整齐，因此莫代尔纤维的密度比黏胶纤维大；结晶度和取向度较高，使得莫代尔纤维的强度大而伸长小；同时，原纤结构的存在，纤维手感细腻柔软，亲肤性强，穿着舒适，原纤化等级较低又使纤维表面光洁明亮和仿丝感较强。

二、莫代尔纤维的纵横向形态特征

莫代尔纤维的纵横向形态特征如图 2-1 所示，莫代尔纤维的横向形态为不规则的类似腰圆形，表面较圆滑，有皮芯结构，皮层较厚，芯层有黑点；纵向形态为表面有沟槽。

莫代尔纤维横截面接近腰圆形，纵向表面有较浅的 1~2 根沟槽，其生产过程与黏胶纤维相似，但所生产的纤维的聚合度较黏胶纤维高，它以榉木制成的木浆为原料，采用了特殊的纺丝工艺，因此湿强度高，具有良好的可纺性，它的性能处于黏胶纤维和 Lyocell 纤维之间。

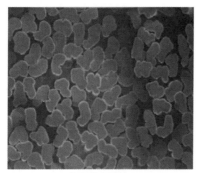

（a）横向特征　　　　　　　　　　（b）纵向特征

图 2-1　莫代尔纤维的纵横向形态

三、莫代尔纤维的特性

（一）吸湿性能

莫代尔纤维吸湿性能与黏胶纤维相近，比棉纤维高出 50%；遇水膨胀适中，湿态伸长较小，水洗收缩率低。因莫代尔纤维的横截面结构，使其有独特的亲水性，可产生超强的凉爽感，当它与肌肤接触的瞬间，感觉清凉舒爽。因此，用它制成的面料舒适干爽、吸湿透气，有利于人体的生理循环，穿着舒适。

（二）强力

莫代尔纤维具有高湿模量、高强力的特点。莫代尔纤维初始模量明显大于普通黏胶纤维。其干态具有合成纤维的强力和韧性，干强接近于聚酯纤维；湿强与棉纤维接近，湿强力约为干强力的 59% 以上。

莫代尔纤维的干湿强度都优于黏胶纤维，其高强度使它适于生产超细纤维。同时原纤化程度小，使其具有较好的可纺性和织造性。

（三）耐磨性能

纤维吸湿后会使纤维分子间力降低，分子间距离增大，即纤维直径增大，纤维发生膨胀，由膨胀性带来的纤维湿硬性，在绳状的湿整理过程中，易产生织物表面擦伤。莫代尔纤维具有良好的吸湿溶胀性能，膨胀率为 63%，且纤维表面顺滑耐磨，可避免清洗过程中纤维的相互缠结，在再生纤维中莫代尔纤维耐磨性是较好的。因此，莫代尔纤维织物耐用，不易收缩、变形或失去光泽。

（四）耐洗性能

传统的纯棉织物经过水洗后会变硬，且经过多次水洗以后的手感越来越硬，而莫代尔面料经过多次水洗后，依然保持原有的光滑及柔顺手感、柔软与明亮。

（五）染色性能

从纤维分子结构分析，染色主要是发生在纤维分子结构的无定形区域，它与纤维分子结晶度的高低有关。莫代尔纤维的染色性能较好，吸色透彻，色牢度好，织物色泽鲜艳、亮丽。传统纤维素纤维染色染料都可以用于莫代尔纤维的染色，在实际染色中，一般选用中高温双活性基团的活性染料最合适。这类染料与纤维染色后产生的共价键更为牢固，染料与纤维发生交联既产生良好的色牢度，又能缓解纤维在湿热循环处理中继续发生原纤化现象。

（六）手感与光泽

莫代尔纤维充分细旦化，其纵截面的结构平滑，使它具有丝般的柔软和润滑，织物的手感特别滑爽，与肌肤接触就能感觉到它的柔软和爽滑，具有"第二肌肤"之美称。

莫代尔纤维具有天然的丝光效果，因此布面光泽亮丽，制成的服装显得雍容华贵，大大提升了服装的档次。

（七）尺寸稳定性能

莫代尔纤维与棉纤维相比，具有较好的形态和尺寸稳定性，有天然的抗皱性能。同时它具有良好的悬垂性，没有棉质的板结与真丝的揉皱凌乱，始终保持极好的悬垂性，显示衣物流畅的美感。

（八）绿色环保

莫代尔纤维的原料来自大自然的木材，其生产加工过程不发生化学反应，对环境无污染，并且使用后可以自然降解，充分体现了绿色环保再生的特性，是21世纪的新型环保纤维，符合当今人类对无毒、无害、无污染的需求。

（九）燃烧性能

靠近火焰时不熔不缩，进入火焰迅速燃烧，离开火焰后继续燃烧，火焰为黄绿色，与烧纸的颜色很像，有烧纸味，残渣形态为少量灰黑色灰。

（十）其他性能

从表2-2可以看出，莫代尔纤维和普通黏胶纤维的耐热性都较好，在温度为$180 \sim 200$℃时会产生热分解。莫代尔纤维的耐碱性优良，但黏胶纤维不耐酸性，而莫代尔纤维只耐弱酸。

表2-2 不同纤维的其他性能比较

性能	莫代尔纤维	棉	普通黏胶纤维
耐酸碱性	耐碱、耐弱酸	耐碱性好、耐酸性差	耐碱、不耐酸
耐热性	较好	较好	较好

除此之外，莫代尔针织物的摩擦系数小，表面阻力小，导致它的表面更加光滑，纱线细度均匀，纱线和针织物表面的毛羽少；但是，莫代尔纤维容易起毛起球。

四、莫代尔纤维的应用

（一）纤维制品

莫代尔纤维可与多种纤维混纺、交织，如棉、麻、丝、毛、金属纤维、竹炭纤维等，以提升这些布料的品质，使面料能保持柔软、滑爽，发挥各自纤维的特点，达到更佳的服用效果。在纯纺纱开发方面，吴红玲等介绍了莫代尔纤维各纺纱工序的工艺原则和工艺参数；吴兴华等开发了莫代尔纤维紧密纺纱；郭德建成功纺制了莫代尔 9.8tex 纱，其质量满足了使用要求；李国峰等研究了莫代尔 14.8tex 赛络纺针织纱重定量纺纱工艺；邵利韬等生产莫代尔5.9 tex 纱，满足轻薄型家纺产品需要；陈胜刚以莫代尔 9.8tex 例，介绍其纺纱技术措施。在混纺纱开发方面；郝高云等纺制了莫代尔／亚麻（80／20）19.7tex 纱；李珏等开发了精梳棉／莫代尔／山羊绒毛针织纱；商大伟等纺制了莫代尔／细旦聚酯／羊绒三组分纱并测试其成纱性能；张玉清采用不同混纺比纺制出莫代尔／细特聚酯／羊绒混纺纱，并分别对其成纱性能进行了试验分析；张梅等纺制莫代尔／聚酯（80／20）18.5tex 细竹节纱；王志辉等设计纺制了不同比例的莫代尔／细特聚酯 14.8tex 针织纱；杨玲纺制了 JC／莫代尔（60／40）19.44tex 针织纱；马隆高等采用金属条与莫代尔条预并后再与莫代尔条进一步混并的工艺，纺制了符合防辐射面料要求的纱线；王燕秋等纺制 14.7tex 精梳棉／莫代尔／珍珠纤维（50／30／20）混纺紧密赛络纱；朱祎俊等生产出羊毛／莫代尔／长绒棉（45／30／25）14.8tex 纱，其质量满足了使用要求；刘华等研究了莫代尔纤维与牛奶蛋白改性纤维色纺针织纱的生产工艺；王前文研究了大黄染莫代尔纤维／牛奶蛋白复合纤维色纺针织纱的生产工艺；刘雷明顺利纺制 JC／莫代尔（50／50）14.8tex 色纺纱，并降低成纱色结；王士合开发了莫代尔／JC（50／50）13.1tex 和莫代尔／JC（50／50）14.7tex 混纺赛络纱；姜晓巍等纺制出的莫代尔／腈纶／大青叶纤维（40／30／30）14.8tex 混纺纱，具有天然抗菌性，并有良好的条干、强力，成纱表面光洁、毛羽少、舒适、保暖；曾令玺等开发了赛络集聚纺莫代尔 4.9tex 针织纱，可保证所纺产品的成纱质量能够满足高档针织纱的要求；姚桂香开发长绒棉／竹浆纤维／莫代尔（60／30／10）11.7tex 细特纱、竹炭纤维／莫代尔纤维／新疆长绒棉（20／50／30）11.7tex 混纺纱，可用来制作高档内衣、运动服装及家用纺织品等的针织面料，不仅具有自然和环保特性，更有远红外线、负离子、蓄热保暖等多种功能，非常适宜织制贴身穿着服装。在特殊纱线开发方面，赵博等纺制了莫代尔聚酯长丝无弹力包芯纱，以聚酯无弹力长丝为芯，外覆莫代尔纤维，其规格为 14.5tex+33dtex；陈宏武开发了用以制作高档牛仔服和运动服的竹／莫代尔（50／50）36.5tex+77dtex 氨纶弹力包芯纱；马秀凤等介绍了包覆纱成纱机理，重点介绍了锦纶／莫代尔粗纱包覆纱的纺制过程、技术关键及其注意事项，并对成纱性能进行了测试和分析；梁蓉等利用赛络纺纱技术开发了棉／莫代尔／锦纶包芯纱，号数为 23.5tex（88dtex），外包成分为 JC／莫代尔（60／40），芯纱为锦纶长丝，主要应用于轻薄型产品。

（二）服用纺织品

莫代尔纤维满足生态纺织品标准（ECO-TEX）的要求，对生理无害并且可以生物降解。对于身体直接接触的纺织品而言，它具有特别的优势，且细旦纤维赋予针织物舒适的穿着性能，柔软的手感，流动的悬垂感，迷人的光泽和高吸湿性。正因如此，许多的经编和纬编生产厂采用该纤维为原料生产睡衣、运动服和休闲服，同时也用于蕾丝。该织物配合其他贴身衣物时，拥有特别理想的效果，令肌肤可经常保持干爽舒适的感觉，即使经清洗，依然能保持一定的吸水和轻软的感觉，这全靠质料表面的顺滑，避免了衣物在清洗中纤维的互相缠结。目前，许多专家学者开发了莫代尔织物，如刘培义等研发了莫代尔高密弹力织物；赵博开发了竹浆纤维/莫代尔纤维提花织物、竹纤维与莫代尔纤维混纺双层提花格织物；朱祎俊等开发莫代尔纤维夏季服装面料；朱江波等以莫代尔/棉混纺纱为经纱，Coolcool网氨丝为纬纱设计开发的弹力牛仔布，具有吸湿透气、绿色环保、服用舒适、健康抑菌特点。

项目二　莱赛尔（Lyocell）纤维

莱赛尔（Lyocell）纤维原是荷兰阿克苏公司以 N-甲胺氧化物（NMMO）为溶剂生产的再生纤维素纤维，国际人造纤维标准化局以此类方法生产的纤维为"Lyocell"。由中国纺织科学研究院有限公司等企业联合申报的《国产化 Lyocell 纤维产业化成套技术及装备研发》获得2018 年中国纺织工业联合会科技进步奖一等奖。中国通用技术（集团）控股有限责任公司于2016 年建成了国内第一条完全拥有独立知识产权莱赛尔纤维生产线，2018 年、2020 年建成了年产 1.5 万吨、6 万吨生产线，成为目前国内第一的 Lyocell 纤维生产企业。

一、莱赛尔纤维的物理性能

莱赛尔纤维是以天然纤维素高聚物为原料，采用干喷湿纺的纺丝工艺制备而成，纤维横截面为圆形或椭圆形，内部无肉眼可见的孔隙，纤维表面光滑，无纵向沟槽。它的强度可以与聚酯纤维媲美，且具有高模量和高的湿强度，其横截面与纵向外观如图 2-2 所示。

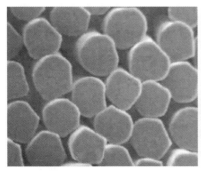

图 2-2　莱赛尔纤维的横截面与纵向外观

莱赛尔纤维的 X 射线衍射结果表明，它具有典型的纤维素 II 的晶型特征，为三斜晶型，根据衍射强度计算获得的纤维结晶度为 54%，较黏胶纤维的结晶度（40%）高。双折射的结果表明，莱赛尔纤维比黏胶纤维有更高的取向度，表明莱赛尔纤维的纤维轴向规整性优于黏胶纤维。

莱赛尔纤维因其基本的化学结构所致，构成纤维的基本单元中含有大量的羟基，使它具有良好的吸湿性。莱赛尔纤维的吸水率可以达到 11.5%，高于棉纤维的吸水率。吸湿好能够提高织物的穿着舒适性，同时可以减少静电的积累。张建春等对莱赛尔纤维、黏胶纤维和棉纤维在水中的膨胀性进行了测试，结果表明，莱赛尔纤维具有最大的横向膨胀能力，膨胀率可以达到 40%，而黏胶纤维和细绒棉的横向膨胀率分别为 31% 和 8%；纵向膨胀的结果则相反，莱赛尔纤维仅为 0.03%，而黏胶纤维纵向膨胀达到 2.6%。这一数据在某种程度上说明了，用莱赛尔纤维制作的服装将具有很好的尺寸稳定性，因为它几乎不产生纵向的膨胀。

莱赛尔纤维由干喷湿纺工艺制得，纤维具有较完善的圆形截面和较均一的内部结构，以及纤维本身具有较高的聚合度，使莱赛尔纤维的干强和湿强均高于棉纤维，其干强几乎达到了聚酯纤维的水平，因此，有利于加工和制备强度要求高的服饰。莱赛尔纤维还具有较高的湿模量，这将使莱赛尔纤维制造的面料具有缩水小、保形性好的特点。

莱赛尔纤维的热学性能直接影响它的加工性能和使用性能，研究其耐热性、热收缩性和燃烧性对确定加工工艺有指导意义，与黏胶纤维相比，由于莱赛尔纤维的结晶度高，热分解的起始温度高于黏胶纤维，热失重较少，动态模量变化不大，纤维降强较少，断裂伸长率也可满足加工和使用要求，具有良好的耐热性，且热收缩率低，燃烧状况与黏胶纤维基本相同。莱赛尔纤维在 190℃ 下保持 30min，纤维的断裂强度和断裂伸长率分别为原值的 88.4% 和 88.6%，具有良好的耐热性能。在常规纺织加工和正常使用中，服装面料可能遇到的最高温度约在 180℃，持续 30s 左右。因此，莱赛尔纤维可适应熨烫加工和使用要求。纤维素纤维不存在合成纤维那样的大量热收缩圈。特别由于莱赛尔纤维结晶度高，结构致密稳定，故热收缩率很低，保持了类似于棉、麻等天然纤维素纤维的特性。

二、莱赛尔纤维的应用

莱赛尔纤维具有高吸湿性，它赋予织物良好的服用性能，非常适合制造服装，尤其是高档的服装，因其具有很高的模量，使织物具有优异的保形性。此外，利用它高吸湿性和高强度可制作牛仔系列的服装。过去牛仔布都用棉布生产，但棉布的强度低，不耐磨。莱赛尔纤维的高强度是制作牛仔布的理想原料。莱赛尔纤维具有生物可降解性，非常适合制造一次性的卫生材料，目前在非织造面料中，有许多是采用黏胶纤维，但由于黏胶纤维的强度低，尤其是湿强低，使其最终产品的性能较低，而利用莱赛尔纤维的高强度，超短莱赛尔纤维制作的可冲散非织造面料已经在市场上出现。

莱赛尔纤维还有一个不容忽视的特点是原纤化现象，纤维在湿态下由于纤维溶胀和机械外力作用，使原有的单根纤维在轴向劈裂出更细小的原纤。原纤化是所有纤维素纤维的共同特点，只是莱赛尔更为严重。纤维的原纤化容易造成起毛、起球，从而影响外观和染色。但这一性能也可以被充分利用而成为优点，在纤维制造和加工过程中对原纤化进行调控来制备桃皮绒织物、过滤材料和特殊的纸张等。对于服装却要尽力避免出现原纤化，这也是开发抗原纤化品种的原因。目前市售的抗原纤化莱赛尔纤维大都是从兰精公司进口，主要品种包括天丝 Tencel® A100、Tencel® A200 和兰精 Lenzing Lyocell® LF。抗原纤化处理实际上是通过添加多官能团的化学试剂，将纤维表面的大分子以化学键连接起来，防止了纤维表面形成微纤。

项目三　竹浆纤维

竹浆纤维采用化学方法加工，经水解（碱法）及多段漂白制成浆粕，保证纤维素质量分数在 93% 以上，在满足纤维生产的情况下，再纺丝制成竹浆纤维。其加工工艺有制浆粕、粉碎、浸渍、碱化、磺化、初溶解、溶解、头道过滤、二道过滤、熟成、纺丝前过滤、纺丝、塑化、水洗、切断、精练、烘干和打包等工序，是类似黏胶纤维的化学纺丝过程。

一、竹浆纤维的结构

（一）形态结构

竹浆纤维的纵横向截面形状如图 2-3 所示。

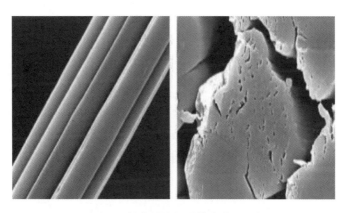

图 2-3　竹浆纤维的纵横向截面形状

竹浆纤维横截面为锯齿状，多孔隙；纵向形态与黏胶纤维纵向相似，表面分布着深浅不等的沟槽，这些沟槽可形成较强的毛细管效应，使得竹浆纤维具有良好的吸湿放湿性能。

（二）超分子结构

竹浆纤维的 X 衍射图如图 2-4 所示，竹浆纤维的特征衍射峰的 2θ 角位置与纤维素 II 特征衍射峰对应的 2θ 角位置十分接近，说明它属于纤维素 II 的晶体结构。

（三）红外谱图

根据纤维的红外光谱图可以推断出纤维含有哪种基团和化学键以及它们的数量。红外光谱图如图 2-5 所示。

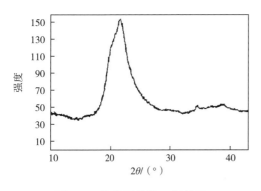

图 2-4　竹浆纤维的 X 衍射图　　　　图 2-5　竹浆纤维的红外光谱图

纤维素纤维分别在 $3400cm^{-1}$、$2900cm^{-1}$、$1370cm^{-1}$、$1100cm^{-1}$ 附近有特征吸收峰。图 2-5 中，$3439.80cm^{-1}$ 有宽而强的吸收峰，认为是—OH 基的伸缩振动吸收所引起的，是纤维素纤维的特征吸收峰。$2893.31cm^{-1}$ 的中强吸收峰可归于—CH 的伸缩振动吸收。$1644.51cm^{-1}$ 的弱吸收峰认为是样品吸湿所致，在 $895cm^{-1}$ 的非结晶性谱带的吸收明显，这可作为区分天然竹纤维和再生竹纤维的一个标志。

在 $1375.92cm^{-1}$ 的中强吸收峰为—CH_3 的弯曲振动，在 $1161.62cm^{-1}$、$1019.64cm^{-1}$ 附近的吸收谱带（稍有不同的是后者伴随的吸收峰分开明显且较尖锐）认为是—OH 的弯曲振动和 C—O—C 的伸缩振动。这也是纤维素纤维的特征吸收。

二、竹浆纤维性能

（一）吸湿性能

竹浆纤维自身结构及截面上的空隙有利于竹浆纤维吸收和蒸发水分，纤维结构中有较多的亲水性基团，可以迅速吸收人体排出的汗液，使人体感觉舒适。所以竹浆纤维具有良好的吸湿性，所制成的织物在夏季运动后不会因汗液而感到粘身不适。

（二）除臭吸附性能

竹浆纤维内部特殊的超细微孔结构使其具有强劲的吸附能力，能吸附空气中甲醛、苯、甲苯、氨等有害物质，并消除不良异味。实验表明，用竹浆纤维制成的织物对氨气、酸臭的除臭率达到 70%~95%。

（三）抗紫外线性能

竹浆纤维中所含的叶绿素铜钠是安全、优良的紫外线吸收剂，抗紫外线功能与生俱来。经中国科学院上海物理研究所检测证明，竹浆纤维织物对 200~400nm 紫外线透过几乎为 0，而这一波长的紫外线对人体的伤害最大，这是其他纺织品无法比拟的。竹浆纤维还能产生负离子，可以有效阻挡紫外线对人体的辐射，不会对皮肤产生任何刺激。

（四）绿色环保

因竹子自身具有天然抗菌性，故在生长周期内不必使用任何农药，对环境和产品本身不产生任何污染。竹子生长周期短，栽种成活后 3~5 年即可成林，用竹材制成纤维浆粕，缓解了长期使用动物纤维原料日积月累的供需抵触，有利于森林资源的合理利用。另外，竹浆纤维织物具有优良的生物可降解性，在一定条件下，可完全分解成 CO_2 和水，对环境没有任何污染，与当前国家大力提倡的资源可再生循环利用的方针政策一致。

三、竹浆纤维的应用

（一）巾类产品

竹浆纤维巾类产品具有吸湿快干、柔软舒适的特点，在市场上属中高档产品。相关产品主要包括浴巾、毛巾、方巾等，常以棉纱线作为地纱和纬纱，竹浆纤维纱线作为毛圈而织成。竹浆纤维的湿强较低，尺寸稳定性较差，以棉纱作为地纬纱，可增强织物的机械性能；棉纱价格相对便宜，可以降低产品成本；竹浆纤维毛圈触感良好，体现了竹浆纤维亲肤性良好的优势。如徐学尹等顺利纺制出竹浆纤维 18.5tex 毛巾纱，满足了毛巾用纱质量要求；杨雪等采用竹浆纤维纱线作为原料，生产一种具有抗菌防臭功能的双面毛圈竹浆纤维毛巾。

（二）床上用品

竹浆纤维床上用品主要包括两类：床品套件和被毯产品。床品套件主要包括床单、被套和枕套，常用的原材料为竹浆纤维，也可将竹浆纤维与精梳棉、苎麻、亚麻、天丝、蚕丝、羊毛等混纺。不同的原料可形成不同风格的竹浆纤维床品，如竹浆纤维与亚麻混纺可优化床品的干爽透气性；与羊毛混纺使产品更加柔软保暖；与蚕丝混纺可增加织物的高贵气质，提升产品档次。此外，不同织物组织结构对产品外观也会产生较大的影响。竹浆纤维床品中常用的织物组织有平纹、变化的斜纹和缎纹、提花组织等，也可配置不同细度的纱线，达到产品的风格要求，如高支纱线、中粗配合纱线的配置等。如刘惠珺等开发了以精梳棉为经纱、竹浆纤维长丝为纬纱的交织色织提花面料，该面料是制作高档功能性床上用品、装饰用品的理想面料；陈贵翠等采用机织大提花工艺，运用复合斜纹组织，选取氧化锌纤维/竹浆纤维/艾草纤维混纺纱为经纱，竹浆纤维/冰氧吧纤维混纺纱为纬纱，以竹子为图案，制备了多组分纤维交织抗菌大提花面料。

（三）医疗及其他复合材料

庄兴民等采用八枚五飞纬面缎纹组织结构，以甲壳素、竹浆纤维纱交织的方法开发了新型医用敷料；李剑飞采用电子活化再生原子转移自由基聚合法（AGET-ATRP），在竹浆纤维表面接枝含有双键的聚合高分子单体，改善纤维表面的极性，增强竹浆纤维与塑料的表面结合性；顾鹏斐等以竹浆和黏胶为原料，通过湿法成网工艺制成纤网，再经水刺加固制备得到湿法水刺医用敷料；陈露等将竹浆纤维与弹性伸展"ES"纤维以不同配比混合梳理成网，经水刺加固、热风黏合制成不同规格的抗菌非织造擦拭材料。具有一定的抗菌性，同时具备高吸污性和良好的柔软性、耐用性，可满足大多数抗菌擦拭材料的要求；王清梦等采用抄取法制备竹浆纤维素纤维/水化硅酸镁复合材料，研究纤维掺量对复合材料物理和力学性能的影响。

项目四　蛋白改性纤维

天然蛋白质纤维如羊毛、蚕丝，因其结构上含有较多的极性基团，故纤维具有较高的吸湿性及肌肤的相亲性，穿着舒适，为人们所喜爱。如何生产出人造蛋白质纤维以满足人们对优质纤维的需求，长期以来一直是人们探求和努力的目标。早期的再生蛋白纤维利用明胶、牛奶酪素蛋白、花生蛋白、玉米蛋白、大豆蛋白等制成纺丝液，通过湿法纺丝工艺制备而成，由于纤维制造成本高、可纺性差、机械性能差等缺点而难以推向市场。蛋白质改性纤维是用提取的蛋白与其他基体（维纶、腈纶、黏胶纤维等）采用物理和化学手段湿法纺丝而成的纤维，既保留基体纤维的特点，也有丝织品的天然光泽和悬垂感，亲肤舒适等优点。蛋白质改性纤维主要包括大豆蛋白纤维、牛奶蛋白纤维、胶原蛋白纤维、羊毛角蛋白纤维、羽毛蛋白纤维、蚕蛹蛋白改性纤维等。

一、蚕蛹蛋白改性纤维

（一）蚕蛹蛋白纤维外观形态

蚕蛹蛋白纤维外观形态如图 2-6 所示。

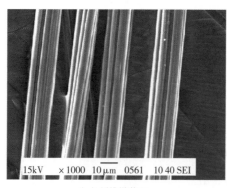

（a）纤维纵截面　　　　　　　　　　　　（b）纤维横截面

图 2-6　蚕蛹蛋白纤维横纵截面电镜照片

由单根纤维的纵横向扫描电镜图片可以看到蚕蛹蛋白黏胶纤维表面有许多沟槽存在，其大小宽度深度等都各不相同，横截面形状也各有特点，最主要的有扁圆、椭圆、圆形等。这种结构不仅增加纤维的比表面积，也会提高纺纱过程中纤维之间的抱合力，从而提高纱线的强力。同时可以提高纤维的上染率和光泽。

（二）纤维的吸湿性

纤维吸湿不仅会对纤维的重量、密度和体积产生一定的影响，而且对纤维力学性能、电学性能、热学性能以及光学性能均产生一定的影响。纤维吸湿后，纤维的脆性和硬度会有所减弱，塑性变形会增加，摩擦系数会增大。纤维适当的吸湿性有利于纺纱，但过分吸湿也会导致棉结的产生。因此研究纤维的吸湿性有利于发挥其吸湿后的优势，克服吸湿缺陷，获得更理想的实验材料，同时可以指导加工工艺的选择。蚕蛹蛋白黏胶纤维吸放湿曲线如图2-7所示。

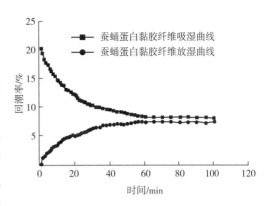

图2-7 蚕蛹蛋白黏胶纤维吸放湿曲线

由实验可知，蚕蛹蛋白黏胶纤维的吸湿回潮率为7.37%，放湿回潮率为8.12%，两者均小于普通黏胶纤维的吸湿和放湿回潮率。在标准大气条件下，蚕蛹蛋白黏胶纤维的吸湿滞后值约为0.75%，小于棉纤维（0.9%）及黏胶纤维（1.8%~2.0%）。纤维的吸湿滞后值小，表明蚕蛹蛋白纤维保水性差，纤维吸水后，存储在内部空隙中的部分水分会散发出来。因此可以用作吸湿速干产品。

（三）红外光谱分析

当红外线穿过纤维试样，纤维中的分子对红外线的吸收具有选择性，在原来的连续谱带上某些波长的红外线强度发生变化，得到红外光谱图。根据吸收峰的位置和强度，可以判断分子中的键或基团。蚕蛹蛋白黏胶纤维的红外光谱图如图2-8所示。

在波长3300cm^{-1}附近出现了宽而强的吸收峰，这是—OH的伸缩振动，在1018cm^{-1}附近出现的一个吸收峰，是C—O的伸缩振动。纤维在波长为3300cm^{-1}和1018cm^{-1}附近出现吸收峰，

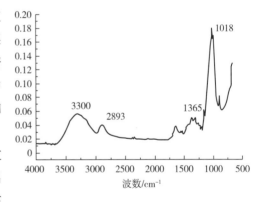

图2-8 蚕蛹蛋白黏胶纤维的红外光谱图

可见，纤维有—OH和C—O基团。进一步证明了蚕蛹蛋白黏胶纤维的吸湿性能好。

（四）纤维的力学性能

通过对比蚕蛹蛋白黏胶纤维与普通黏胶纤维的力学性能可得，蚕蛹蛋白纤维能承受的最大拉伸力要小于黏胶纤维。对于抵抗外界破坏能力，蚕蛹蛋白纤维要差于黏胶纤维。纤维断裂时蚕蛹蛋白纤维的伸长变形要小于黏胶纤维，而蚕蛹蛋白纤维的初始模量要大于黏胶纤维，因此用蚕蛹蛋白纤维制成的织物要比用黏胶纤维更为挺括，更适合用于较为高档的服饰。蚕蛹蛋白纤维、黏胶纤维的力学性能见表2-3。

表 2-3 蚕蛹蛋白纤维、黏胶纤维的力学性能

纤维指标	断裂强力/cN	断裂强度/(cN·dtex^{-1})	断裂伸长/mm	断裂伸长率/%	初始模量/(N·mm^{-2})
蚕蛹蛋白纤维	3.78	2.797	0.993	9.927	1.389
普通黏胶纤维	4.65	1.646	1.733	17.326	0.395

（五）纤维的电学性质

比电阻是表示纤维导电性能的指标之一，纤维的比电阻大，其导电性差，在加工以及使用中更容易积聚静电。经研究发现当纤维的比电阻大于 $10^9\Omega\cdot g\cdot cm^{-2}$ 时，静电现象很明显。经测试可得纤维质量比电阻为 $3.11\times10^8\Omega\cdot g\cdot cm^{-2}$，要大于黏胶纤维的质量比电阻 $10^7\Omega\cdot g\cdot cm^{-2}$，因此在纺纱过程中产生静电现象要比黏胶纤维严重。

（六）卷曲性能

将纤维进行化学、物理或机械卷曲变形加工，赋予纤维一定的卷曲，可以有效地改善纤维的抱合性，同时增加纤维的蓬松性和弹性，使织物具有良好的外观和保暖性。由表 2-4 可知，蚕蛹蛋白纤维的卷曲数、卷曲率、卷曲回复率和卷曲弹性率均小于普通黏胶纤维，表明蚕蛹蛋白纤维的抱合力、卷曲的恢复能力和卷曲牢度比普通黏胶纤维稍差。

表 2-4 蚕蛹蛋白纤维和普通黏胶纤维的卷曲性能

纤维种类	卷曲数/[个·(25mm)$^{-1}$]	卷曲率/%	卷曲回复率/%	卷曲弹性率/%
蚕蛹蛋白纤维	3.85	10.65	7.70	74.14
普通黏胶纤维	4.60	16.83	13.79	81.24

（七）化学性能

1. 耐酸性能

在处理温度为 20℃ 和 60℃ 条件下，将纤维分别浸入质量浓度为 15%、25%、35% 的盐酸溶液和质量浓度为 30%、45%、60% 的硫酸溶液中，分别处理 15min、30min、45min、60min，并对处理前后的纤维表面形态、拉伸性能及克重进行对比分析。

酸处理后纤维的质量变化情况见表 2-5。纤维在处理温度为 20℃ 时，对低质量浓度酸的耐受性较好，失重率较低。如经 15% 的盐酸处理 15min 后，纤维质量无损失，处理 30min 后，纤维质量损失 1%。经 30% 的硫酸处理 60min 后，纤维质量损失率也仅为 3%。但随着处理酸质量浓度的增加，纤维在两种酸中的质量损失现象也越来越明显。当盐酸质量浓度达到 36% 时，纤维出现了溶解现象。虽然在实验中蚕蛹蛋白纤维经 60% 硫酸处理后并未完全溶解，但有资料显示，当硫酸质量浓度继续升高达到 75% 时，蚕蛹蛋白纤维将发生溶解现象。酸处理温度对纤维性能有较大影响，当酸处理温度升高至 60℃ 时，纤维只能经弱酸短时间处理，不论是盐酸还是硫酸，处理时间超过 15min 后均出现溶解现象。

表 2-5　酸处理后纤维的质量变化情况　　　　　　　　　单位：g

温度/℃	盐酸					硫酸				
	质量浓度/%	时间/min				质量浓度/%	时间/min			
		15	30	45	60		15	30	45	60
20	15	1.00	0.99	0.99	0.99	30	1.00	1.00	0.99	0.97
	25	0.98	0.96	0.92	0.88	45	0.98	0.96	0.93	0.90
	36	S	S	S	S	60	0.8	0.71	0.64	0.60
60	15	0.90	P_{SS}	P_{SS}	S	30	0.67	P_{SS}	S	S
	25	S	S	S	S	45	P_{SS}	S	S	S
	35	S	S	S	S	60	S	S	S	S

注　S 为溶解；P_{SS} 为微溶。

　　酸处理后纤维断裂强力变化情况见表 2-6。由测试数据分析发现，在室温条件下纤维经低质量浓度酸处理后，拉伸强度损失较小，如纤维经质量浓度 15% 盐酸处理 60min 后，纤维拉伸强度损失 18.18%。但随着盐酸质量浓度的升高，纤维强度损失率增加。如当盐酸质量浓度增加到 25% 时，仅处理 30min，纤维拉伸强度损失率达到 33.97%，当处理 60min 后，纤维严重损伤，无法进行强度测试。

表 2-6　酸处理后纤维断裂强力变化情况　　　　　　　　单位：$cN \cdot dtex^{-1}$

温度/℃	盐酸					硫酸				
	浓度/%	时间/min				浓度/%	时间/min			
		15	30	45	60		15	30	45	60
20	15	2.65	2.49	2.46	2.28	30	2.55	2.12	2.13	2.13
	25	2.09	1.84	—	—	45	2.53	1.79	1.70	1.65
	36	S	S	S	S	60	—	—	—	—
60	15	0.60	P_{SS}	P_{SS}	S	30	P_{SS}	S	S	S
	25	S	S	S	S	45	P_{SS}	S	S	S
	35	S	S	S	S	60	S	S	S	S

注　S 为溶解；P_{SS} 为微溶；—为纤维失去测试性能。

　　蚕蛹蛋白纤维在制备过程中是通过独特的纺丝技术使蛋白质富集在纤维表面，而蛋白质对酸有较好的耐受性，如在质量浓度为 80% 的硫酸溶液中常温下短时间处理，其结构几乎不受损伤，稀硫酸对蛋白质的影响较缓和，即使是沸煮也对其无较大损伤，因此当蚕蛹蛋白纤维经过酸短时间处理后其性能损伤不明显。随着酸处理温度及浓度的增加，纤维吸湿膨润，酸对纤维素的影响加剧。当酸的浓度较低时，酸主要是对纤维素分子结构中的无定形区和晶区表面产生作用，随着浓度的加深，纤维素大分子结构中晶区受酸的影响由外至里，使其苷键水解，分子间力减弱，导致纤维强度下降，直至纤维解体。

2. 耐碱性能

　　蚕蛹蛋白纤维在不同条件碱溶液中的拉伸断裂强度及质量变化情况见表 2-7。蚕蛹蛋白纤维在室温碱溶液中失重率较小，即使经低浓度碱溶液长时间处理也能保持较小的质量损失率。例如，20℃时，在5%的氢氧化钠溶液中处理15min后，纤维质量损失率为2%，增加到60min后，质量损失率也仅为3%。但纤维断裂强度在此条件下，受时间影响较大。当纤维在5%的氢氧化钠溶液中处理15min后强度损失4.07%，但处理时间增至60min时，纤维强度损失率达到23.6%。随着碱处理温度的升高，纤维受损明显。当处理温度达到100℃时，纤维仅能受碱溶液短时间处理，超过15min后不论何种浓度碱溶液均使纤维发生溶解。且在高温条件下，碱液浓度变化对纤维性能影响明显，如在20℃时，当碱溶液浓度由2%变化到10%，对纤维处理15min，纤维质量损失率增加17%，强度损失率下降3.59%。而当处理温度为60℃时，在同样的处理条件下，纤维质量损失率增加21%，而强度损失率下降11.48%。在相同碱溶液浓度情况下，处理温度不变，随着碱液作用时间的增加，纤维的拉伸断裂强度损失情况也发生明显变化，且浓度越高变化越明显。

表2-7 碱处理后纤维的断裂强度及质量变化情况

温度/℃	浓度/%	处理时间							
		处理后纤维的拉伸断裂强力/(cN·dtex^{-1})				处理后的纤维质量/g			
		15min	30min	45min	60min	15min	30min	45min	60min
20	2	4.11	4.02	3.88	3.8	1	1	0.99	0.99
	5	4.01	3.81	3.77	3.19	0.98	0.97	0.97	0.97
	10	3.96	3.74	3.43	2.76	0.83	0.79	0.77	0.77
60	2	3.99	3.82	3.37	2.93	1	0.98	0.91	0.82
	5	3.84	3.41	2.76	P_{SS}	0.97	0.92	0.83	0.74
	10	3.64	P_{SS}	P_{SS}	P_{SS}	0.81	P_{SS}	P_{SS}	P_{SS}
100	2	3.9	P_{SS}	P_{SS}	P_{SS}	1	P_{SS}	P_{SS}	P_{SS}
	5	3.73	P_{SS}	P_{SS}	P_{SS}	0.97	P_{SS}	P_{SS}	P_{SS}
	10	3.42	P_{SS}	P_{SS}	P_{SS}	0.79	P_{SS}	P_{SS}	P_{SS}

注 P_{SS}为微溶。

纤维的蛋白质结构中含有大量的碱性基团和酸性基团，因而其蛋白质结构具有既呈现酸性又呈现碱性的两性性质。在碱的作用下，蛋白质的盐式键断开，氨基酸水解。但在室温条件下，由于碱浓度较低，蛋白质结构受损不明显，而纤维素也对碱有较好的耐受性，所以纤维在20℃碱浓度较低时，质量及强度损失都较小。随着碱浓度的增加、处理时间延长、温度升高，蛋白质结构受到明显破坏。虽然纤维素有较好的耐受性，但在碱处理过程中纤维素的微结构发生变化，使得纤维的结晶区减少，无定形区增加，从而导致了纤维力学性能下降。

3. 纤维的耐氧化性能

蚕蛹蛋白纤维经过氧化氢溶液处理后的性能变化情况见表2-8。蚕蛹蛋白纤维对过氧化氢的耐受性较好，在 60℃时，经 20%的过氧化氢处理 60min 后纤维的质量损失率仅为 4%，纤维强度也保持在原强度的 80%以上。处理温度对纤维质量影响较小，但对纤维断裂强度影响较大。在常温条件下，蚕蛹蛋白纤维对过氧化氢有较好的耐受性，特别是在低浓度条件下，如在过氧化氢浓度为 10%时，纤维断裂强度仅下降 0.72%，即使处理 60min 后，纤维仍可保持原强度的 95%以上，而质量基本不损失。但随着过氧化氢浓度的增加，纤维的强度和质量损失增加，即使在低浓度条件下。过氧化氢不但能使纤维中的纤维素大分子中的苷键氧化断裂，发生氧化降解，还可使蛋白质分子结构中大分子链上的肽链减短，溶解度增加，使纤维中的蛋白质含量逐渐减少。

次氯酸钠对纤维性能影响较大，特别是对纤维强伸性能的影响，见表 2-9。如在 20℃条件下，纤维经质量浓度为 1.3%的次氯酸钠溶液处理 15min 后，纤维质量损失率仅为 4%，但强度损失率达到 28%。当处理时间增加到 60min 时，纤维有近 40%的强度损失。随着溶液浓度升高，纤维强度损失严重，当次氯酸钠溶液质量浓度达到 3.9%时，纤维已无法进行力学性能测试，但其漂白效果增强。主要原因是次氯酸钠除对蛋白质具有氧化作用，可使蛋白质结构中的肽链发生水解和降解作用外，还可使蛋白质结构中的二硫键发生断裂，使其性能受到破坏。

表 2-8　过氧化氢对纤维质量及拉伸强度的影响

温度/℃	浓度/%	处理时间							
		质量/g				拉伸断裂强力/（cN·dtex^{-1}）			
		15min	30min	45min	60min	15min	30min	45min	60min
20	10	1	1	0.99	0.99	2.77	2.74	2.71	2.67
	15	1	0.99	0.99	0.98	2.74	2.71	2.68	2.65
	20	0.99	0.98	0.98	0.97	2.56	2.48	2.39	2.33
60	10	0.99	0.99	0.99	0.98	2.53	2.49	2.48	2.45
	15	0.99	0.98	0.98	0.97	2.42	2.41	2.36	2.33
	20	0.98	0.98	0.96	0.96	2.36	2.29	2.24	2.21

表 2-9　次氯酸钠对纤维质量及拉伸断裂强度的影响

温度/℃	浓度/%	处理时间							
		质量/g				拉伸断裂强力/（cN·dtex^{-1}）			
		15min	30min	45min	60min	15min	30min	45min	60min
20	1.3	0.96	0.95	0.95	0.95	2.00	1.92	1.82	1.69
	2.6	0.93	0.93	0.92	0.92	1.85	1.73	1.70	1.55
	3.9	0.89	0.89	0.88	0.85	S	S	S	S

（八）蚕蛹蛋白纤维的应用

蚕蛹蛋白纤维克服了真丝织物娇嫩、色牢度差、易缩、易皱、不耐光、易被氧化、泛黄、遇强碱易脆损的缺点，改善了洗涤时如在含湿状态下强摩擦，引起丝素原纤维脱落和损伤，容易被污染，干燥时摩擦又易产生静电，容易产生褶皱和起皱等缺陷。蚕蛹蛋白纤维同时兼具黏胶纤维色泽亮丽、光泽柔和、吸湿透气、悬垂性好、抗褶皱性优、回弹性好等优点，可以与棉、毛、麻、聚酯纤维等进行混纺，也可以直接采用纯纺，制成19.7tex（30英支）、14.8tex（40英支）、9.8tex（60英支）、7.4tex（80英支）、4.9tex（120英支）等不同规格的纱线，是制作高档服装面料、T恤、内衣、织物、床上用品及高档装饰用品的首选。如刘慧娟等选用蚕蛹蛋白改性黏胶纤维/聚酯纤维/棉50/25/25 14.7tex混纺赛络纱为织物的经纬纱，设计并生产了蚕蛹蛋白改性黏胶混纺提花格织物，具有丝绸的光泽和质感，适宜制作高档衬衣、女装裙装等夏季贴身服装；赵博等蚕蛹蛋白纤维/Coolmax纤维/柔丝纤维/棉纤维混纺纱为原料，开发了系列府绸织物；笔者以棉/竹炭纤维/蚕蛹蛋白纤维（50/30/20）、莫代尔纤维/银离子纤维/蚕蛹蛋白纤维（50/30/20）为原料制备了浴巾。

二、大豆蛋白改性纤维

大豆蛋白改性纤维（商品名天绒，TOPRON），是由我国自行研制成功并首先工业化生产的纤维，开创了人造蛋白质改性纤维生产的新纪元。我国河南濮阳华康生物化学工程联合集团公司李官奇先生潜心研究八年，于2000年3月试纺成功，在国际上首次成功地实现了工业化生产。

（一）大豆蛋白的改性纤维的制造流程

大豆蛋白改性纤维（大豆蛋白纤维、大豆纤维是较普遍的名称）是以榨掉油脂的大豆豆粕（含35%蛋白）为原料，提取球状蛋白质，通过添加功能性助剂，经湿法纺丝而成的蛋白改性纤维。其生产原理是将豆粕水浸、分离，提取出蛋白质，将蛋白质改变空间结构，并在适当条件下，与羟基和氰基高聚物接枝，通过湿法纺丝而成纤维；此时蛋白质与羟基和氰基高聚物并没有发生完全共聚，还具有相当的水溶性，还需经过缩醛化处理才能成为性能稳定的纤维。大豆蛋白改性纤维制造流程如图2-9所示。

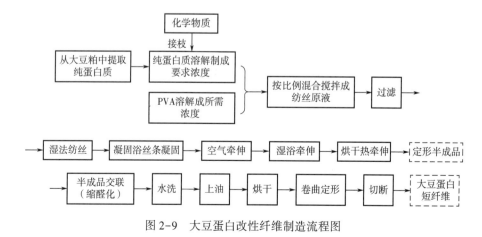

图2-9　大豆蛋白改性纤维制造流程图

（二）大豆蛋白纤维形态结构

大豆纤维截面呈腰圆形，如图 2-10 所示，与维纶截面形态相同，大豆蛋白/聚乙烯醇共混纤维的截面形状与喷丝后的凝固速度有关，大豆纤维的纵向或表面有不光滑沟槽，与截面形态直接相关。这种形态结构对大豆纤维较好的吸湿和导湿性能具有一定的贡献。

为了了解大豆蛋白在大豆纤维中的分布情况，采用 80g·L⁻¹ NaOH 溶液于 100℃条件下对大豆纤维处理 60min，处理后的纤维失重率为 21.6%，大豆蛋白已经基本被烧碱水解去除。由图 2-11 大豆蛋白纤维用烧碱处理前后的扫描电镜照片可知，与未用烧碱处理的纤维相比，用烧碱去除大豆蛋白后，纤维中出现了极大的空隙，而且这些空隙大小不一，这些空隙很显然是原先的大豆蛋白在纤维中分布的位置。通过实验说明，大豆蛋白在纤维中的分布是不均匀的，大豆蛋白主要以团块状分布于连续相的聚乙烯醇组分中，它与缩醛化聚乙烯醇是相分离的，它们的相容性较差，两者之间未发生大量的交联。

图 2-10　大豆蛋白纤维的截面和纵向形态

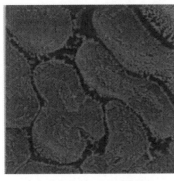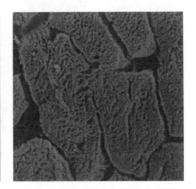

（a）未处理大豆蛋白纤维截面　　　（b）NaOH溶液处理后大豆蛋白纤维截面

图 2-11　大豆蛋白纤维用烧碱处理前后的扫描电镜照片

（三）大豆蛋白纤维的性能

1. 耐湿热性能

对于纺织纤维而言，耐湿热性能是决定纤维最终用途、服用性能和染整加工特性的一个重要因素之一，它对染整加工特性的影响很大。早期研制的再生蛋白质纤维发展受到限制的原因之一就是其沸水收缩率高，有些纤维耐水性较差。

大豆蛋白纤维由大豆蛋白和聚乙烯醇组成，而且聚乙烯醇大约占 4/5 的比例。大豆纤维的结晶结构和结晶程度类似于缩醛化的聚乙烯醇纤维（维纶），缩醛化方式也类似于维纶，聚乙烯醇纤维和缩醛化的聚乙烯醇纤维（维纶）都存在湿热稳定性较差的缺点，故大豆蛋白纤维湿热稳定性也存在一些问题。

大豆蛋白纤维机织物在 80℃、90℃、100℃、110℃和 120℃的热水中处理，结果表明，100℃以上热水处理时，大豆蛋白纤维机织物发生了严重的收缩，而且纬向的收缩率超过了经向的收缩率；当织物经高温热水处理后从水中取出时，具有很好的弹性，但是干燥后手感明显发硬或硬化，干燥后的手感如薄的纸板，这与维纶高温湿热处理后的情况相类似。因此，大豆纤维在高温热水中的收缩是由于聚乙烯醇组分膨化、软化、收缩而引起的。由于大豆纤维在高温热水中很容易溶解或者半溶解，溶解物固化后会导致织物手感硬化，因此大豆蛋白纤维在水浴中的加工温度不宜超过 95℃。

高温湿热处理后，大豆蛋白含量只是略有降低，说明高温湿热处理时，不管大豆蛋白是否发生了降解，大豆蛋白基本未发生流失。

大豆蛋白纤维机织物经过高温热水处理后，不仅发生了严重的收缩，强力和白度显著降低，手感硬化，而且形态结构也发生了很大的变化。未湿热处理的织物，纤维在纱线中分布是相对松散的，纤维之间的空隙程度很高；但是经过 120℃热处理后，纱线中的纤维是粘连在一起的，纤维之间的空隙程度很低，表面存在胶化的物质或树脂状物质，说明纤维已经发生了严重膨化和胶化。热处理对大豆蛋白纤维织物的影响如图 2-12 所示。

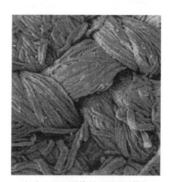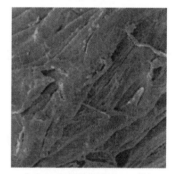

（a）未湿热处理（180倍）　　　（b）120℃湿热处理（180倍）　　　（c）120℃湿热处理（1500倍）

图 2-12　热处理对大豆蛋白纤维织物的影响

采用酸性染料对经不同温度湿热处理的大豆蛋白纤维进行染色，由染色结果可知，随着处理温度的升高，大豆蛋白纤维的可染性降低。大豆蛋白含量的略有降低不是可染性降低的根本或主要原因，主要原因是聚乙烯醇组分热变性影响了染料的扩散以及热氧化导致的羟基减少影响了染料与聚乙烯醇组分之间的氢键作用。

2. 耐碱性能

纤维的失重率随着烧碱溶液的浓度和温度的升高而增加，失重是因大豆蛋白的碱水解所致。通过大豆蛋白含量的测定可知，大豆蛋白含量与纤维失重率之间存在很好的线性关系。大豆蛋白纤维中有 3/4 的大豆蛋白容易碱水解，这与大豆蛋白和聚乙烯醇的相容性较差、多数大豆蛋白相对分子质量低且交联程度不高等原因有关；有 1/4 的大豆蛋白较难水解，这与少数大豆蛋白之间交联程度高、与聚乙烯醇发生了较好的交联有关。

3. 吸湿性能

（1）吸湿等温线和放湿等温线。20℃、40℃和60℃的吸湿等温和放湿等温测试结果见表 2-10，其吸湿滞后曲线如图 2-13 所示。由表 2-10 和图 2-13 可以发现大豆蛋白改性纤维在 20℃和40℃时，吸湿等温线和放湿等温线分别形成吸湿滞后曲线，符合一般纤维的吸湿滞后曲线规律，呈反 S 形曲线。吸湿曲线在下，放湿曲线在上，两端封闭。曲线在低湿端较瘦，在高湿端较肥。即在低湿端，吸湿与放湿平衡回潮率差异小；在高湿端放湿与吸湿平衡回潮率差异大。随着空气和纤维温度的升高，曲线呈下降趋势。

表 2-10　大豆蛋白改性纤维平衡回潮率　　　　　　　单位:%

20℃				40℃				60℃			
吸湿		放湿		吸湿		放湿		吸湿		放湿	
相对湿度	平衡回潮率	相对湿度	平衡回潮率	相对湿度	平衡回潮率	相对湿度	平衡回潮率	相对湿度	平衡回潮率	相对湿度	平衡回潮率
0	0.00	0	0.00	0	0.00	0	0.00	0	0.00	0	0.00
4	1.00	4	1.59	6	1.00	4	1.19	3	0.40	3	0.60
8	1.99	8	2.39	12	1.59	8	1.59	8	0.80	11	1.59
10	2.19	10	2.79	20	1.99	21	2.99	27	1.79	20	2.59
18	3.39	18	3.98	30	2.19	28	3.39	36	1.99	31	2.99
29	4.58	25	4.58	40	2.39	41	3.98	45	2.39	47	3.78
38	5.38	33	5.38	55	3.19	52	4.58	61	3.39	59	4.58
47	5.98	46	6.57	68	4.58	60	4.98	69	4.38	69	5.58
58	6.77	55	7.57	75	5.58	73	6.77	77	5.38	78	6.57
65	7.37	62	7.97	85	7.37	88	8.96	85	6.18	85	7.17
76	8.37	67	8.57	93	8.96	90	9.56	93	7.17	94	8.57
89	10.76	81	10.76	97	10.16	95	10.76	97	8.17	95	8.96
98	16.14	88	12.95	100	12.95	100	12.95	99	9.16	98	9.56
99	17.73	96	18.33					100	9.96	100	9.96
100	22.51	100	22.51								

（2）吸湿等湿线。以吸湿和放湿平衡回潮率的平均值绘制吸湿等湿线，如图 2-14 所示。在 20~60℃的范围内，平衡回潮率随着温度的升高而降低，与吸湿滞后曲线随温度升高而下移的规律相吻合。吸湿等湿线在高湿区排列稀疏，在低湿区排列紧密。表明在高湿区平衡回潮率受温度影响较大，在低湿区平衡回潮率受温度影响相对较小。

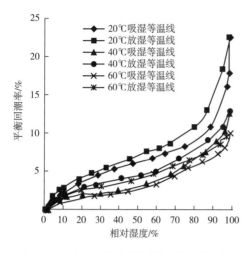

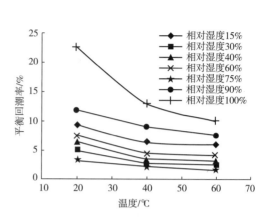

图 2-13　大豆蛋白改性纤维吸放湿等温线　　　图 2-14　大豆蛋白改性纤维吸湿等湿线

（四）大豆蛋白改性纤维实际用途

大豆蛋白纤维是一种新颖的再生植物蛋白纤维，是由大豆植物蛋白质和聚乙烯醇等高分子化合物组成。大豆纤维具有良好的耐酸耐碱性，较好的吸湿导湿性，具有羊毛的保暖性，蚕丝的优雅光泽。但是大豆纤维也有很多不足，如耐热性较差，在沸水中有明显的收缩，织物的抗皱性能也较差，使其开发应用受到限制，因此，有必要研究改善大豆纤维性能方法。

此外，在大豆蛋白纤维纺丝工艺中加入定量的有杀菌消炎作用的中草药可与蛋白质侧链以化学键相结合，药效显著、持久，具有很好的保健作用。大豆蛋白复合纤维具有吸湿、导湿、透气性好的特性，特别适合制作夏季服装，穿着时具有凉爽舒适、出汗不沾身的特点。大豆蛋白纤维具有质轻、柔软、光滑、丝光、强度高、吸湿、导湿、透气性好等良好性质，与蚕丝、羊毛、山羊绒、棉和其他纤维混纺时能产生许多风格，光泽上具有麻绢混纺产品的格调。

三、牛奶蛋白改性纤维

牛奶中蛋白质之所以能成纤，是因为它具备成纤高聚物的基本条件。蛋白质大分子有两种：一种是链状的，即线型的，称为纤维蛋白；另一种是球状的，称为球蛋白。牛奶中蛋白即酪蛋白是线型的，可以成纤；而血红蛋白是球蛋白，不能成纤。此外，大分子链具有一定的柔性和分子间力。蛋白质与水形成胶体溶液，经纺丝后，随着水分的去除，大分子相互靠拢，分子间形成氢键，多肽链平行排列，甚至扭在一起，转化为不溶于水的固化丝条。丝条的抗张强度可达到 $2.5\text{cN}\cdot\text{dex}^{-1}$ 以上，能满足纺织纤维的基本要求。

由于生产成本与实用性，纯牛奶蛋白纤维并没有市场，现在市场上的牛奶蛋白纤维大多是混合牛奶蛋白纤维，即通过提取牛奶中的酪蛋白，再与其他高聚物经物理或化学方法生产而成。

（一）牛奶纤维的生产流程

1. 纯牛奶再生蛋白纤维的制造工艺流程

（1）首先浓缩蒸发牛奶中的水分，使含水率达到 60%。

（2）通过采用离心脱脂的方法，除去绝大部分脂肪。

（3）加入适量的 NaOH，进行碱化处理除去脂肪，制备成不含脂肪的纺丝原液，将纺丝原液进行过滤和脱泡处理后，进入干法纺丝机干法纺丝，然后将纺出的丝条进行牵伸、干燥、定型等加工，便得到牛奶再生蛋白纤维。

牛奶纤维的生产流程如图 2-15 所示。

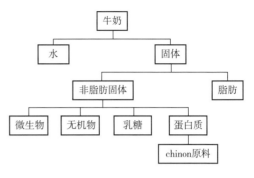

图 2-15　牛奶纤维的生产流程

2. 改性牛奶蛋白纤维制造流程

（1）共混法。以牛奶蛋白和聚丙烯腈共混，通过聚丙烯腈常规纺丝工艺制成纤维。其特点是制备方法简单，没有发生化学反应，蛋白颗粒直径 30~50nm，长度为 100nm，圆柱状凝聚体分散，但是牛奶蛋白的分散性较差，并且分散不均匀，影响了纤维的质量。

（2）交联法。以酪蛋白和高聚物（一般为聚丙烯腈或乙烯醇）加入交联剂进行高聚物交联反应，制成纤维。牛奶蛋白的分散比较均匀，分散颗粒小于 20nm。

（3）接枝共聚法。使酪蛋白和高聚物发生接枝共聚，制成纺丝溶液，再经过湿法纺丝成纤。其特点是牛奶蛋白质以分子状均匀地分散在聚丙烯腈形成的高聚物中，并与之结合形成稳定的结构。缺点是该过程复杂，技术要求比较高。其流程如图 2-16 所示，市场上常见的牛奶蛋白纤维是腈纶基牛奶蛋白纤维。

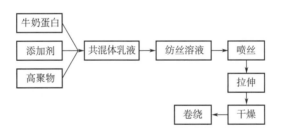

图 2-16　改性牛奶蛋白纤维生产流程

（二）改性牛奶蛋白纤维的形态与性能

1. 牛奶蛋白纤维表面形态结构

图 2-17、图 2-18 所示为牛奶蛋白纤维的截面图与纵向图。

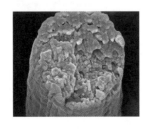 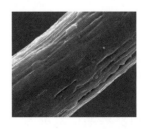

图 2-17　牛奶蛋白纤维截面图　图 2-18　牛奶蛋白纤维纵向图

从图中可知，牛奶蛋白纤维的横截面有细小的微孔和较多的凹凸，纵表面有很多长短、宽度不等的不规则沟槽，所以牛奶蛋白纤维的光泽较为柔和。

2. 牛奶蛋白纤维的性能

（1）物理性能。牛奶蛋白纤维的物理性能比较见表 2-11。

表 2-11　牛奶蛋白纤维的物理性能

性能		牛奶蛋白纤维
强度/（cN·dtex^{-1}）	干态	3.10~3.98
	湿态	2.83~3.72
伸长率/%	干态	15~25
	湿态	15~25
接结强度/（cN·dtex^{-1}）		1.77~2.65
打结强度/（cN·dtex^{-1}）		2.0~3.0
密度/（g·cm^{-3}）		1.29
初始模量/（kg·mm^{-2}）		1.22
公定回潮率/%		5.0
沸水收缩率/%		2.5~4.5
质量比电阻/（Ω·g·cm^{-2}）		3×10^9

由表 2-11 可以看出，牛奶蛋白纤维相对密度、初始模量较大，强度高，伸长率好，钩接和打结强度好，抵抗变形能力较强，吸湿性能好，具有一定的卷曲数、一定的摩擦力和抱合力。牛奶蛋白纤维的质量比电阻较低，但静电现象仍较突出，在纺纱过程中须加防静电剂，而且要严格控制纺纱时的温湿度，以保证纺纱的顺利进行和成纱质量。

（2）化学性能及染色性能。牛奶蛋白纤维具有较低的耐碱性，耐酸性稍好。牛奶蛋白纤维经紫外线照射后，强力下降很少，说明纤维具有较好的耐光性。适用的染料种类较多，上染率高且上染速度快，吸色均匀透彻，不宜褪色。牛奶纤维面料特别适用于活性染料染色，产品色泽鲜艳，耐日晒和耐汗渍色牢度好。

（3）耐热性能。牛奶蛋白纤维本身呈淡黄色，耐热性差，在干热 120℃以上易泛黄。

（4）舒适性能。蛋白质大分子含有的亲水基团（如—COOH、—OH、—NH$_2$），使纤维吸湿性良好，不会使皮肤干燥。由于牛奶蛋白纤维具有光滑、柔软的手感和较好的温暖感，加之纤维密度小，由它加工制成的服装穿着时非常轻盈舒适，而且该纤维能快速吸收水分，吸湿后能迅速将水分导出，湿润区不会像真丝或棉一样粘贴在身上而又能保持真丝般的光滑和柔顺，不会产生闷热的不舒服感。

（三）牛奶蛋白纤维的产品开发

牛奶蛋白纤维制成的面料，有身骨，有弹性，尺寸稳定性好，耐磨性好，光泽柔和，质地轻盈，给人以高雅华贵、潇洒飘逸的感觉，加之柔软丰满的手感，良好的悬垂性能，丰满自然而具有美感。

牛奶蛋白纤维主要产品有牛奶蛋白短纤、牛奶蛋白纤维长丝，可以做成纯纺纱线，也可根据需求纺制牛奶丝/羊毛、牛奶丝/羊绒、牛奶丝/真丝、牛奶丝/天丝、牛奶丝/包芯氨纶等混纺或合股的纱线。

纯牛奶蛋白纤维面料以及与其他纤维混纺或交织面料广泛用于制作各种服饰用和家用纺织品。

项目五　醋酯纤维

醋酯纤维，先由纤维素经乙酰化反应得到醋酯纤维素，再经纺丝制得，属于纤维素衍生纤维。纤维素每个葡萄糖环上有 3 个醇羟基可被乙酰基取代，根据羟基取代度的不同分为二醋酯纤维素和三醋酯纤维素。一般情况下所说的醋酯纤维指的是二醋酯纤维素。

一、醋酯纤维的生产工艺

醋酯纤维取材于可再生的木浆或棉绒浆。使用的溶剂丙酮无毒，基本无有机挥发物产生，20℃条件下其蒸汽压力为 181mmHg，属绿色溶剂。依据瑞士毛雷尔工程公司的经验，目前纺织用醋酯纤维长丝的生产中，丙酮的回收率达到95%，实际水平已做到99%。溶剂单耗控制在 $100\sim120\mathrm{kg}\cdot\mathrm{t}^{-1}$ 产品。工艺流程如图 2-19 所示。

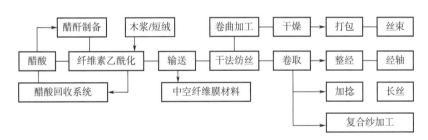

图 2-19　醋酯纤维生产工艺流程

醋片溶解工序可以选择分批溶解或连续式溶解方式。自 20 世纪 60 年代以来，醋酯纤维生产工厂的溶解工序多选择卧式釜，三釜串联工艺，溶解时间约 6h；过滤工序选用连续反洗滤机，脱泡时间控制在 12h。醋酯纤维多采用干法纺丝生产，卷绕速度为 $500\sim700\mathrm{m}\cdot\mathrm{min}^{-1}$，卷装量视用户要求介于 6~12kg。

二、醋酯纤维的结构与性质

（一）形态结构

醋酯纤维的纵向表面光滑，但有明显的沟槽，截面呈叶形，周边有少量锯齿，无皮芯结构。醋酯纤维的表面形态结构与制备方法及工艺条件密切相关，如图 2-20 所示。

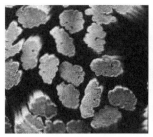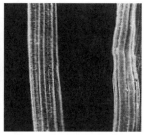

图 2-20 醋酯纤维横向、纵向图

（二）热学性质

醋酯纤维作为非晶态高聚物，受热在不同温度条件下，纤维的形状和力学性质会发生转变，具有"三态两转变"的特性。当温度达到其熔点以后，醋酯纤维即进入热分解阶段，故不可直接进行熔融加工。

（三）力学性质

醋酯纤维、黏胶纤维、聚酯纤维的力学性质比较见表 2-12。醋酯纤维的干强比黏胶纤维和聚酯纤维都要小，湿态下和黏胶类似，强度损失较大，剩余强度约为干强的 70%，干湿态的断裂伸长变化也较大。

表 2-12 醋酯纤维、黏胶纤维、聚酯纤维的力学性质比较

性能	醋酯纤维	黏胶纤维	聚酯纤维
密度/$(g \cdot cm^{-3})$	1.32	1.48~1.54	1.38~1.40
干态断裂强度/$(cN \cdot dtex^{-1})$	1.06~1.50	1.50~2.70	4.20~5.90
湿态断裂强度/$(cN \cdot dtex^{-1})$	0.62~0.79	0.70~1.80	4.20~5.90
干态断裂伸长率/%	25~35	16~24	20~50
湿态断裂伸长率/%	30~45	21~29	20~50

（四）过滤吸附性质

醋酯纤维用于过滤材料时，对颗粒物的捕集主要有直接拦截、惯性碰撞、扩散沉积、重力效应和静电效应。除了常规纤维的过滤吸附性能外，醋酯纤维还表现出对卷烟焦油的选择性过滤吸附能力。

（五）染色性质

醋酯纤维多采用分散染料染色，而且在染色过程中，条件应控制在中温、弱酸，最好用宽幅卷染机或常压经轴染色机染色。

（六）化学稳定性

醋酯纤维具有一定的耐酸能力，但是在浓酸条件下会发生水解。还原剂及低浓度氧化

对醋酯纤维影响较小。

三、醋酯纤维应用

醋酯纤维制备的纱线具有柔软速干、耐磨性良好的性能［图2-21（a）］。醋酯纤维能广泛地应用于开发机织和针织面料，面料风格轻盈、光泽柔和［图2-21（b）］。随着科技的快速发展，醋酯纤维广泛应用于水处理、生物医学、香烟过滤嘴、包装材料、生物传感、电化学、空气净化等领域［图2-21（c）］。

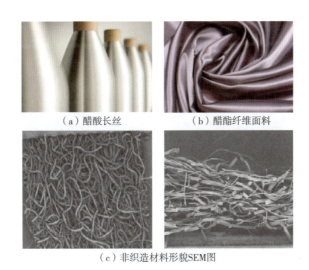

（a）醋酸长丝　　　　　（b）醋酯纤维面料

（c）非织造材料形貌SEM图

图2-21　醋酯纤维的应用

项目六　芦荟改性黏胶纤维

芦荟改性黏胶纤维（以下简称芦荟纤维）是继牛奶蛋白纤维、珍珠纤维及海藻纤维之后开发的又一新型护肤纤维。

一、芦荟纤维的特性

（一）基本性能

芦荟纤维是一种新型的再生纤维素纤维，其分子链由 D-葡萄糖以 β-1,4 苷键连接而成，具有再生纤维素纤维的一般性能，芦荟纤维横截面呈锯齿状且不规则，纵向圆柱体、平直、光滑且有沟槽，形态与黏胶纤维相似。因分子中含有大量的羟基，故其吸湿性好，易于染色，不易起静电，不耐强碱和酸，有较好的可纺性能，所得织物柔软、光滑、透气性好，穿着舒服，具有一般再生纤维素纤维优点。芦荟纤维也有些缺点，如缩水率高，易于变形，湿模量较低等。芦荟纤维的断裂强度高于黏胶，但断裂伸长率低于黏胶；柔软性及平滑性较黏胶好，但其可纺性能较黏胶纤维低，故一般采用与棉、竹等纤维混纺提高芦荟纤维的可纺性能。由芦荟纤维所制成的针织物，保暖性及透湿性能优越，横向撕破强力和拉伸强力较纵向高，因此，芦荟纤维可用于功能性针织用纺织品的开发。

芦荟纤维的染色性能基本类似黏胶及棉纤维，但一定程度上又优于棉纤维。张峰等采用直接染料对芦荟纤维及棉纤维染色，对比发现，直接染料对芦荟纤维的染色性能优于棉纤维，主要原因可能是芦荟纤维中含有芦荟活性成分——乙酰化多糖，含有较多可提供的电子氧原子，形成更多氢键缘故。

（二）功能性能

1. 保湿性能

芦荟中的多糖、氨基酸等活性成分构成保湿因子，保湿因子可以补充皮肤损失的水分，提高皮肤保水力，防止皮肤因缺水而产生细小皱纹和干燥现象，同时，多糖中的众多羟基可与水形成氢键，相互交联成网状结构，从而达到保湿及吸湿的效果。而对于芦荟纤维来说，其保湿性能的可靠性及合理性解释尚不清楚，芦荟的活性成分在纤维中所起的作用需要进一步探讨及研究。

2. 保健性能

芦荟多糖具有抗炎等提高机体自身免疫力的作用，芦荟中多糖主要成分为甘露葡聚糖、甘露聚糖、乙酰化甘露聚糖等。有研究认为，乙酰化甘露聚糖有抑制人体细胞突变，增强免疫力和抗氧化的活性。

二、芦荟纤维的应用

芦荟纤维作为新型的护肤保健纤维，主要应用于服用、家用及产业用方面。

（一）服用纺织品

芦荟纤维的护肤保健作用，使其常用于贴身服饰，如做成内衣、背心、汗衫、睡衣等。针对棉织物易皱及尺寸稳定性问题，可采用芦荟纤维与棉、黏胶混纺，赋予织物良好的蓬松性、柔软性，进一步提高穿着舒适性及保暖性。除此之外，芦荟纤维还可与羊毛等混纺，使织物保持柔软、蓬松的手感，改善其服用性能。芦荟纤维弹力织物如图 2-22 所示。

图 2-22　芦荟纤维弹力织物

（二）家用纺织品

家用芦荟纤维包括浴巾、毛巾、床上用品等，芦荟纤维护肤润肤、柔软滑爽的特性，能够带给消费者整晚舒服的睡眠。芦荟纤维家纺产品如图 2-23 所示。

（三）产业用品纺织品

芦荟纤维主要应用于医药、美容等产业领域，如在医疗上，芦荟纤维可用于医用口罩、手套、绷带等辅料；在美容上，可用于面膜、化妆棉等，如图 2-24 所示。

图 2-23　芦荟纤维家纺产品

图 2-24　芦荟纤维化妆棉

参考文献

[1] 康强 . Modal 纤维的结构与性能分析 [J]. 合成材料老化与应用，2017，46（4）：88-91.

[2] 姜晓巍，吴兴华，周全宝 . 莫代尔腈纶大青叶纤维混纺抗菌纱线的开发 [J]. 德州学院学报，2020，36（6）：47-49.

[3] 曾令玺，郑敏博，刘建农，等 . 赛络集聚纺莫尔 4.9tex 针织纱的开发 [J]. 棉纺织技术，2020，48（8）：55-58.

[4] 朱江波，李竹君 . ProModal/棉/Coolcool 弹力牛仔布的设计与工艺探讨 [J]. 纺织导报，2017（4）：66-68.

[5] 赵庆章 . Lyocell 纤维生产工艺及原理 [M]. 北京：中国纺织出版社有限公司，2020.

[6] 杨雪，王鸿博 . 竹浆纤维毛巾结构设计及织造工艺探讨 [J]. 上海纺织科技，2019，47（9）：42-44.

[7] 陈贵翠，张立峰，易世雄，等 . 多组分纤维交织抗菌大提花面料生产实践 [J]. 棉纺织技术，2023，51（8）：55-59.

[8] 顾鹏斐，李素英，李伟岸，等 . 竹浆/黏胶纤维湿法水刺医用敷料的制备及研究 [J]. 产业用纺织品，2019，37（7）：23-27.

[9] 陈露，王荣武 . 竹浆/ES 抗菌非织造擦拭材料的制备及性能 [J]. 上海纺织科技，2020，48（10）：13-18.

[10] 王清梦，谢晓丽，李天鹏，等 . 竹浆纤维/水化硅酸镁复合材料制备及性能研究 [J]. 非金属矿，2021，44（2）：5-9.

[11] 赵学玉，丁莉燕，赵娜，等 . 蚕蛹蛋白黏胶纤维性能分析 [J]. 成都纺织高等专科学校学报，2017，34（4）：102-105.

[12] 杨稳，苏端，冯兰兰，等 . 蚕蛹蛋白纤维的化学性能研究 [J]. 安徽工程大学学报，2018，33（1）：20-26.

[13] 赵博，石陶然 . 蚕蛹蛋白纤维/Coolmax 纤维/柔丝纤维/棉混纺高支高密高档府绸织物的开发 [J]. 现代丝绸科学与技术，2018，33（1）：13-15.

［14］杨华，严瑛．大豆蛋白改性纤维研制现况及发展趋势探讨［J］．合成材料老化与应用，2018，47（5）：131–133，144.

［15］董卫国．新型纤维材料及其应用［M］．北京：中国纺织出版社，2018.

［16］卞杰，齐啸，吕景春，等．芦荟纤维的性能及应用开发［J］．纺织科技进展，2017，203（12）：11–14.

［17］马顺彬，陆艳．芦荟纤维与粘胶纤维物理性能测试与分析［J］．成都纺织高等专科学校学报，2016，33（2）：197–199.

任务三　识别新型功能性纤维

扫描查看本任务课件

工作任务：

功能性纤维是指除具有一般纤维的物理机械性能以外，还具有某种特殊功能的新型纤维。比如说：纤维具有卫生保健功能（抗菌、杀螨、理疗及除异味等）。

识别新型功能纤维的工作任务：归纳总结三种新型功能性纤维的性能特征；归纳总结三种新型功能纤维的应用领域。任务完成后，提交工作报告。

学习内容：

（1）银纤维的性能与应用。

（2）抗菌纤维的性能与应用。

（3）导电纤维的性能与应用。

（4）新型彩色发光纤维的性能与应用。

（5）新型聚酯纤维的性能与应用。

（6）竹炭纤维的性能与应用。

（7）石墨烯纤维的性能与应用。

（8）远红外纤维的性能与应用。

（9）负离子纤维的性能与应用。

（10）离子交换纤维的性能与应用。

（11）低熔点纤维的性能与应用。

（12）新型聚酰胺纤维的性能与应用。

学习目标：

（1）认识常见的新型功能纤维。

（2）了解常见新型功能纤维的性能。

（3）了解常见新型功能纤维的应用领域。

（4）按要求展示任务完成情况。

任务实施：

（1）归纳新型功能纤维的性能。

①材料。随机选取新型功能纤维三种，查阅资料或完成相关测试，填写任务实施单。

②任务实施单。

新型功能纤维的性能			
试样编号	1	2	3
物理性能			
化学性能			
其他性能			

（2）归纳新型功能纤维的应用领域。

①材料。随机选取新型功能纤维三种，将其能应用的领域填写在任务实施单中。

②任务实施单。

新型功能纤维的应用领域			
试样编号	1	2	3
服用领域			
家用纺织品领域			
产业用领域			
其他领域			

（3）您所了解的其他新型功能纤维有：

功能纤维及功能纺织品指除具有一般纤维及纺织品的力学性能以外，还具有某种特殊功能的新型纤维及纺织品，如卫生保健纺织品，防护功能纺织品、舒适功能纺织品、医疗和环保功能纺织品等。

项目一　银纤维

一、纳米银纤维

（一）纳米银粒子制备方法

纳米银就是将粒径做到纳米级的金属银单质。粒径大多在 25nm 左右，制备方法见表 3-1。

表 3-1　纳米银粒子的制备方法

制备方法	机理	特点
化学还原法	在液相中用还原剂还原银的化合物而制备纳米银	操作简单容易控制；缺点是银颗粒不易转移和组装，容易包含杂质，存在废水处理问题，且电镀银需添加氰化物，有剧毒
光还原法	金属阳离子在光照的条件下，由有机物产生的自由基使金属阳离子还原	
电化学法	在溶液中产生自由电子，为 Ag^+ 的还原提供条件	
超声波法	超声震荡的空化效应产生的局部高温和高压使气泡内的水蒸气发生热分解反应，产生 OH^- 和 H^+ 等活性粒子	

制备方法	机理	特点
激光烧蚀法	利用激光照射金属表面，制备"化学纯净"的金属胶体	能获得纯度极高的纳米金属粒子，操作简单，效率高，但成本较高
真空蒸镀法	在接近真空的条件下，由热蒸发产生无机纳米粒子并收集纳米粒子	
真空溅射法	在真空条件下，利用磁控溅射原理制备纳米粒子	

（二）纳米银纤维的特点

（1）广谱高效。纳米银纤维对金黄色葡萄球菌、大肠杆菌、白色念珠菌等病菌均有很好的抗菌效果，符合 GB/T 20944.3—2008 标准。

（2）安全持久。纳米银纤维不含甲醛、不含重金属离子及其他有害物质，对人体无毒、无刺激，不会产生抗药性，不会降低人体免疫力，且对人体微生态平衡没有影响。纳米银纤维经洗涤后不会丧失抗菌功能，50 次水洗后对功能无影响。

（3）用量少，抗菌效果好。纳米银纤维仅用 2% 混纺量就能超过 FZ/T 73023—2006 抗菌针织品 3A 要求，且与其他纤维混纺不影响其他纤维的性能。

（4）加工简单，使用方便。不损伤纤维的断裂强力和断裂伸长率等性能，可以与其他纤维混纺不影响可纺性，对织物的透气性和吸湿性无负面影响；可按照常规纺纱、织造、印染方法加工，简便、成本低，与其他整理剂相容性好。

（三）纳米银纤维的应用

1. 服用纺织品

利用银的广谱抗菌性，抗菌银纤维可与棉、麻、丝、毛等混纺。因银纤维用量少，不影响主体纤维的特性，而广泛用于针织内衣、T 恤、时尚女装等，大大改善了织物的功能性和服用性，体现了高科技、高功能及个性化的着装。

2. 家用纺织品

抗菌银纤维优良的抗菌除臭、抗静电功能也很适用于家纺产品，特别是与人体密切接触的用品，如寝具（床单、床罩、被套）、毛巾、地毯、沙发布、睡袋等。比如，将抗菌银纤维和棉纤维混纺生产的床单，与人体皮肤亲密接触时具有极佳的保健功能；嵌织有抗菌银纤维的地毯，可防止细菌的滋生和繁殖，还具有良好的抗静电效果。

3. 产业用纺织品

使用抗菌织物制成的过滤介质，可以使一些物质经过滤后细菌不增加、不繁殖，甚至减少。用抗菌纤维增强水泥，制成的抗菌混凝土常用于医院病房、动物园围墙等细菌较多且容易繁殖的地方。在汽车行业，使用抗菌织物制成汽车内部装饰布，可获得全新概念的抗菌汽车，这对于汽车驾驶员，尤其是出租车驾驶员非常有益。抗菌银纤维开发的野外作业服具有抗菌除臭、防辐射、抗静电、抗污染等功能，在缺水、无条件洗涤的野外恶劣环境中可延长穿用期，且面料中的银对伤口有一定的治疗作用。抗菌银纤维可用于医疗卫生用品，如手术服、护士服、医院消毒敷料、绷带、口罩等。在高致病环境下，抗菌银纤维的广谱、高效、安全、持久的抗菌功能有助于抵御病菌对人体的侵害。

二、镀银纤维

（一）镀银纤维概述

早在 20 世纪，德国、以色列、美国就率先展开了在纤维上镀铜、镍、银等金属的研究并开发出了相关产品，此后日本、俄罗斯、中国也相继开始研发，现已有许多相关专利。世界上最大的镀银纤维品牌是美国诺贝尔纤维科技公司的 X-Static。日本三菱材料公司于 2001 年开发制造出镀银聚酯纤维 AGposs，纤维直径为 $15\sim25\mu m$，银的厚度为 $0.1\mu m$（图 3-1）。

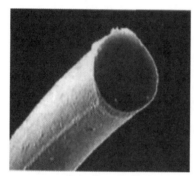 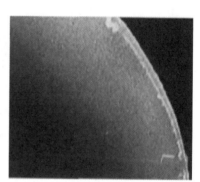

（a）放大1500倍　　　　　　　　　　（b）放大7500倍

图 3-1　AGposs 的 SEM 图

纤维镀银后，其伸长率和强度变化不大，但导电性显著提高。

（二）镀银纤维性能

1. 抗菌除臭

镀银纤维抗菌原理有两点：一是银及溶出的银离子与细菌蛋白质、核酸接触，并与蛋白质、核酸分子中的巯基（—SH）、氨基（—NH$_2$）等含硫、氮的官能团发生反应，以达到抗菌目的；二是光催化反应，在光的作用下，银离子能起到催化活性中心的作用，激活水和空气中的氧，产生羟基自由基（—HO）和活性氧离子（O^{2-}），活性氧离子具有很强的氧化能力，能在短时间内破坏细菌的繁殖能力而使细胞死亡，从而达到抗菌的目的。镀银纤维有很好的除臭功能，这是因为在温暖潮湿的环境里，银有非常高的生物活性，极易与其他物质结合。此时，纤维上银离子通过将细菌细胞膜内外的蛋白质凝固，杀死或抑制细菌的繁殖，防止有机物腐败分散而产生的臭气，达到除臭目的。

2. 热效应

镀银纤维能很好地反射太阳和人体发射的远红外线。在炎热气候，外界温度高于人体温度，将银纤维用作外层服装材料。它通过反射太阳辐射的红外线阻止热量到达人体，又由于银是导热最快的元素，故银纤维还能迅速将皮肤上的热量传导散发，以降低体温。在寒冷气候，将银纤维用作内层服装材料，能反射人体辐射从而起到极佳保暖效果，称为"银保温瓶效应"。因此，将银纤维用在服装材料上能起到调节体温、冬暖夏凉的效果。

3. 抗静电、电磁屏蔽效应

银在所有金属中导电性最好，这一特征使镀银纤维具有很好的抗静电，电磁屏蔽功能。银纤维与其他纤维混纺时，使用不到0.5%便可大大提高混纺纤维导电性。

（三）镀银纤维的应用

1. 服用纺织品

镀银纤维既能抗菌除臭又能调节体温，因此，如将银纤维与棉、毛、麻、莱赛尔、莫代尔等混纺，十分适用于内衣、睡衣、T恤等。此外镀银纤维也十分适用于保健袜，脚底走动摩擦会产生许多静电，当这些静电流通过高导电的银纤维时，银纤维会将其转化为磁场，磁场的作用可加强人体血液循环，具有助睡眠、解除疲劳的特殊功效。磁力会推动受地心引力作用集中于足部的血液，因此穿着银纤维袜子能防止脚部浮肿，缓解疲劳（图3-2）。

图3-2 镀银长筒袜

2. 家用纺织品

镀银纤维优良的功能也很适用于家纺产品，特别是与人体接触频繁的床上用品，如寝具（床单、床罩、被套）、沙发布、窗帘、睡袋等，如镀银纤维与棉混纺生产银纤维床单，与人体皮肤接触时具有极佳的保健功能。

3. 产业用纺织品

镀银纤维还可以用于制备医疗用品，如手术服、护士服、医院消毒敷料、绷带、口罩等。在高致病环境，其广谱、高效、安全、持久的抗菌功能有助于抵御病菌对人体的侵害。镀银纤维开发的野外作业服具有抗菌、除臭、防辐射、抗静电、抗污染等功能，在缺水、无条件洗涤的野外恶劣环境中可延长穿用期，保护人体健康。

项目二 抗菌纤维

抗菌纤维又称防菌纤维、抗菌除臭纤维、抑菌纤维，它是一种能抑制细菌等微生物繁殖生长的纤维，可消除因细菌繁殖引起的异味，减缓纤维腐烂的速度，防止某些疾病的传播。

抗菌纺织品大致有三类：本身带有抗菌功能的纤维，如汉麻（大麻）、罗布麻、甲壳素纤维、竹纤维及金属纤维等；用抗菌剂进行抗菌整理的纺织品，此法加工简便，但耐洗性略差；在化纤纺丝时将抗菌剂加入纤维中而制成的抗菌纤维，这类纤维抗菌、耐洗性好，易于纺织和印染加工。

一、抗菌剂的分类与作用机理

抗菌整理剂的分类：无机类、有机类、天然产物类。

（一）无机类抗菌整理剂

1. 无机类抗菌整理剂的类别

无机类抗菌整理剂主要是银、铜、锌、钛、汞、铅等金属及其离子的抗菌剂。铅、汞等金属及其化合物毒性较强，不适合作为普通场合的抗菌剂使用。铜类化合物往往带有较深的颜色，也限制了其作为抗菌整理剂的使用范围。银离子无毒、无色，目前制备无机抗菌剂以银离子及其化合物为多。无机类抗菌剂分类如图3-3所示。

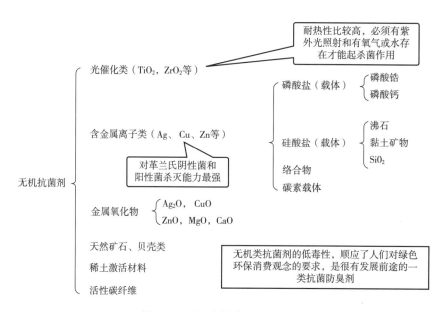

图3-3　无机类抗菌整理剂分类

2. 无机类抗菌整理剂的抗菌机理

（1）金属离子接触反应机理。图3-4为无机类抗菌剂金属离子接触反应机理，抗菌剂有银、锌、铜等离子。当带正电荷的重金属离子接触到带负电荷的细菌细胞壁时，由于异性相吸作用附着于表面产生微动力效应，金属离子能够穿透细胞膜进入细菌体内，并与其体内细胞合成酶的活性中心如氨基、巯基、羟基等发生反应，如重金属离子 Ag^+ 与巯基（—SH）接触反应生成了—SAg与 H^+，使巯基失活，破坏细菌合成酶活性造成蛋白质凝固，使细菌丧失分裂繁殖的能力而产生功能性障碍或死亡，无机金属离子得到释放，与邻近的细菌再次结合继续循环以上过程，达到持久抗菌的效果。

（2）光催化氧化抑菌机理。图3-5为无机类抗菌剂光催化氧化抑菌机理，抑菌剂有纳米氧化锌、氧化锌晶须和不同晶型的纳米氧化钛等。氧化锌和氧化钛纳米粒子在一定的光照条件下，氧化物价带上的电子（e^-）受激发跃迁到导带留下带正电荷的空穴（H^+），e^- 和 H^+ 与吸附在材料表面的 O_2、—OH及 H_2O 等反应产生 OH^-、O^{2-}。其中具有极强氧化活性 OH^- 能够分解微生物的各种成分从而达到杀菌效果。同时，O^{2-} 较强的还原性也起到抗菌作用，此类抗菌剂只有在紫外光照射数分钟时才能发挥抗菌作用，而在无光照条件下几乎不起作用。

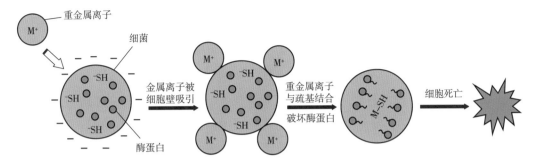

图 3-4　无机类抗菌剂金属离子接触反应机理

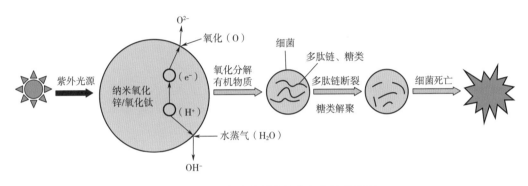

图 3-5　无机类抗菌剂光催化氧化抑菌机理

3. 无机类抗菌整理剂的特点

优点是安全、抗菌广谱、化学/热稳定性高、耐洗性能好、抗菌效果持久；无毒副作用。缺点是抑菌有迟效性，与高聚物相容性较差。

（二）有机类抗菌整理剂

1. 有机类抗菌整理剂的类别

有机类抗菌纤维常用的抗菌剂种类有季铵盐类、苯酚类、脲类、胍类、杂环类、有机金属化合物等类别。

（1）季铵盐类。可吸附带负电荷的细菌；具有抑制细菌脱氢酶、氧化酶等作用。

（2）苯酚类。对金黄色葡萄球菌、大肠杆菌和白癣菌均有优异的抗菌活性。

（3）脲类和胍类。对真菌抑制效果好，安全。

（4）有机金属化合物。有机锌、有机铜、有机钛等化合物。

2. 有机类抗菌整理剂的抗菌机理

有机类抗菌剂主要作用机理是通过与微生物细胞膜表面阴离子结合逐渐进入细胞，破坏蛋白质和细胞膜的合成系统，抑制微生物的繁殖。

季铵盐类抗菌剂实用性强，抗菌速度快，成本较低，国内外对季铵盐类抗菌剂进行了深入研究并投入实际应用中。

胍盐类抗菌剂抗菌机理与季铵盐类似，杨浩等研究了聚六亚甲基胍盐酸盐的抗菌机理以及将其引入高分子材料中的方法，并总结了聚六亚甲基胍盐酸盐在制备抗菌高分子材料（如聚丙烯、聚氨酯、聚对苯二甲酸乙二酯、聚苯乙烯、聚氯乙烯、棉织物、羊毛织物和细菌纤维素等）中的应用研究进展。

近年来，N-卤胺类抗菌剂被广泛研究和应用，它具有良好的抗菌性能、可再生和循环使用性，N-卤胺的抗菌机制可分为三类：一是接触杀菌：将卤素直接转移到细菌中与细菌相互作用；二是释放杀菌：带正电荷的卤素解离到溶液当中与细菌发生作用杀死细菌；三是转移杀菌：将卤素转移到另一种介质中然后与细菌作用，抑制细菌生长。

3. 有机抗菌整理剂的特点

优点是杀菌力强，效果好，种类多，价格低廉。缺点是毒性大，耐热性较差，难以与纤维熔纺；易迁移；可能产生微生物耐药性等。

（三）天然产物类抗菌整理剂

1. 天然产物类抗菌整理剂的类别

（1）植物类提取物。桧柏油、艾蒿、芦荟、山梨酸、姜黄根醇、甘草、茶叶。

（2）动物类提取物。甲壳质和壳聚糖、鱼精蛋白、溶菌酶、昆虫抗菌性蛋白质。在动物源天然抗菌剂中应用于纺织最广泛的非壳聚糖莫属，有生物可降解性和良好的吸收性能，安全无毒。壳聚糖（Chitosan）又称甲壳胺，分子结构与甲壳素类似。壳聚糖与细菌蛋白质的结合，使细菌或真菌失去活性，壳聚糖抑菌能力取决于壳聚糖的分子量大小及官能团。

2. 天然产物类抗菌整理剂的抗菌机理

细菌细胞壁中的磷酸酯和硅酸等物质所解离出的阴离子使得细胞膜带有负电荷，而天然抗菌剂一般带有呈阳离子的结构基团，因此当天然抗菌剂接触细菌细胞膜时，二者由于异性相吸从而牢固结合在一起，附着在细菌细胞膜表面，进而穿过细胞膜进入细菌体内，破坏微生物新陈代谢，阻碍微生物的发育和繁殖，从而实现抗菌效果。在酸性环境中，壳聚糖类分子、脱乙酰壳多糖类带呈阳离子的氨基酸结构均能与微生物细胞壁中酸和磷脂阴离子等组分结合，这种结合的结果使得细菌自由活动受到很大阻碍，因而阻碍了细菌的大量繁殖。抗菌剂进一步通过细胞膜穿过细胞壁，进入微生物细胞的体内后，进而阻碍遗传物质从 DNA 向 RNA 的转变，如此微生物彻底无法繁殖增生，从而实现抗菌。

各类抗菌剂性能见表 3-2。

表 3-2　抗菌剂性能比较

特性	有机类	天然产物类	无机类
抗菌力	优良	一般	一般
抗菌范围	一般	优良	优良
持久性	一般	很差	优良
耐热性	一般	很差	优良

特性	有机类	天然产物类	无机类
耐药性	一般	很差	优良
气味、颜色等	一般	优良	优良
污染等	一般	优良	优良
价格	优良	很差	一般
安全性	很差	优良	优良

二、抗菌纤维的典型品种

（一）纳米除臭纤维

纳米催化杀菌剂包括纳米二氧化硅、二氧化钛、纳米氧化锌等。其中以纳米二氧化钛最具代表性，纳米 TiO_2 在阳光下尤其是紫外线的照射下能分解出自由移动的带负电的电子（e^-）和带正电的穴（h^+），形成空穴—电子对，吸附溶解在 TiO_2 表面的氧俘获电子形成 O^{2-}，而空穴则吸附 TiO_2 表面的—OH 和 H_2O，氧化成羟基自由基，所生成的氧原子和羟基自由基有很强的化学活性，特别是原子氧能与多数有机物反应（氧化），同时能与细菌内的有机物反应生产 CO_2 和 H_2O，从而在短时间内就能杀死细菌，起到消除恶臭和油污的效果。

纳米除臭纤维具有广谱杀菌性、持久性与耐热性好等优点；但是还存在一些缺点，例如，在其发挥抗菌防臭的功能时，必须具有紫外线照射与氧气两个基本条件。

（二）稀土元素处理的纤维

稀土元素指元素周期表中的第三类副族中的钪、钇和镧系元素的总称，包括钪 Sc、钇 Y 及镧系中的镧 La、铈 Cc、镨 Pr、钕 Nd、钷 Pm、钐 Sm、铕 Eu 等共 17 个元素。稀土离子的多元配合物能使织物具有耐久的抑菌性能是与稀土离子的特性分不开的。稀土离子具有较高的电荷数（+3 价）和较大的离子半径（85~106nm），因而在织物的抗菌整理过程中稀土离子可能与织物中的氧、氮等配位离子形成螯合物，从而使抑菌剂牢固地与织物结合在一起；同时，不同抑菌剂之间以稀土离子为联结点，产生协同抑菌的作用，致使织物具有广谱的抑菌除臭效果。

（三）负离子处理的纤维

日本最先成功研发了添加负离子处理的纤维。该纤维是一种集远红外线辐射、释放负离子功能、抑菌、抗菌、去异味、除臭、抗电磁辐射等多种功能于一体的高科技产品。通过在纤维生产中添加了一种负离子素的纯天然矿物添加剂（如电气石）来制备。负离子添加剂抗菌抑菌的机理主要有两个方面：首先，人体产生的异味、有害气体、细菌均带有正电荷，负离子能中和包覆带有正电荷的物质直到无电荷后沉降。其次，负离子材料周围的强电场可以杀死细菌或抑制细菌分裂增生，使其失去繁殖条件。

（四）铜改性聚酯纤维

铜改性聚酯纤维是将抗菌铜材料经高科技加工处理，使其粒径达到纳米级后，通过添加交联剂、偶联剂等纺丝助剂，使其与特殊处理后的聚酯切片熔体纺丝加工而制成的一种功能性纤维。该纤维具有较持久的抗菌、防螨、消臭、自洁功能，既可纯纺，又可以与天然纤维或化纤混纺，可应用于服装、装饰织物等领域。图 3-6 为铜改性聚酯纤维，图 3-7 为铜改性聚酯纤维手套，图 3-8 为铜改性聚酯纤维袜子，图 3-9 为铜改性聚酯纤维毛巾，该产品经苏州中纺联检验技术服务有限公司检测，对金黄色葡萄球菌（ATCC6538）和大肠杆菌（8099）的抑菌率均为 99%，图 3-10 为铜改性聚酯纤维服装。

图 3-6　铜改性聚酯纤维

图 3-7　铜改性聚酯
纤维手套

图 3-8　铜改性聚酯
纤维袜子

图 3-9　铜改性聚酯
纤维毛巾

图 3-10　铜改性聚酯纤维服装

项目三 导电纤维

一、导电纤维概述

（一）导电纤维的定义和分类

普通化学纤维的比电阻一般大于 $10^{14}\Omega \cdot cm$，因此在化纤纺织品使用过程中，易发生静电电荷的积聚，引起灰尘附着，服装纠缠肢体，产生粘贴不适感等。

导电纤维尚无明确定义，通常将比电阻小于 $10^7\Omega \cdot cm$ 的纤维定义为导电纤维。用于纺织品的导电纤维应有适当的细度、长度、强度和柔曲性。能与其他普通纤维良好抱合。易于混纺或交织，具有良好的耐摩擦、耐屈曲，耐氧化及耐腐蚀能力。能耐受纺织加工和使用中的物理机械作用，不影响织物的手感和外观，且耐久性好。

导电纤维的现有品种有金属纤维（不锈钢纤维、铜纤维、铝纤维等）、碳纤维和有机导电纤维。有机导电纤维包括导电聚合物制成的有机导电纤维，普通合成纤维涂覆导电物质（碳、金属）制成的有机导电纤维，石墨、金属或金属氧化物等导电物质与普通高聚物共混或复合纺丝制成的导电纤维。

导电纤维从结构上可以分为导电成分均一型、导电成分覆盖型和导电成分复合型三类，具体分类见表3-3。

表3-3 导电纤维的分类

分类	导电纤维	制备方法
导电成分均一型	金属纤维	将金属丝多次通过模拉成细丝
	碳素纤维	将聚丙烯腈纤维、黏胶纤维、沥青纤维炭化而成
导电成分覆盖型	以金属覆盖的有机纤维	用电镀或真空蒸着法将金属涂在有机纤维表面（如银沉淀在聚丙烯腈纤维表面）
	用导电性树脂覆盖的有机纤维	在聚酯纤维表面形成含分散导电微粒的有机层
	芯—鞘型复合纤维鞘层导电	用复合纺丝技术将含导电微粒的组分做鞘层的聚酯复合纤维
	芯—鞘型复合纤维芯层导电	以含分散炭黑的聚乙烯为芯，尼龙66为鞘的芯—鞘型复合纤维
	三层同心圆复合纤维其中层导电	中层为含导电微粒聚合物的三层同心圆形复合纤维
	一个组分含导电微粒的并列型复合纤维	导电层露出在纤维表面的尼龙66并列型复合纤维
	导电成分作岛的海岛型复合纤维	导电炭黑分散在聚酯中作岛与以聚酯为海的海岛形复合纤维
	导电成分作芯的多芯型复合纤维	以导电微粒的有机组分为芯的聚丙烯系多芯型复合纤维
	镶嵌放射型复合纤维	以含导电微粒为组分之一的镶嵌型复合纤维
导电成分复合型	有导电炭黑的聚丙烯酯等	如混有导电炭黑的聚丙烯酯纤维等

（二）导电纤维抗静电及其电磁屏蔽作用机理

1. 导电纤维抗静电作用机理

导电纤维的导电性能好，织物产生的静电能更快地泄漏和分散。有效地防止了静电的局部蓄集。同时，导电纤维还具有电晕放电能力，能起到向大气放掉静电的效果。这种电晕放电是一种极微弱的放电现象，已经确认它不可能成为可燃气体的着火源。因此，导电纤维在不接地的情况下，也可用电晕放电的方法消除静电。若导电纤维制品接触大地，则在电晕放电的同时，静电也通过导电方式泄漏入大地，其带电量就更小了。

电晕放电受导电纤维形状的影响。导电纤维的线密度越细，表面越粗糙或有突起处，越容易电晕放电。当然，外界电压越高，电晕放电也越容易。

接地导电纤维的消除静电机理：人体穿着含导电纤维织物接触大地时，其消除静电的机理是在电晕放电的同时，诱导电荷聚积在导电纤维周围，进而泄漏入大地。图 3-11 为带正电的带电体与接地的导电纤维接近时的状况，在导电纤维周围的空气中，由于绝缘被击穿，电晕放电生成了正、负离子，其中负离子向带电体移动而中和，正离子通过导电纤维向大地泄露掉。起晕电压与相对湿度密切相关。根据 GB 12014—2019 要求，防静电工作服电荷面密度 A 级不大于 $0.2\mu C \cdot m^{-2}$，B 级不大于 $0.6\mu C \cdot m^{-2}$。

人体电位衰减曲线如图 3-12 所示。图中曲线①和曲线②分别为人体穿着含有铜络合导电纤维和不锈钢纤维工作服时人体电位的衰减曲线。从图中可以看出。两种情况下的人体电位均较高，且衰减缓慢。其中曲线①峰值电位为 20.8kV，100s 以后为 18.8kV，曲线②最高电位 11.8kV，30s 以后为 11.2kV。由此可以说明，人体在对地绝缘良好的条件下，即使穿着含有导电纤维的防静电工作服，仅仅通过电晕放电不能达到较好的消电效果。而在人体接地时，测试结果表明人体电位及服装表面电位均较低，其中人体电位低于 100V。由此可见，在人体接地情况下，人体及服装表面不易积聚静电荷，且防静电工作服优于一般服装。

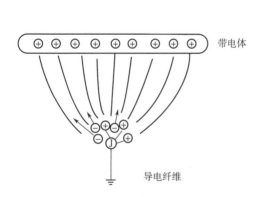

图 3-11　带电体与导电纤维电荷分布

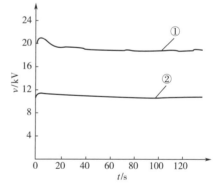

图 3-12　人体电位衰减曲线

表征纤维或织物抗静电性能的指标有以下几项：

（1）比电阻。织物比电阻越小，静电泄露越多、越快，静电影响相对越小。

（2）带电量。单位量（件）或单位质量的材料所带的电荷量。

（3）面电荷密度。单位面积上材料所带电荷量。

（4）半衰期。指材料的静电位从初始值衰减到初始值一半所需要的时间。

（5）静电电压。表示材料感应静电压的大小。

2. 导电纤维电磁屏蔽作用机理

（1）导电纤维的电磁屏蔽机理和电磁屏蔽指标。导电纤维的抗电磁屏蔽机理是利用导电纤维构成的网络回路产生感应电流，由感应电流产生的反向电磁场对辐射电磁波进行屏蔽。

防辐射纺织品检验可以采用美国材料试验协会标准 ASTM D4935—2018《测量平面材料电磁屏蔽效率的试验方法》。

电磁屏蔽效能是评价导电纤维织物对电磁屏蔽效果的指标，它是指真空中某点的电磁强度 E_1 和有介质存在时该点的电场强度 E_2 的比值，或磁场强度 H_1 和磁场强度 H_2 的比值，是表征其介质材料对入射电磁波的衰减与吸收程度的物理量，可用 SE 表示，单位为分贝。

（2）影响织物电磁屏蔽效能的因素。

①电导率与屏蔽效能 SE 的关系。电导率与屏蔽效能密切相关，电导率大，屏蔽效能好，当电导率充分大时，继续提高电导率并不能明显增强 SE。电磁屏蔽效能 SE 与电导率关系如图 3-13 所示。

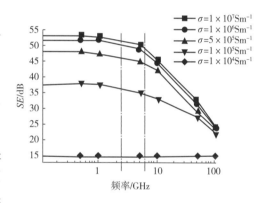

图 3-13　电磁屏蔽效能 SE 与电导率关系

②网格线直径（导电纱线直径）与 SE 的关系。直径越大，电磁屏蔽效能 SE 越好。织物周期单元如图 3-14 所示，网格线直径（导电纱线直径）与 SE 的关系如图 3-15 所示。

③经纬密度对电磁屏蔽效能的关系。当纱线直径不变时，L 大，经纬密度小，L 小，经纬密度大。电导率和直径不变，改变 L，即改变织物的经纬密，对屏蔽效能有显著影响。织物经纬密度与屏蔽效能 SE 的关系如图 3-16 所示。

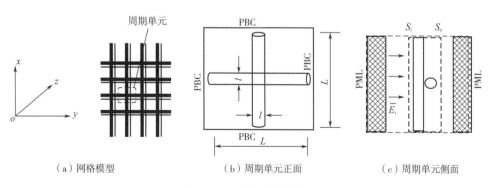

（a）网格模型　　　　　（b）周期单元正面　　　　　（c）周期单元侧面

图 3-14　织物周期单元

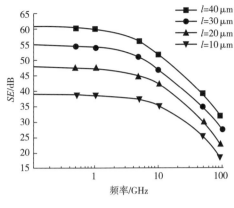

图 3-15　SE 随纤维直径的变化

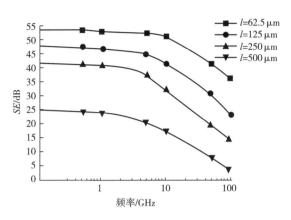

图 3-16　SE 随织物经纬密度的变化

3. 导电纤维的用途

导电纤维中的导电成分有金属、金属化合物、炭黑等，使用最多的是炭黑。这里的导电性能主要是基于自由电子的移动，而不依靠吸湿及离子的转移。所以导电纤维不依赖于环境的相对湿度，它在 RH 为 30% 或更低的相对湿度下，仍能显示优良的导电或抗静电性能。

随着工业和科学技术的现代化，对材料的抗静电水平的要求越来越高。特别是电子、医药、精密仪器等产业的飞速发展，为了使仪器精确动作和保证操作的安全，都要求纤维和织物有较高的抗静电或导电水平，导电纤维具有优秀的、远高于抗静电纤维的消除和防止静电性能的能力，其比电阻小于 $10^8\Omega\cdot cm$，优良者在 $10^2\sim10^5\Omega\cdot cm$，甚至更低的比电阻范围内。因此，为了保证仪器的精度和操作的安全性，产业用工作服等多采用导电纤维，比电阻达到 $10\sim10^{-3}\Omega\cdot cm$ 的导电纤维可以取得对电磁干扰的屏蔽。导电纤维的主要用途和效果见表 3-4。

表 3-4　导电纤维的用途和效果

纤维制品	比电阻	应用领域	主要效果
衣无尘无菌	高	精密仪器，机械零件，电子工业，照相，食品，医药，医院，计算机房，化妆品，塑料，纸，合成纤维，合成皮革，橡胶制品等的制造和加工	防尘，防止仪器损坏，防止干扰计测，消除杂音
抗静电手套	高	医院，旅馆，车辆，船舶，极寒地区等	防止电击
抗静电毛毯（化纤毛毯）	高	防止衣物缠绕身体，防止穿脱衣服时不愉快的声音，旅馆，游艺场，机关会客室等一般建筑物内	防止电击和引火爆炸
抗静电地毯	高	电子设备制造工厂、计算机机房、实验室、图书馆、医院	防静电、防滑、安全防护
抗静电缝纫线	高	一般的外衣（裙子，连衣裙，制服），内衣	防污，防电击
抗静电过滤网	高	纺织，食品，化学，医药	防干扰，防尘
防爆型工作服	中	工作中有干燥粉末的场所	防止引火爆炸
消电装置（内部放电式）	中	石油精制，油罐，油船，加油站，涂装，石油化工，煤炭工业，纤维，塑料，胶片，纸，印刷，橡胶，食品等的制造和加工	消除静电，从而排除故障

纤维制品	比电阻	应用领域	主要效果
导电工作服	中	供电公司，电力工程公司	防止因静电而导致的事故
电磁波屏蔽材料	低	广播，电视台，电子仪器，精密机器等	防止电磁波干扰
建筑，交通道路用平面	低	屋顶加热器，马路加热器	由于发热而保温，防止冻结，融雪而无触电危险

从表 3-4 中可以看出，以下产品需要导电纤维材料，它们是化纤地毯、防爆工作服、无尘衣或无尘无菌衣；作为工业生产资料用途的带、管、滤布、刷子等，以及一般制服、礼服、内衣、衬衣等。另外，在消电装置、电磁波屏蔽材料、防止杂音干扰用电线的包线和平面发热器中均开始利用导电纤维。目前国内外导电纤维的使用量还很小，但是从各方面的需要和导电纤维的研究开发趋势来看，其前途是非常广阔的。

二、导电纤维分类

（一）金属纤维

1. 金属纤维的特点

金属纤维及其制品是新型工业材料和高新技术、高附加值产品，它既具有化学纤维及其制品的柔软性，又具有金属本身的导热、导电、耐蚀、耐高温等特性。金属纤维的最主要特点是导电性能好（$10^{-5} \sim 10^{-4} \Omega \cdot cm$）。金属纤维独特的优越性能，使其产生七大主要功能：防电磁波，防静电，导电，耐高湿，耐切割和摩擦，可过滤，吸隔声。

金属纤维的主要不足是弹性差、伸长小、粗硬挺直、表面粗糙，造成抱合力小，可纺性能差；制成高细度纤维时价格昂贵，成品色泽受限制。

2. 金属纤维的应用

（1）服用材料。由于金属纤维柔软，具有可纺性，可与棉、毛、聚酯纤维等混纺。金属纤维含量为 0.5%～5% 的混纺织物可制成防静电工作服，用于易燃易爆或易产生粉尘的特定工作场所，还可用作电磁波（微波）防护服、医疗手术服。

（2）过滤材料。金属纤维过滤材料即金属纤维毡的制备方法主要有三种：湿法成网、气流成网和机械成网。金属纤维毡与传统粉末过滤材料相比具有高强度、高容尘量、耐腐蚀、使用寿命长等特点，尤其适合于高温、高黏度、有腐蚀介质等恶劣条件下的过滤，被广泛用于化纤、聚酯薄膜、石油和液压等领域。金属纤维毡的另一主要应用是用作汽车安全气囊的过滤元件。汽车在受到撞击后引起气囊中的叠氮化钠发生爆炸，产生的气体充实气囊，达到保护目的。金属纤维毡所具有的高强、耐高温和均匀多孔性使得它在这个过程中起了三个作用：控制气体膨胀速度，过滤高温气体中的颗粒物和冷却高温气体，从而使安全气囊起到保护人体的作用。金属纤维非织造布与有机纤维织物复合而成的织物，即以某种机织物为骨架材料，与金属纤维网片以非织造方法复合的复合织物，可用作抗静电类过滤材料。

（3）纤维增强复合材料。金属纤维作为增强元素主要用于陶瓷材料等的强化和纸钢的研制和生产。金属纤维增强的耐火材料具有较好的耐高温性和抗震性，可使锻造炉的寿命提高 1 倍。如上钢三厂锻造车间出钢槽由原来的高铝砖改为金属纤维增强耐火材料，其寿命由原来的三个月提高到一年以上。金属纤维增强的混凝土是一种新颖的建筑结构材料，金属纤维加到混凝土中不仅提高了混凝土的载荷能力，而且起到抑制裂纹的作用，从而提高混凝土的抗拉强度、弯曲强度、冲击强度和抗剥落性，这种材料主要用于建筑隧道及飞机跑道。

纸钢是用极细的金属纤维混在纸浆中用造纸法制成。薄的纸钢仅零点几毫米，和纸一样薄；厚的可由几层薄纸钢片用合成树脂黏合而成，厚度达 2~3cm，强度和钢材相当。纸钢集合了纸的轻薄和钢的强度，可制成板材及槽形、波形等各种异形材，广泛用于工业、建筑业、国防和军工以及日常生活等领域。国外已用纸钢制造汽车、火车的车厢及飞机机身的内壁材料。薄的纸钢像纱布、塑料布一样轻盈柔软，可以用作台布、窗帘等日用品。

（4）防伪材料。每一种金属纤维都有它自己特有的微波信号，这一特性已被用于防伪识别、防伪标志等。利用金属纤维制成的条形码比用金属粉末制成的条形码具有更强的识别功能，将金属纤维与纸浆混合制备的特殊纸张已被用于银行的账单、票据、有价证券、单位信函用纸，用于个人身份证明的身份证、护照、信用卡等的防伪识别。

（5）吸音材料。金属纤维毡可用于一些特殊环境和条件下的隔音材料，在高分贝条件下，金属纤维毡吸音效果很好，这是由于它的多孔性和空隙曲折相连性，由于黏滞流动而使声音能量损失，改变了声音传播的路径，达到降噪目的。波音公司用 8~100μm 的不锈钢纤维制成消音材料处理发动机辅助机组的进排气。

（6）电池电极材料。目前国内外用发泡镍制作镍氢（Ni—H）电池阳极骨架材料已形成产业，Ni—H 电池中主要是采用发泡镍作为阳极支撑材料。由于发泡镍是采用电化学方法制备的，比表面积小、电池容量不高、强度低、充放电次数少，严重影响镍氢电池的发展。而用镍纤维制成的金属纤维毡制备阳极材料，可以大大提高电池的充放电次数，抗大电流冲击，具有稳定性好、电容量大、活性物质填充量大、内阻低、极板强度高的优点，特别适用于大电流工作环境。因此用镍纤维毡取代发泡镍已成为 Ni—H 电池的一个发展方向。日本东芝公司等一些日本厂家，已用镍纤维毡替代发泡镍生产 M—H 电池。用铅纤维毡代替铅板在蓄电池上使用也取得了成功，用铅纤维毡制成的板栅组装的样品电池，储备容量达 118min，这种材料应用于铅酸蓄电池，在车辆动力电池领域内有广阔的应用前景。

（7）导电塑料。随着人们生活水平的提高、家用电器的普及，人们认识到，日常生活中电子工具和设备产生的电磁波对人体健康有一定损害，并与某些疾病息息相关。因此，屏蔽电子工具和设备以防电磁波辐射也越为重要。目前电子设备如电视、计算机，微波炉、手机外壳均是用塑料制成的，将少量金属纤维掺到塑料中制成导电塑料则可形成一个屏蔽层，它既可阻碍电磁波辐射，又能防止其他电磁波干扰，达到保护人类健康的目的。

（8）其他方面。金属纤维在我们日常生活和工业中还有很多其他用途，如用 FeCr 合金纤维毡的燃烧器，能获得最有效的表面积，以有利于燃气燃烧。它与传统陶瓷或金属燃烧器相比，具有寿命长、燃烧充分、成型性好等优点。此外，金属纤维在以下领域中还有很好的应用：催化剂及其载体、热交换器、气液分离、高温密封等。

（二）碳素导电纤维

黏胶基、PAN基、沥青基碳纤维均为良好的导电纤维（$10^{-4} \sim 10^{-3}\Omega \cdot cm$），且高强、耐热、耐化学药品性能优良，但纤维模量高、缺乏韧性、不耐弯折、易断、无热收缩能力，不适合纺织品使用，碳短纤维可添加在地毯中，制造抗静电地毯。

（三）有机导电纤维

1. 导电聚合物制成的有机导电纤维

导电聚合物目前尚难应用于纺织品，主要体现在：主链中的共轭结构使分子链僵直，不溶解、不熔融、难以纺丝加工；某些导电聚合物中的氧原子对水极不稳定；某些导电聚合物的单体有毒且怀疑是致癌物质，某些掺杂剂多有毒性；复杂的制成工艺使其制造成本昂贵。只有聚苯胺可用二甲基丙烯脲（DMPU）、浓硫酸等溶剂，采用湿法纺丝或干法纺丝直接加工成导电纤维，但价格昂贵，浓硫酸对设备的耐腐蚀性提出了苛刻的要求。聚苯胺在导电态是不能熔融的，目前正在研究聚苯胺塑化后熔融纺丝的方法。

2. 普通合成纤维涂覆导电物质制成的有机导电纤维

日本帝人公司、德国巴斯夫公司率先开发了表面涂覆炭黑的有机导电纤维。此后以普通合成纤维为基体，通过物理、机械、化学等途径，在纤维表面涂覆和固着金属、碳、导电高分子物等导电物质的方法陆续出现。此类导电纤维可获得较低的电阻率，导电成分都分布在纤维表面，抗静电效果好，但在摩擦和反复洗涤后皮层导电物质容易脱落。目前，应用较广的炭黑涂覆型有机导电纤维的电阻率通常在$10^3\Omega \cdot cm$左右。

3. 复合型有机导电纤维

为寻求导电性能及其耐久性更好的导电纤维，美国杜邦公司开发了以含炭黑PE为芯、PA66为鞘的皮芯复合型导电纤维；日本东丽公司生产了以含炭黑的聚合物为岛、PAN为海的海岛型导电纤维"SA-7"。日本武田敏之研制了"芯—中间层—鞘"结构的复合导电纤维，其中芯层和鞘层含聚乙二醇、间苯二甲磺酸钠等亲水性物质，中间层为含35%炭黑的PA纤维。炭黑复合型有机导电纤维的电阻率通常在$10^2 \sim 10^5\Omega \cdot cm$。由于炭黑复合型导电纤维通常呈灰黑色，不适合于浅色纺织品，故其应用范围受到很大的限制。

复合型有机导电纤维中的导电组分沿纤维轴向连续，易于电荷散逸。各种成纤高聚物均可作为复合型导电纤维的基体，导电组分由导电物质、高聚物和分散剂等组成。导电物质的含量视聚合物基体的种类、导电物质类型和分布方式而异，一般在20%~65%。提高导电物质的含量和粒度有利于纤维的导电性能，但导电物质难以在聚合物基体中均匀分散，且纺丝液流动性差，纺丝困难，纤维力学性能恶化。制造复合导电纤维的技术关键在于提高导电物质在基体中的均匀分散性。复合结构有芯鞘结构、三层同心圆结构、三明治式夹心结构、海岛型、镶嵌放射型、多芯型、共混结构等。炭黑或金属化合物在复合结构中受到保护，故有良好的耐久性，其中，炭黑复合型导电纤维有较低的电阻率，金属化合物复合型导电纤维在纺丝时有较好的品种适应性。

三、不锈钢纤维

（一）不锈钢纤维的特性

不锈钢是金属纤维的重要分支，全球市场占有率达90%以上。不锈钢纤维由不锈钢丝以集束拉拔工艺制成，直径细至1~40μm。它具有不锈钢的金属色泽，表面光亮。由于不锈钢丝直径达到微米级，在保持原有的金属性能之外产生新的特性，既保持了不锈钢所具有的导电、导热、耐腐蚀、耐高温等性质，又具有类似于化纤的柔软性及高比表面积等特性。

不锈钢纤维束每束根数一般在5000~200000根，可按需要确定。不锈钢纤维束经过牵切工艺可以制成不同纤维长度的短纤维条。不锈钢纤维的规格一般以纤维的直径确定，一般情况下纤维的直径在4~30mm，通常通用的为6~12mm。不锈钢纤维的各种形态如图3-17~图3-20所示。

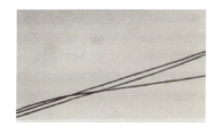

图3-17　不锈钢纤维纵向状态

图3-18　不锈钢纤维束

图3-19　不锈钢短纤维条

图3-20　不锈钢连续纤维

不锈钢纤维的密度为$7.96~8.02g \cdot cm^{-3}$，室温条件下断裂强度为$686~980N \cdot mm^{-2}$，直径偏差率不大于2.5%，断裂伸长率在0.8%~1.8%，每米丝束重量不匀率不大于3%。不锈钢丝的耐腐蚀性较好，完全耐硝酸、磷酸、碱和有机化学溶剂的腐蚀，但在硫酸、盐酸等还原性溶液以及含卤基的溶液中耐腐蚀性稍差。在氧化氛围中，温度高达600℃条件下可连续使用，是很好的耐高温材料，同时也是传热的良导体。

（二）不锈钢纤维制品

1. 不锈钢短纤维混纺纱

不锈钢纤维混纺纱包括各种比例的混纺纱（棉/金属纤维纱、化纤/金属纤维纱、毛/金属纤维纱）。不锈钢纤维与棉纤维混纺纱如图 3-21 所示。

2. 不锈钢纤维织物

不锈钢织物有纯不锈钢织物和不锈钢纤维混纺织物，混纺的材料有化学纤维、棉及黏胶纤维。用于人体及设备的电磁屏蔽。屏蔽效率 20~70dB，相当于能量衰减 1 万~10 万倍，即透射量仅为入射量的百分之一至十万分之一，由 0.5%~5% 的不锈钢纤维与各种棉及黏胶纤维混纺而成的不锈钢织物，用于易燃、易爆环境下人体、设备的静电防护。各种不锈钢纤维制品如图 3-22~图 3-24 所示。

图 3-21　不锈钢纤维与棉纤维混纺纱

图 3-22　不锈钢抗静电纤维织物

图 3-23　不锈钢纤维滤袋

图 3-24　含不锈钢纤维服装

3. 不锈钢纤维毡

不锈钢纤维毡（图 3-25）是由非常细的不锈钢纤维蓬松毡铺在一起，经烧结，碾压而成，由于烧结过程采用的金属纤维丝有很高的 L/D（长度/直径）比，因此可以使纤维的无数个接触点焊在一起，所以，该材料无介质迁移。为增加使用效果及寿命，也可采用把几种不同直径的金属纤维毡合在一起压实烧结的方法，形成立体多层次深度型过滤材料，该材料具有非常高的孔隙率（最高可达 90%）和非常好的透气性。用该材料做成的过滤器具有很小的流量阻力。由于该材料具有独特的立体深度过滤结构，对污染物的容纳量相当高，可以大大提高使用效果和延长过滤器的使用寿命。由于该材料的基础原料为不锈钢纤维丝，在高温下有非常好的机械强度和韧性，可以在 550℃ 的高温和高腐蚀环境下工作。该材料最大的特点是，对不易过滤的聚酯凝结物及易变形的胶质物具有极好的过滤作用，在化工、化纤等行业已广泛使用。

图 3-25 不锈钢纤维毡

项目四 新型彩色发光纤维

发光纤维一般是指在黑暗中能自动发光的高科技功能纤维。发光纤维可分为自发光型和蓄光型两种，自发光型的基本成分为放射性材料，不需从外部吸收能量，黑夜或白天都可持续发光，因含有放射性物质，在使用时受到较大的限制。蓄光型不仅具有发光功能，而且无毒、无害、无辐射，符合环保等相关使用要求，广泛应用于安全、装饰服饰和防伪领域，稀土发光纤维属于蓄光型发光纤维。

一、稀土发光纤维发光机理

当物体在基态时受到光、热或化学作用的激发，会刺激物体中的电子到激发态，达到高能阶状态。当其回复时，须将吸收的能量释放，多余的能量以光的形式辐射出有热量的光，称为发光。发光有两种方式：一种是当电子受激发到单重态时，物体会立即放光，称为光感发光，光源移去后，立即停止放光；另一种是当单重态电子经内部系统转换成三重态时，电子轨道会跃迁呈不规则状态，这时它的光环会慢慢释放，这种光称为蓄光发光，即使光源移去，物体还是会在一定时间持续放光。

稀土元素具有未充满的 4f 层电子构型，4f 层电子被外层 $5s2$、$5p6$ 电子有效屏蔽，很难受外部干扰。稀土元素的 4f 层电子可在 7 个 4f 轨道之间分布，从而形成丰富的电子能级，可以产生多种能级的跃迁。

稀土元素受可见光照射时，电子从基态或下能级跃迁至上能级，吸收光能储存于纤维中。没有可见光时，电子从激发态上能级跃迁至下能级或基态，将储存于纤维之中的能量放出而发光。原子的基态和激发态之间称为陷阱能级的中间级，在陷阱能级和其他能级之间电子不能发生跃迁，一个电子一旦从受激能级落到了陷阱能级，电子就停留在那里，直到它能进一步受到激发返回基态为止。电子处于陷阱能级中的时间就决定了发光材料能够持续发光的时间长短。同时由于在可见光区有类似线性的吸收光谱、发射光谱以及复杂的谱线，稀土离子跃迁能级间的能量差也不同，因此会发出不同颜色的光。稀土元素发光机理如图3-26所示。

在有可见光的照射下，稀土发光纤维可以呈现彩色，其原理是：利用光色合成原理，将三元色光进行一定方式的组合，形成色泽丰富的纤维。

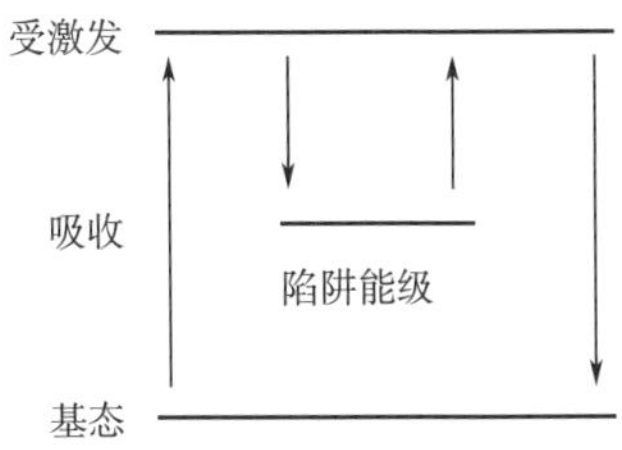

图3-26　稀土铝酸盐发光机理

二、稀土发光纤维的性能

（一）光学性能

稀土发光纤维不需要任何包膜处理，其发光体可长期经受日光曝晒。在高温和低温等恶劣环境或强紫外线照射下，不发黑、不变质，可与聚酯、聚丙烯、尼龙、聚乙烯等许多聚合物一起生产。对于波长在450μm以下的可见光具有很强的吸收能力，在可见光下照射10min左右，便能将光能蓄于纤维之中，在夜晚或黑暗处可持续发光并释放出各种颜色（红、绿、黄、蓝色等）余辉10h以上，且可以无限次循环使用，其发光的亮度也有多种，并随时间递减。

（二）服用性能

稀土发光纤维制纺织品在白天与普通纤维具有完全一样的使用性能，不会使人感到有任何特异之处。它的发光成分不同于放射性硫化锌发光粉，不含磷、铅、铬、钾和其他有害重金属元素；也不同于各种反光材料，不需要涂覆于纺织品外表。通过整理将发光材料分散于纤维分子中形成稳定的结构。经水洗后的发光织物虽仍有一定的发光性，但是其发光效果有所降低，将整理后的织物放入洗衣机中洗50次，每次6min，对洗好的织物进行发光性能测试。测试条件：使用TES21330A型照度计，环境温度为（22±3）℃，相对湿度（RH）<70%。照度值为1000lx，照射时间为10min。经50次洗涤后能保持发光亮度的60%。其原因是经整理后，一部分夜光材料已经渗透进织物的纤维中形成稳定的结构，水洗后这些夜光材料不会脱落，使织物仍然保持了一定的发光性。而另一部分与纤维结合不牢的夜光材料经水洗后脱落，使发光亮度降低，说明该织物的水洗性能还需进一步提高。

（三）环保性

蓄光型多色夜光纤维不仅色光绚丽多彩，且无毒无害，放射性不超标，达到人体安全标准。最终产品无须染色，不仅避免了染料对纤维发光性能的影响，同时也避免了染整工序产生的废水对环境的严重污染。

三、发光纤维在纺织领域的应用

（一）服用与家用纺织品

发光纤维可用于纺织、针织、针钩、编织、刺绣等领域。主要产品如工业缝纫线、绣花线、服装面料、服饰及装饰性织物（如织布、内衣、窗帘、门帘、台布、鞋带、手机挂带、绣花、毛绒面料、地毯面料、挂毯面料、沙发面料、刺绣产品等)。

刺绣是针织 T 恤二次设计采用的一个重要手法，俗称"绣花"，是中国著名的传统民族工艺。夜光纤维具有特殊的外观和美学效果，用于传统民族工艺刺绣中，不仅是一种产品的创新，而且可提高其艺术、商业、观赏及收藏价值。针织 T 恤刺绣过程中可以部分或全部采用夜光纤维纱线作为绣线，按照不同的色彩搭配和针织面料配置关系，配以合适的图案，可以使针织 T 恤更加美观，更具有个性。在贴布（拼布）绣中还可以使用夜光织物作贴花布。锁边线可以采用夜光线或者普通线，合理配置，效果更佳。夜光纤维在 T 恤衫设计中的刺绣效果如图 3-27 所示，稀土夜光涂料在 T 恤衫上的印花效果如图 3-28 所示。

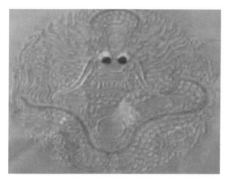 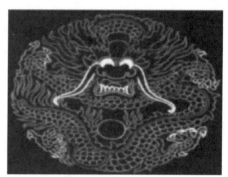

（a）有外界光时　　　　　　　　　　　　　（b）无外界光时

图 3-27　稀土夜光纤维在 T 恤衫上的刺绣效果

 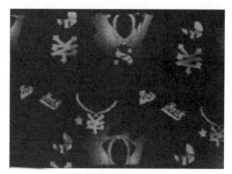

（a）有外界光时　　　　　　　　　　　　　（b）无外界光时

图 3-28　稀土夜光涂料在 T 恤衫上的印花效果

（二）其他领域

稀土发光纤维可广泛应用于建筑装潢、交通运输、航空航海、夜间作业、消防应急。国际海事局作出规定，远洋轮上工作人员的服装必须要有夜光标记。在降落伞上使用发光织物，可以提高夜间军事训练人员的安全性。在制造消防设施、器材时，添加一定面积的发光纤维，即使火灾时浓烟滚滚或比较黑暗，人们也可以马上看到消防人员和消防器材，迅速作出反应，达到自救和被救的目的。发光纤维的应用举例如图 3-29 所示。

（a）发光鞋

（b）发光地毯

（c）夜间发光衣

（d）发光挂毯

图 3-29　发光纤维的应用

项目五　新型聚酯纤维

一、PTT 纤维

（一）概述

PTT 纤维是聚对苯二甲酸-1，3-丙二醇酯（polytrimethylene-tereph-thalate）纤维的英文缩写，最早是由壳牌化学公司与美国杜邦公司分别从石油工艺路线及生物玉米工艺路线通过 PTA 与 PDO 聚合、纺丝制成的新型聚酯纤维，壳牌化学公司的商品名是 Corterra，美国杜邦公司的商品名是 Sorona。我国对 PDO 和 PTT 的开发工作始于 1998 年，中国科学院兰州化学物理所率先在国内开展了环氧乙烷羰基化法合成 PDO 的探索，PTT 纤维的产业化开发工作引入国内始于 2000 年 8 月，由上海华源股份有限公司与壳牌化学公司达成的合作开发协议。此后，对 PTT 纺丝生产设备和工艺的探索、试验，至今已经取得初步成功。

其中的原料 PDO 即 1，3-丙二醇的成本较高，如今的原料用玉米提炼，成本有所下降。由于引入 PDO 纤维结构上有了一个亚甲基（—CH$_2$—），从而使纤维呈螺旋状，这就是 PTT 纤维具有弹性的原因。

PTT 纤维与 PET（聚对苯二甲酸乙二醇酯）纤维、PBT（聚对苯二甲酸-1,4-丁二醇酯）纤维同属聚酯纤维。PTT 纤维兼有聚酯纤维、锦纶、腈纶的特性，除防污性能好外，还易于染色、手感柔软、富有弹性、弹性同氨纶一样好，与弹性纤维氨纶相比更易于加工，非常适合纺织成服装面料；此外，PTT 还具有干爽、挺括等特点。因此，将来 PTT 纤维将逐步替代聚酯纤维和锦纶而成为 21 世纪大型纤维。

（二）PTT 纤维的结构与形态

1. PTT 纤维的分子结构

PTT 纤维分子结构式为：

$$\left[\!\!\left[\begin{array}{c}O \\ \| \\ O-C\end{array}-\!\!\!\bigcirc\!\!\!-\begin{array}{c}O \\ \| \\ C\end{array}-O-CH_2CH_2CH_2\right]\!\!\right]_n$$

由于 PTT 纤维在分子结构上比 PET 纤维多一个亚甲基（—CH₂—），其分子链结构呈螺旋形构排列而呈 Z 状特征。

2. PTT 纤维的表面形态

PTT 纤维具有与 PET 纤维相似的表面形态结构，纵向呈光滑条形状，且对光的反射、折射较强，形成较好的纤维表面光泽，如图 3-30 所示。PTT 纤维表面具有颗粒状的空隙，有一定的导湿、透气与保暖性。纤维的横向截面形态近似于圆形，也可通过纺丝工艺控制形成异形纤维，如三角形、三叶形、五叶形等，以增加纤维间的抱合力，改善纤维表面的光亮度。

（a）PTT纤维的纵截面形态　　（b）PET纤维的纵截面形态

图 3-30　PTT 纤维与 PET 纤维的纵截面形态

（三）PTT 纤维的性能

PTT 纤维几种常用纤维的基本性能指标见表 3-5。

表 3-5　常用纤维主要性能指标的比较

性能	PA6	PET	PBT	PTT	聚酯型氨纶	聚醚型氨纶
融化温度/℃	220	260	225	228	270~290	230~290
玻璃化转变温度/℃	40	69~81	20~40	45~65	25~45	−70~−50
密度/(g·cm⁻³)	1.14	1.38	1.35	1.33	1.2	1.21
初始模量/(cN·dtex⁻¹)	2.1	9.15	2.4	2.58	0.45	0.11
弹性伸长率/%	27~32	20~27	24~29	28~33	600~800	480~680
弹性回复率/%	21	4	10.6	22	98	95

1. 拉伸回弹性

由于 PTT 纤维大分子的基本链节中有 3 个亚甲基，产生"奇碳效应"，分子链在 3 个亚甲基处易弯曲、旋转形成"Z"型构象，"奇碳效应"使得 PTT 大分子链能够有如同弹簧一样的弹性变形。

从弹性的概念来说，弹性纤维的价值包含 2 个内容：一是纤维在拉伸、弯曲等各种形式的应力之下可以比较容易表现出较大的形变；二是更加重要的，当应力撤除以后，已经发生的形变应该具备回复应变之前形状的能力。PTT 纤维在这两方面都有很好的表现，这是 PTT 纤维最突出的优点。在伸长率 20% 时弹性回复率可达 100%，其弹性回复率优于 PET 纤维。在 2.5cN·dtex^{-1} 的应力作用下对 PTT 纤维所作的反复拉伸试验表明，当给予它的伸长率为 20% 时，撤除应力后纤维能够完全回复（图 3-31）。

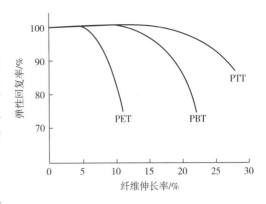

图 3-31　PTT、PET 和 PBT 纤维的弹性回复率对比

2. 柔软性和悬垂性

众所周知，锦纶及其面料的柔软性优于 PET 纤维及其面料，原因是 PA 纤维的杨氏模量比 PET 要低，大约只是 PET 纤维的 58%。PTT 聚合物的杨氏模量为 2.58N·m^{-2}，比 PET 低得多。三者之间的大致比较为：若以 PTT 纤维的杨氏模量为 1，则 PA 纤维为 1.25，PET 纤维为 2.12。所以，PTT 纤维的柔软性优于 PET 纤维而与 PA 纤维接近；PTT 纤维织物的手感也接近于 PA 纤维，比较柔软而令人感到舒适。人们对非织造布产品中引入 PTT 短纤维的兴趣通常也是为了改进制品的手感，提高柔软性。不过也应该指出，根据大多数真实感受过 PTT 面料的人们的共同反映，PTT 纤维织物的手感确实与 PA 纤维织物不同，是 PTT 纤维织物的独具一格的特殊感触。

杜邦公司对 Sorona PTT 纤维的手感与其他一些常用纤维的比较，如图 3-32 所示。

面料的悬垂性与纤维的密度和柔软度有很大关系，纱线密度高则面料的悬垂性往往较好，PTT 聚合物的密度略低于 PET 而高于 PA；并且纤维柔软性越佳则面料的悬垂性越好。综合这两个影响面料悬垂性的因素，在 PTT 纤维、PET 纤维与 PA 纤维的比较中，悬垂性最佳的当是 PTT 纤维，因此，柔和的手感加上 PTT 纤维织物良好的悬垂性和舒适的弹性，为时装设计师提供了设计灵感和更广阔的思维空间。

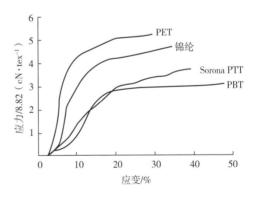

图 3-32　Sorona PTT 纤维与常用纤维手感对比

3. 低温染色性

PTT 纤维是一种易染色的弹性纤维，能在无载体的情况下采用比较廉价的分散染料进行常压染色，可以方便地采用纺前染色工艺，生产出色丝来；也可以利用它的良好的染色性能，通过散纤染色、绞纱染色或筒子染色，或者更大量地采用坯布染色及印花工艺进行加工。

用低能量水平染料，PTT 在 100℃ 即可染得比 PET 在 130℃ 还深的色泽；对于中等和高能量水平染料，PTT 在 100℃可染得与 PET 在 130℃同样深的色泽。PTT 染得最深色泽的温度是 110~120℃。其色泽比在同样染料浓度、在最佳温度下染得的 PET 的色泽深大约 50%；在相同的染色温度下，分散染料在纤维上的渗透性，PTT 明显好于 PET。

由于 PTT 纤维可以采用常压染色，而大多数分散染料在较低温度下的稳定性比较好，所以其染色适用的 pH 范围比较广（4~10）。通常在中性条件下染色，染浴 pH 不作专门的调整，不仅可以节约染料和能源，还可以降低污水对环境的污染，具有明显的经济效益和环境效益。这些都表现了 PTT 纤维突出的染色性能。

4. 抗污性能

抗污性能与纤维的拒油性和易去污性有关。大分子链的化学结构对其表面张力影响很大，亚甲基为奇数的比偶数的临界表面张力低，PTT 纤维具有较好的抗污性，具有优异的抗酸性和抗分散性污物的性能，不必施加助剂，纤维本身的分子结构赋予其天然的抗污性，在一定程度可以节约后整理成本。

5. 其他性能

PTT 纤维的耐磨性优于传统聚酯纤维，仅次于锦纶 66。由于较低的初始模量、特殊的分子链结构以及独特的加工工艺，使 PTT 纤维产品的蓬松度明显高于聚酯纤维等产品。由于同属聚酯纤维家族，PTT 纤维具有很多与聚酯纤维类似的特性。诸如耐黄变性、耐气候性以及耐药品性，在各种应用方面都有很强的适应性。

（四）PTT 纤维的产品开发及应用

1. PTT 纤维纱线

PTT 短纤维可以单独纺纱，更适宜与棉、麻、黏胶纤维、羊毛、PET 纤维、醋酯纤维、聚丙烯纤维等混纺，以改善产品的性能，提高产品的档次，进一步增加产品的附加值。PTT 纤维纱线如图 3-33 所示。

在纺 PTT 纤维混纺纱时，应注意控制 PTT 纤维的含量，以保持纱线的弹性。PTT 短纤纱的断裂伸长率在 30%左右，而 PTT 短纤维的断裂伸长率在 40%~45%，可见 PTT 短纤维的弹性在纱线中并未完全体现出来，这与纤维在纱线中的排列及纤维间的抱合有关。当 PTT 纤维与其他非弹性纤维混纺时，如果非弹性纤维的混纺比例达到 30%时，则成纱的弹性很小，几乎体现不出 PTT 纤维的弹性特征。因此，对 PTT 纤维混纺纱线应选择合适的混纺比，以保证混纺纱的弹性，如棉、黏胶纤维等几乎不具弹性，与 PTT 纤维混纺时混纺比不能高于 30%，而羊毛等纤维本身具有较好的回弹性能，其混纺比例可以提高。

2. PTT 纤维织物

在织物开发过程中，PTT 纤维的纯织产品较少，较多采用与其他纤维混纺或交织。

利用 PTT 纤维的优良性能，可以加工低弹伸缩和手感柔软的弹性机织物和弹性针织物，如图 3-34 所示。利用 PTT 纤维加工的混纺纱开发的产品手感好，穿着舒适，易洗快干，免烫性佳，弹性回复性好，适合加工运动衣。PTT 纤维可以与棉、竹纤维等混纺，可以生产休闲裤和夹克等服装。

图 3-33 PTT 纤维纱线

图 3-34 杜邦 Sorona® 记忆布

PTT 纤维具有良好的回弹性及抗污性、静电干扰小、化学稳定性好等特性，可以加工地毯，加工的 PTT 地毯与聚酰胺地毯相似，PTT 地毯在磨损和洗涤后仍具有较好的弹性。

PTT 纤维可以加工针刺和水刺非织造布，也可以通过纺粘法和熔喷法直接成网加工非织造布，加工的非织造布产品性能良好。

二、PBT 纤维

PBT 纤维是聚对苯二甲酸丁二酯纤维的简称，由高纯度对苯二甲酸（TPA）或对苯二甲酸二甲酯（DMT）与 1,4-丁二醇酯化后缩聚的线性聚合物，经熔体纺丝制得的纤维。生产中常采用对苯二甲酸二甲酯与 1,4-丁二醇通过酯交换，并在较高的温度和真空度下，以有机钛或锡化合物和钛酸四丁酯为催化剂进行缩聚反应，再经熔融纺丝而制得 PBT 纤维。PBT 纤维是工程塑料的骄子。1979年日本帝人公司首先推出了 PBT 纤维制品。PBT 纤维如图 3-35 所示。

图 3-35 PBT 纤维

（一）性能简介

PBT 纤维的强度为 $30.91 \sim 35.32 cN \cdot tex^{-1}$，伸长率 30%～60%，熔点为 223℃，其结晶化速度比聚对苯二甲酸乙二酯快 10 倍，有极好的伸长弹性回复率和柔软易染色的特点。由 PBT 制成的纤维具有聚酯纤维共有的一些性质，但由于在 PBT 大分子基本链节上的柔性部分较长，因而使 PBT 纤维的熔点和玻璃化温度较普通聚酯纤维低，导致纤维大分子链的柔性和弹性有所提高。PBT 纤维具有良好的耐久性、尺寸稳定性和较好的弹性，而且弹性不受湿度的影响。PBT 纤维及其制品的手感柔软，吸湿性、耐磨性和纤维卷曲性好，拉伸弹性和压缩弹性极好，其弹性回复率优于聚酯纤维。PBT 纤维在干湿态条件下均具有特殊的伸缩性，而且弹性不受周围环境湿度变化的影响。具有良好的染色性能，可用普通分散染料进行常压沸染，而无须载体。染得纤维色泽鲜艳，色牢度及耐氯性优良。具有优良的耐化学药品性、耐光性和耐热性。

（二）应用

1. 高弹性纺织品

特别适用于制作游泳衣、连裤袜、训练服、体操服、健美服、网球服、舞蹈紧身衣、弹力牛仔服、滑雪裤、长筒袜、医疗上应用的绷带等高弹性纺织品。

2. 仿毛、仿羽绒产品

PBT 与 PET 复合纤维具有细而密的立体卷曲、优越的回弹性、手感柔软和优良的染色性能，是理想的仿毛、仿羽绒原料，穿着舒适。

3. 其他应用

PBT 纤维的长丝可经变形加工后使用，而短纤维可与其他纤维进行混纺，也可用于包芯纱制作弹力劳动布，还可用于制织仿毛织品。若用 PBT 纤维制成多孔保温絮片，则具有可洗、柔软、透气、轻薄，用 PBT 纤维生产的簇绒地毯，触感酷似羊毛地毯。鬃丝可作牙刷丝等，具有很好的抗倒毛性能。

三、PEN 纤维

PEN 纤维是聚萘二甲酸乙二醇酯纤维的英文简称，是由 2,6-萘二甲酸二甲酯（NDC）或 2,6-萘二甲酸（NDA）与乙二醇（EG）缩聚而成，其化学结构与 PET 相似，不同之处在于分子链中 PEN 由刚性更大的萘环代替了 PET 中的苯环。萘环结构使 PEN 比 PET 具有更高的力学性能、气体阻隔性能、化学稳定性及耐热、耐紫外线、耐辐射等性能。

（一）PEN 的基本性能

1. 热性能

PEN 和 PET 热性能比较见表 3-6。

表 3-6　PEN 和 PET 热性能

热性能参数	PEN	PET
玻璃化转变温度/℃	122	80
结晶化温度/℃	190	129
软化温度/℃	272~274	261~262
耐热性（长期使用温度）/℃	155	120
热膨胀系数/%	0.0009	0.0018

PEN 的熔点为 265℃，与 PET 接近，玻璃化转变温度为 122℃，较 PET 高出 42℃，可在 150℃的高温环境中长期使用，制品尺寸稳定。热收缩率小于 PET，PEN 在 130℃的潮湿空气中放置 500h，伸长率仅下降 10%；在 180℃干燥空气中放置 10h，伸长率仍能保持 50%。而 PET 在同样条件下会变得很脆，无实用价值。在 315℃有氧环境下 100min，PEN 未发生氧化降解反应。

2. 溶剂吸附性

PEN 对有机溶剂的吸附量的测定结果表明，PEN 具有很低的吸附能力，而且吸附在它表面的异物容易被除掉，回收性好，这是衡量包装材料的重要特性之一。PET/PEN 溶剂吸附性见表 3-7。

表 3-7 PET 和 PEN 溶剂吸附性

被吸附物质	树脂	浸渍时间/天				
		0.1	1	3	7	14
甲醇/%	PET	0.0006	0.70	0.80	0.720	0.65
	PEN	0.0013	0.15	0.35	0.450	0.52
丙酮/%	PET	0.0015	0.80	0.95	1.000	1.00
	PEN	0	0.10	0.23	0.255	0.30
正辛烷/%	PET	0.0035	0.075	0.100	0.120	0.12
	PEN	0	0.009	0.018	0.015	0.02
对二甲苯/%	PET	0.027	0.400	0.450	0.550	0.60
	PEN	0.0001	0.070	0.130	0.120	0.15

3. 化学性能

（1）耐化学药品性能。PEN 可与玻璃的耐化学性相媲美，除浓 H_2SO_4、HCl 和 HNO_3 外，PEN 与稀酸、烧碱溶液等大多数化学药品都不发生化学反应，且在多数有机溶剂中不会产生溶胀现象。PEN 等化学性能见表 3-8。

表 3-8 PEN 等化学性能

材料名称	温度/℃	溶剂			
		丙酮	乙酸乙酯	甲苯	甲醛
PEN	25	○	○	○	○
	60	○	○	○	○
PET	25	○	○	○	○
	60	▲	▲	▲	▲
玻璃	25	○	○	○	○
	60	○	○	○	○
聚氯乙烯	25	▲	▲	△	△
	60	▲	▲	▲	▲
聚苯乙烯	25	▲	▲	▲	△
	60	▲	▲	▲	▲

注 ○—无变化，△—少许白化、裂化，▲—白化、裂化。

（2）耐水解性能。耐水解性是衡量材料性能的重要指标之一。在水的作用下，PEN 和

PET 的分子链上的酯基都会发生水解。实验表明：PET 水解至伸长保持率达 60% 时只需 50h 即发生水解，而 PEN 需要 200h 才水解，PEN 的水解速度仅为 PET 的 1/4，耐水解性较好。

（3）气体阻隔性能。PEN 有相当好的阻气性，而且不受环境湿度的影响。同样厚度的膜，PEN 的气密性远高于 PE、PP 等通用塑料和 PA、PET 等工程塑料。结晶性 PEN 薄膜对 CO_2 的阻隔性约比 PET 高 20 倍，对 O_2 的阻隔性约比 PET 高 7 倍，对蒸汽的阻隔性约比 PET 高 3.5 倍；无定形薄膜对 CO_2 的阻隔性也比 PET 高 2 倍，对蒸汽的阻隔性约比 PET 高 1 倍，与 PVDC 的气密性相当。

（4）光学性能。在可见光范围内，PEN 呈透明状，能挡住波长小于 380mm 的紫外辐射。另外，PEN 的光致力学性能下降少，光稳定性约为 PET 的 5 倍，经放射线照射后断裂伸长率下降小，在真空和 O_2 中，耐放射线的能力分别为 PET 的 10 倍和 4 倍。

（5）电学性能。PEN 和 PET 都具有相当的击穿电压、介电常数、体积比电阻和导电率等参数，都是优良的电气绝缘材料。但是，PEN 在高温和潮湿环境下仍能保持良好的电性能，导电率随温度变化较小；PEN 在高电场强度下仍具有光致导电性。

（二）应用

由于其性能与聚苯硫醚相当，是很理想的功能材料，可作高档磁记录薄膜。PEN 可用于生产包装瓶、薄膜、纤维及工程塑料。壳牌公司开发的 PEN 树脂产品均为均聚 PEN，其性能优 PET 具有极好的耐化学性、对气体及紫外线的阻隔性、光泽性及耐热性均好，其中开发的一种低分子量的膜用 PEN 树脂（特性黏度为 0.46）和瓶用 PEN 树脂（特性黏度为 0.62）其瓶用 PEN 树脂可用于注射制品、医药和化妆品的吹塑容器，以及可蒸煮消毒的果汁、水、白酒、啤酒等包装容器。

（三）PET、PTT 和 PBT 纤维性能比较

1. 力学性能

由表 3-9 可知，PTT 纤维的初始模量低于 PET，略高于 PBT；而 PTT 纤维的弹性回复性和热收缩明显高于 PET 和 PBT 纤维。PTT 纤维的结晶度低，其断裂强度也稍低，但 PTT 纤维作为纺织原料与棉或羊毛等混纺，其强度基本满足使用。

表 3-9　PET、PTT 和 PBT 等纤维的力学性能对比

纤维	T_m/℃	T_g/℃	线密度/ （$g \cdot m^{-1}$）	强度/ （$cN \cdot dtex^{-1}$）	断裂 伸长率/%	热定形 温度/℃	染色 温度/℃	回弹性
PET	265	80	1.40	3.8	30	180	130	较差
PTT	228	55	1.33	3.0	50	140	100	较好
PBT	226	24	1.32	3.3	40	140	100	好
PLA	175	55	1.27	3.8	45	150	100	好
PA	220	50	1.13	4.0	35	140	100	较好

2. 弹性回复性

多次循环拉伸试验表明，PTT 纤维拉伸达 20%时，仍具有 100%的弹性回复性。据称，100%PTT 织物与含有 4.7%氨纶弹力丝的聚酯纤维织物有同样的弹性回复性。这是 PTT 纤维分子链结构的特征所致。表 3-10 显示了不同伸长率时 PTT、PET 和 PBT 等纤维的弹性回复性。

表 3-10 不同伸长率时 PTT、PET 和 PBT 等纤维的弹性回复性比较

伸长率/%	PET（75dtex/36f）	PTT（75dtex/24f）	PBT（75dtex/36f）	PA6（70dtex/24f）
10	65	87	78	80
20	42	81	66	67

3. 柔软性能

PET、PTT 和 PBT 三种纤维的挠曲模量分别为 3.11GPa、2.76GFa 和 2.34GPa；杨氏模量分别为 10.3GPa、9.7GPa 和 9.65GPa。PTT 织物的手感柔软性比 PET 织物好，细度为 3.3dtex 的 PTT 织物与 2.2dtex PET 织物的柔软性相同，与同一细度的锦纶织物的柔软性近似。因此，在常规染整加工时，无须经碱减量加工。PTT 等纤维的耐碱性能如图 3-36 所示。若需要碱减量处理，其工艺条件应比 PET 更剧烈，NaOH 浓度一般为 100g·L^{-1} 左右。

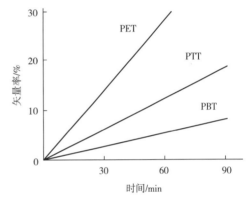

图 3-36 PTT 等纤维的耐碱性能
（NaOH 70g·L^{-1}，98℃）

在服装面料和室内装饰用布方面，PTT 纤维与其他常用的合纤相比，最具挑战性的特征是：高回弹性和柔软性。这两个方面的性能，正好与近年广大消费者要求的舒适、形态稳定的弹性织物不谋而合。

4. 耐化学品性能

PTT 纤维的耐化学品性能与其他合成纤维比较见表 3-11。

表 3-11 PTT 纤维与其他纤维的耐化学品性能比较

化学品	PTT	PA6	PA66	PET
氯 1%	++	−−	−−	++
盐酸 5%	++	—	—	++
烧碱 5%	++	++	+	—

注 在 72~110℃的溶液中处理 120h，单丝强度的变化：++强度最好，−−强度最差。

5. 染色性能

合成纤维用分散染料染色，其染色温度必须在该纤维的玻璃化温度以上（能染成深色）。PTT 纤维的玻璃化温度为 55℃左右，比 PET 纤维的 80℃低 25℃；故染色性能明显优于 PET

纤维，可在常压下沸染，并可获得坚牢的色泽。在相同的染色温度下，就分散染料对纤维的渗透性，PTT 明显好于 PET。

6. 抗污性能

PTT 纤维有良好的抗污性，被广泛应用到地毯生产。由于 PTT 纤维的奇碳效应，使其具有较小的表面张力。另外，PTT 纤维的表面光滑，静电性较低，不易吸附空气中的灰尘。因此，PTT 纤维具有良好的拒油和易洗涤性能。

项目六　竹炭纤维

竹炭素有"黑钻石"的美誉，在国际上被誉为"二十一世纪环保新卫士"。竹炭天生具有的微孔更细化和蜂窝化，与具有蜂窝状微孔结构趋势的聚酯改性切片熔融纺丝而制成。该纤维最大的与众不同是每一根竹炭纤维都呈内外贯穿的蜂窝状微孔结构。这种独特的纤维结构设计，能使竹炭所具有的功能 100% 地发挥出来。竹炭纤维的诞生，是纺织多功能原料一次革命性的创新。

竹炭纤维是运用纳米技术微粉化的竹炭经过高科技工艺加工，采用传统的化纤工艺流程。以聚酯纤维、尼龙、黏胶纤维等为载体混合纺丝成型得到的具有吸附性能的功能纤维。目前已经生产并投入市场上使用的有竹炭聚酯纤维、竹炭黏胶纤维、竹炭丙纶纤维等产品。

一、竹炭纤维原料——竹炭的制备

竹炭纤维的加工第一步是竹炭加工，然后将竹纤维拉长并与化纤、棉线等交织在一起。目前竹炭生产主要有干馏热解和土窑直接烧制两种方法。竹材炭化的工艺一般包括备料、热解、存放、加工和包装等工序。竹炭的优劣与竹子本身的物理性质、炭化时间、精练温度等工艺因素有关。选择台湾孟系竹、桂竹等优质原料，其表面积大，即竹炭组织中的空隙更多，矿物质含量丰富，吸附能力更强。竹材的炭化温度不同，炭化的产物及组分也有变化，炭化过程包括预炭化和炭化两个阶段，竹炭的炭化终点温度与精练温度有着密切的关系，炭化终点温度升高，竹炭精练度得到提高，即精练度等级数值减少。采用高科技的气流粉碎方法可保证其保健性能也大大提高。

二、竹炭的结构和作用

竹炭为多微孔材料，孔径在 2nm 以下，具有较大的比表面积，可高达 $700\text{m}^2 \cdot \text{g}^{-1}$，所以竹炭的吸附能力非常好。因此以有吸附性的竹炭纤维为基布，以优质的活性炭微粉为吸附材料，通过纺粘与后整理工艺将它们黏合在一起，制成活性炭非织造布。此类非织造布吸附性能优异，具有抗菌作用，可直接吸附人体异味、油烟味和甲醛等。竹炭主要由碳、氢、氧等元素组成，质地坚硬，细密多孔，其吸附能力是同体积木炭的 10 倍以上，所含矿物质是同体积木炭的 5 倍以上，因此具有良好的除臭、防腐、吸味的功能。

纳米级竹炭微粉还具有良好的抑菌、杀菌效果。竹炭可以吸附并中和汗液所含有的酸性物质，达到美白皮肤的功效。而且竹炭还是很好的远红外和负离子辐射材料。它不仅具有自然和环保特性，更有发射远红线、负离子以及蓄热保暖等多种功能，适用于贴身衣。竹炭的功能具有永久性，不受洗涤次数的影响。

竹炭纤维横截面具有丰富的蜂窝状空隙分布，边缘呈不规则形状；纵向表面光泽均一，有较浅沟槽。这种蜂窝状微孔结构（图3-37）使竹炭纤维具有较好的吸湿透气性与蓄热保暖性。

 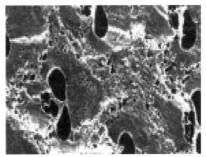

图 3-37 竹炭纤维的蜂窝状结构

三、竹炭纤维的性能

由于竹炭纤维具有独特的纤维结构，因此，其纤维具有抗菌、吸湿透气、绿色环保等多种优异性能。

（一）自调湿性

由表3-12可看出，竹炭纤维的平衡回潮率和保水率均高于黏胶纤维、棉纤维，在蜂窝状微孔结构及较高的回潮率和保水率两者共同作用下，竹炭纤维具有自动调湿性能。当人体湿度较高时，竹炭纤维能够快速吸收并储藏水分，使人体湿度下降至舒适状态；而当人体湿度较低时，竹炭纤维又可把储藏的水分释放出来，在皮肤表面形成一种舒适的微气候环境，起到自动调节湿度的效果。

表 3-12 三种纤维的吸湿性指标

指标	竹炭纤维	黏胶纤维	棉纤维
平衡回潮率/%	13.6	13	8.5
保水率/%	96.1	41.8	19.5

（二）吸湿快干性

竹炭纤维对水分子有较强的吸附功能，可快速吸收湿气和水分，同时，其内部及表面均为蜂窝状多孔结构，纵向表面存在多条沟槽，形成水分子的通道，可快速吸收人体皮肤排出的汗液与湿气，并扩散至周围环境中，导湿性好，始终保持皮肤干爽、舒适。

（三）蓄热保暖性

竹炭纤维的远红外发射率高达 87%，高于其他远红外纤维，能够吸收、反射太阳光中与人体远红外频率一致的远红外线，与人体间产生共振吸收，产生热量，使人体升温速度快于穿着其他面料织物，并有利于促进人体血液循环与新陈代谢；竹炭纤维的蜂窝状微孔结构，可以存储大量静止空气，具有天然的保温功效，制成冬季服装既可减轻衣服重量，又可蓄热保暖。

（四）抗菌性

竹炭纤维的抗菌功能是由其独特的分子结构决定的。一方面，它可以吸收水分中的 H^+，放出 OH^-，pH 可达 7.5~8.5，呈现弱碱性，可以吸附细菌、病毒等有害物质，而且竹炭纤维释放的负离子可使细菌等微生物的分子结构发生改变，将其杀死；另一方面，竹炭纤维具有自调湿和吸湿快干性，不会给微生物提供生存的潮湿环境，这些都极好地阻碍了竹纤维织物表面细菌、病毒等的繁殖，为皮肤创造一种健康的环境。

（五）吸附除臭性

竹材本身属于一种多孔介质材料，热解炭化后形成的竹炭表面与内部具有较多孔隙，比表面积大，经测试 $1cm^3$ 竹炭的比表面积可高达 $350m^2$，具有极强的吸附能力。竹炭吸附能力是木炭的 5 倍多，能有效吸收和分解人体异味、空气中的粉尘、苯、甲苯、甲醛、氨等有害物质。据测试，普通黏胶纤维对氨的除臭率仅为 17.4%，而竹炭黏胶纤维对氨的除臭率可高达 54%，而且持续吸附时间长。

（六）保健功能

负离子浓度高，增强人体免疫能力。经过检测，竹炭纤维面料能持续释放负离子，负离子发射浓度可高达 6000 个·cm^{-3} 左右，相当于田野中的空气舒适度，有助于提高睡眠质量，增强人体免疫力；竹炭纤维中含有钾、钙、钠、镁、铁等多种矿物质，有益于促进人体健康，起到较好的保健功效。

（七）其他

除了上述功能外，由于竹炭纤维特殊的蜂窝状结构，使其还具有一定的导电性，能够起到抗静电和电磁辐射的作用。竹炭纤维中含有碳化钙，对入射的紫外线有良好的折射作用，可防止紫外线透过。研究显示，竹炭纤维织物的紫外线透过率小于 2%。竹炭纤维织物易洗快干、抗起毛起球性能好，具有优异的服用性能。

四、竹炭纤维的应用

竹炭纤维是近年来迅速发展起来的一种新型功能性纤维。由于竹炭在高温煅烧过程中内部会形成许多蜂窝状的多孔结构，具有优异的吸湿性、吸附性、抗菌除臭性，以及远红外与负离子发射性能，在纺织领域备受青睐，已广泛应用于服装、家纺、医用及产业用纺织品领域，具有广阔的发展前景。

（一）服用纺织品

竹炭纤维具有优异的吸湿排汗性、抗菌性、吸附性以及远红外保健功能，并可自动调节湿度，其功能性不会受到洗涤次数的影响，特别适合生产内衣、运动休闲等服装。可将竹炭纤维与棉、麻、丝、毛、黏胶等纤维进行混纺，开发出的功能性面料可综合多种纤维的性能。由于竹炭纤维的保健功能与防电磁辐射性能，尤其适宜制作婴幼儿、孕妇及老年人的保健防护服装。

（二）家用纺织品

竹炭纤维具有远红外发射性能，其制作的暖被，具有极好的保温性，并可促进血液循环，改善人体微循环系统，而且竹炭纤维暖被可以抑制微生物等的生长，不会对皮肤造成危害。竹炭纤维制成的床垫能起到除湿除臭的功效，其发射的负离子可对关节炎及皮肤病患者有辅助治疗的作用。竹炭纤维生产的被子、床单、枕头、床垫等产品，可以有效吸附房屋中建筑装饰材料所产生的有害气体，同时具有蓄热保暖的功效。竹炭纤维的应用如图 3-38 所示。

（a）竹炭纤维抹布　　　　　（b）竹炭纤维枕头　　　　　（c）竹炭纤维床垫

图 3-38　竹炭纤维的应用

（三）产业用纺织品

传统的医用纺织品，如手术衣帽、纱布、绷带、手术缝合线等，一般都为棉纤维制品，强度低，容易粘连。利用竹炭纤维的绿色环保、抗菌、消炎等特性，可与棉纤维等进行混纺制备竹炭纤维医用纺织品，有利于减少疾病的传播，益于人体健康。远红外竹炭纤维护踝家用弹力运动防寒护膝如图 3-39 所示。

由于汽车内部装饰后易产生甲醛等有害气体，利用竹炭纤维超强的吸附性能，生产汽车靠垫、坐垫、抱枕等车用织物，可以吸附车内灰尘、异味和产生的静电，保持车

图 3-39　远红外竹炭纤维护踝家用弹力运动防寒护膝

内空气清新，创造舒适的车内环境。竹炭纤维具有抗菌除臭、防电磁辐射、远红外与负离子发射功能，可制作空气粉尘过滤材料、军事防护服、防电磁辐射面罩等特殊的防护用品。利用竹炭纤维的远红外与负离子发射功能，可将其作为涂料添加剂，制备环保型墙体保暖材料。

项目七　石墨烯纤维

一、石墨烯纤维的结构

石墨烯是一种由碳原子构成的单层片状结构、只有一个碳原子厚度的二维材料。2004年，英国曼彻斯特大学成功地在实验中从石墨中分离出石墨烯，从而证实它可以单独存在，该项研究获得了2010年诺贝尔物理学奖。

目前石墨烯是世上最薄却也最坚硬的纳米材料。石墨烯几乎完全透明，只吸收2.3%的光，导热系数高达5300W·(m·K)$^{-1}$，高于碳纳米管和金刚石，电阻率只约$10^{-6}\Omega\cdot cm$，比铜或银更低，为目前世上电阻率最小的材料。因为它的电阻率极低，电子迁移的速度极快，因此被期待可用来发展出更薄、导电速度更快的新一代电子元件或晶体管。由于石墨烯实质上是一种透明、良好的导体，也适合用来制造透明触控屏幕、光板甚至是太阳能电池。

石墨烯纤维是一种不规则层状纤维，相比于石墨材料，石墨烯纤维内部的结构不规则，而且存在很多缺陷和化学官能团，其层间距也通常大于石墨的层间距（0.335nm）。石墨烯结构如图3-40所示。然而，正是因为内部存在这种不规则结构，使得各层间的结合力较石墨中各层间的范德瓦耳斯力相互作用更强。这种层叠式结构的制备成本低，可与聚合物材料进行复合，制备高性能纤维增强复合材料。图3-41和图3-42为石墨烯纤维的两种形态。

图3-40　石墨烯单原子层
形成的二维结构

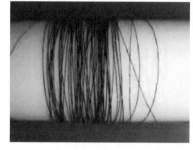

图3-41　一根4m长的
石墨烯纤维

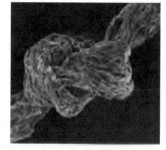

图3-42　石墨烯纤维
打成的结

二、石墨烯主要性能

（一）强度

石墨烯是已知强度最高的材料之一，具有很好的韧性，且可以弯曲。石墨烯的理论杨氏模量达1.0TPa，固有的拉伸强度为130GPa，为芳纶1414（Kevlar）纤维的36倍，是强度较高的聚酯工业丝的140倍，可抗击高强度冲击。如图3-43所示，模拟了子弹穿透石墨烯材料的过程。

图 3-43　子弹穿透石墨烯材料的过程模拟

（二）热性能

纯净无缺陷的单层石墨烯的导热系数高达 $5300W \cdot (m \cdot K)^{-1}$，是迄今为止导热系数最高的碳材料，分别为单壁碳纳米管和多壁碳纳米管的 1.5 倍和 1.8 倍。当它作为载体时，导热系数也可达 $600W \cdot (m \cdot K)^{-1}$。因此，石墨烯是一种热传导性能极佳的功能性材料。

（三）光学性能

石墨烯在可见光范围内的光波吸收极低，因此，看上去几乎是透明的。对于多层石墨烯分子，厚度每增加一层，吸收率仅增加 2.3%。因此，具有较大面积的石墨烯薄膜同样可以保持其优异的光学特性，且其光学特性可通过改变石墨烯分子层的厚度进行可控式调节。

三、石墨烯纤维的应用

由于石墨烯的规模化制备成本仍较高，目前，主要采用将石墨烯纤维添加至其他基质材料中来提升整体材料的性能，并已在能量转换和存储、传感、电子等领域取得了一系列进展。

（一）功能性织物后整理

将石墨烯材料通过纺丝成型或纺织后加工整理到传统纺织纤维的表面或内部，可使纺织纤维获得功能化特性，从而制备多种具有不同性能的纺织品，如导电织物、阻燃织物、抗菌织物、抗紫外线织物、疏水织物等。我国浙江大学高超教授团队率先用连续湿法纺丝制得石墨烯长丝。基于该项技术，市面上涌现了一批新型石墨烯纺织品，如发热内衣等。

（二）超级电容器

超级电容器是利用电极材料对电解质离子的快速吸附—脱附或电极材料表面可逆的氧化还原反应，实现电能存储的新型能源存储装置。石墨烯超级电容器（图 3-44）由于其质量轻、体积小、柔性高、可穿戴性好的优点，是发展柔性可穿戴设备的优选能量来源。目前，我国研究开发的石墨烯超级电容器具有很好的韧性，可以编织到织物中，且充电后能够点亮 LED 灯。

图 3-44　石墨烯超级电容器

（三）锂离子电池电极

石墨烯纤维作为锂电池的负极材料，相较于传统石墨具有更高的容量和循环稳定性，更重要的是可以实现与柔性电子器件的串联和稳定工作。不过，目前将石墨烯纤维用于锂离子电池并组装成柔性可穿戴电池的研究还较少，因其组装过程相对复杂，实现其连续化生产的方法还有待进一步探究。

（四）传感器

柔性可穿戴设备对环境中电、湿度、力、温度等结构变化做出高效响应是未来发展趋势，石墨烯纤维在响应性智能器件的应用中表现出卓越的潜能。目前，石墨烯纤维材料已可实现在不同电信号驱动下发生弯曲形态和导电性能的可控响应，是具有广阔市场前景的新一代智能传感器。

尽管当前石墨烯纤维仍面临着生产成本高、制备工艺复杂、连续规模化生产困难的问题，但还是在短短十年内取得了长足发展。纯石墨烯纤维和石墨烯复合纤维的开发是未来的发展方向，在航空航天、国防军工、能源传感、智慧生活等领域具有广阔的应用前景。

项目八　远红外纤维

远红外纺织品是指在常温下具有吸收和发射远红外线功能的纺织品。按其制作方法的不同分为两类：一类是整理型，将具有远红外线功能的介质涂覆在织物上；另一类是用远红外线功能纤维加工而成的纺织品。远红外线纤维是指在合成纤维的加工过程中，加入具有远红外线的发射体，制成的纤维在使用过程中发射一定波长的远红外线，同时能吸收阳光或人体等辐射的远红外线，使自身温度升高，具有特殊的保健、理疗功能。

一、远红外辐射的基本原理

在电磁波谱中，红外线的波长为 $0.76 \sim 1000\,\mu m$，一般把波长大于 $5\,\mu m$ 的红外线称作远红外线，其能量主要以辐射形式直接作用于物体。量子力学研究表明：光的吸收是原子和分子级的现象，生物体中原子级的吸收发生在 $200\,\mu m$ 以下的紫外区域，分子级的吸收发生在红外区域，其中分子振动能级介于 $2.5 \sim 25\,\mu m$。不同波长的电磁波，具有不同的能量，根据光谱匹配原则，光谱特性相同的物体之间有很好的相互作用，生物体对远红外辐射的反射、透射与吸收都有特定的选择，生物体选择吸收的远红外线波长为 $4 \sim 14\,\mu m$。因此为获得较好的效果，所选用的远红外辐射材料应在上述生物体吸收的波长范围有较高的辐射率。

生物大分子的功能基团、水等吸收远红外辐射的能量，使分子的振动能级产生变化，使本身温度升高，产生温热感，也就是远红外辐射的温热效应。另外，生物大分子吸收红外光谱能量后，使分布在各种振动能级的分子异构化，形成其他构型，表现出生物体的电磁特性：改善生物体分子活性，引起细胞共振，提高细胞再生能力，促进生物合成代谢，调节肌体代谢和免疫功能。在生物医学上，表现为生物体内微血管扩张，加速血液循环，加强体内的代谢功能，产生理疗、保健作用。

远红外功能的产品主要在 $4\sim14\mu m$ 波长范围具有远红外线的辐射能力，可以吸收阳光中的光谱能量，同时也吸收人体散发的光谱能量，以远红外的形式释放出来，表现为保暖、保健的功效。

二、远红外功能材料

远红外纤维中加入的远红外功能材料，通常是指具有远红外辐射性能的微粉。要制作性能优异、具有远红外功能的纤维，关键是选择合适的远红外功能材料，主要把握以下几个原则。

（一）功能性

生物体对 $4\sim14\mu m$ 波长远红外线有吸收，特别是在 $4\mu m$、$6\mu m$、$7\mu m$ 以及 $12\mu m$ 处有较强的吸收，因此需选用在人体温度，即 $36.5\sim37℃$、$4\sim14\mu m$ 波长范围，具有较高辐射率的远红外发射体，一般远红外发射率65%以上可用作远红外功能材料。很多无机化合物，如氧化物、碳化物、硼化物等都具有远红外辐射特性，常选用的是氧化物，如三氧化二铝、氧化锌、氧化锆、氧化镁、二氧化钛以及二氧化硅等。由于远红外辐射是晶格振动的结果，一种材料不可能在一段波长范围，都具有较高辐射率，利用多种材料的互补效应，一般选用多种上述物质的混合物，做远红外功能材料。

（二）加工性

远红外材料在纤维中的加入影响纤维的生产过程。加入量与功能性成正比，但加入量大纤维物理性能差，加工性能下降；加入量太少则功能性不强。一般加入量控制在 3%~15%，如果母粒的远红外发射率高，4%~5%的加入量，就可得到较好的功能。同时用于纤维生产的远红外材料，要有较好的表面性质；分散性好，能在聚合物熔体中均匀分散，粒子不会出现凝聚；粒度小，母粒中功能性材料的粒度越小，纤维的功能效果越好，纺丝过程越顺利。普通的服用性聚酯单丝直径在 $10\mu m$ 左右，为了保持纤维良好的物理性质，短纤维纺丝要求远红外材料的粒径小于 $5\mu m$，长丝纺丝要求远红外材料粒径小于 $3\mu m$，一般在 $0.001\sim2\mu m$。

（三）安全性

在考虑材料功能性的同时，还必须考察其使用属性，也就是材料可纺性和服用性的评价。一方面纺丝过程中材料的化学物理性能稳定，不会分解，具有良好的纺丝加工性，也就是功能材料要具有耐温性和分散性，一般的有机物都无法满足这一要求；另一方面作为服用产品，性能必须稳定且无毒、无害，不伤害人体，不污染环境。

三、远红外纤维的应用

远红外纤维可以制备如仿羽绒踏花被、非织造布、袜子、针织内衣裤等家用生活品。这些产品除了满足基本应用外，主要凸显它们的保健功能，远红外纤维的应用见图3-45。

（a）远红外功能冬被

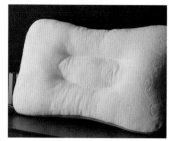
（b）多功能护颈保健枕

（c）多功能冬被

图 3-45　远红外纤维的应用

项目九　负离子纤维

负离子纤维面料是现代纺织技术和负离子功能纤维的完美结合，人体穿着后，在人体运动过程中，能加速空气负离子的散发。研究表明，人体 82% 的负离子是通过皮肤吸收的，通过负离子纤维面料与人体皮肤直接接触来发挥负离子面料的保健功能，也是负离子产品作用人体的一种有效途径。由此可见，研究和开发具有释放负离子功能的纤维面料具有了重要的现实意义。

一、负离子的发生机理与功效

（一）负离子的产生原理

负离子是指带一个或者多个负电荷的离子，是原子或者原子团获得电子后所形成的带负电粒子。早在 20 世纪 80 年代末，负离子材料就开始受到了人们的追捧。负离子的产生有两种方式：自然产生和人工产生。

自然产生的负离子主要是由宇宙射线、阳光紫外线、岩石土壤中的放射性元素放出的射线激发，以及雷电电击、风暴、瀑布、海浪的冲击摩擦等作用使得大气中气体分子的外层电子摆脱原子核的束缚逃逸，这些电子由于自由程极短，很快附着在某些气体或者原子上，成为空气负离子。雨水的分解、植物的光合作用所产生的新鲜空气，也含有负离子。人工产生最常见的方法是使用高压静电场或者高频电场，用放射线、水的撞击或者摩擦作用等方法使得空气电离。空气负离子被誉为"空气维生素"，被视为支撑宜居城市与宜居社区的第一要素。常见的负离子释放材料见表 3-13。

表 3-13　常见的负离子释放材料及成分

材料名称	主要成分
含放射性元素的天然矿石	含微量天然钍、铀等放射性物质的矿石
电气石（奇冰石）、奇才石、蛋白石等晶体材料	电气石是含硼的硅酸盐物质；奇才石主要是硅酸盐和铁、铝等氧化物的无机系多孔物质；蛋白石是含水非晶质或胶质的活性二氧化硅，还含有少量 Fe_2O_3、Al_2O_3、Mn 和有机物等

续表

材料名称	主要成分
海底沉积物、珊瑚化石、海藻碳	硅酸盐和铝、铁等氧化物为主的无机系多孔物质
光触媒材料	二氧化钛
复合负离子发生材料	通过一定的加工，将两种及以上的天然矿物质混合成一种具有释放负离子功能的物质

（二）负离子的保健作用

1. 抗菌抑菌作用

由于负离子材料周围存在着强电场，而细菌受到电场作用及其所形成的 $0.06mV \cdot A$ 微电流作用时，会被杀死或抑制其分裂增生。且细菌大多带正电荷，在空气中被大量负离子所中和，使其失去增生与繁殖的条件。

2. 辐射远红外线功能

负离子添加剂的单元体在做热运动时，相应的偶极矩发生变化，使得极性分子激发到更高的能级，当它们向下跃迁时，会以远红外线的方式释放多余的能量。远红外线具有改善血液循环、放松肌肉、缓解关节疼痛、调节神经系统等多项对人体有益的功能。

3. 抗电磁波辐射功能

负离子带负电可以中和电磁波的正电性，同时添加剂吸收电磁波，一方面转化为远红外线发射，另外也可以刺激添加剂发射更多的负离子，正向增强负离子材料的抗电磁波的功能。

（三）负离子对人体的影响

影响细胞的电位，能促进细胞的新陈代谢，增加机体的免疫功能；能增加细胞的渗透性，增加吸氧量，改善肺功能；能调整血液的酸碱度，使其呈弱碱性，并具有表面活性剂的作用，使血管中胆固醇分散、减轻絮凝状，使血液流畅；呼吸富有负离子的空气，具有安定神经、改善睡眠质量、减轻或消除疲劳的功效；具有消炎止痛的功效，对某些疾病有辅助治疗的作用。

二、负离子纤维面料的加工方法

负离子纤维面料的加工方法主要有两种，一是通过研制具有释放负离子功能的纤维，再织造成纤维面料；二是通过织物的后整理技术来使得织物具有释放负离子的功能。

（一）负离子纤维的制备方法

制备负离子纤维主要有常见的三种方法。

（1）表面涂层法。即在纤维的后加工过程中，通过树脂共混技术和表面处理技术将电气石等能激发负空气离子的无机物微粒的处理液固着在纤维的表面上，表面涂层法一般采用涂层、浸渍、喷雾三种工艺方法。

（2）共聚法。即在聚合过程中将负离子添加剂加入，制成的切片具有释放负离子的功能，最后再进行纺丝。

（3）熔融纺丝法。即向聚合物熔体或者纺丝液中加入负离子母粒进行纺丝而制成的负离子纤维。

（二）织物后整理法

后处理改性是指在织物漂染过程中，利用含有负离子释放材料的处理液对织物进行浸渍、浸轧或涂覆处理，使负离子释放材料通过物理吸附、热固化或化学反应固着于织物表面，从而赋予纺织品负离子释放功能。相对于负离子纤维织造制备纺织品，织物后整理法具有操作技术简单，服务对象种类多，可将负离子释放材料处理液直接应用于各种材料的织物、成衣或其他纺织制品上，是目前国内外制备负离子纺织品的常用方法。程浩南等采用电气石粉体作为负离子释放材料，利用聚乙二醇与水性聚氨酯按照一定配比对电气石粉体进行改性制备超细负离子整理剂，浸渍处理聚酯织物 0.5h，再进行烘焙处理，负离子功能纺织品的负离子释放量可到 2000 个·cm^{-3} 以上，达到增强人体免疫力和抗菌力的浓度。杨宏林等以纯棉织物作为研究对象，采用负离子整理剂进行后处理，当整理剂中负离子质量浓度 80g·L^{-1}、pH 为 3~5，处理工艺中烘焙温度 130℃、烘焙时间为 2min 时，处理的纯棉织物的负离子释放量最高，可达 2050 个·cm^{-3}。

三、负离子纤维面料的开发与应用

随着负离子纤维纺织技术的不断发展完善，负离子纤维面料在生活中的应用也不断被拓展，已经广泛应用于服装、家居日用品、医疗等生活领域。

1. 服用纺织品

将负离子面料用于衣物上能杀菌消毒。如浙江棉田针织有限公司研发的海藻针织面料有着强大且持久的抗菌抑菌功能，在保持人体健康的同时，可增强人体自身的免疫力；负离子纤维面料用于秋衣秋裤上能做到蓄温保暖，使穿着更加舒适；负离子纤维面料也可用于运动服上，能有效缓解肌肉疲劳，促进新陈代谢。也可将负离子面料用于护具上，护具类多半是包裹在关节上，而人体的重要穴位大多位于关节上，像负离子护腕佩戴于手腕处，能有效地刺激内关穴和外关穴，对心脏有保养之效。

2. 家用纺织品

在家居日用方面，负离子纤维面料能用来制作窗帘、被套、床套、蚊帐、理疗枕等，在达到净化密闭空间的空气的同时，也有一定的保健效果，特别是在搬入新居后，负离子面料所释放出来的负离子能有效吸附装饰材料留下来的甲醛和挥发性物质。负离子纤维护颈枕如图 3-46 所示。

图 3-46　负离子纤维护颈枕

3. 产业用用纺织品

江苏旷达纤维科技有限公司研发出了一种负离子聚酯纤维面料（POY），使用于汽车座椅、汽车顶棚、仪表盘、门饰板上使车内环境更安全、健康、环保。负离子纤维面料在医疗方面可用来制作防护服、手术服、卫生用品（口罩等），这类材料能有效减少医源性的交叉感染和细菌感染。

项目十　离子交换纤维

最初的离子交换纤维是指存在生物中的天然纤维素，但是由于其吸附容量小，改性效果差以及再生性能较弱，导致其实用价值低。如今，通过单体共聚法、辐照接枝法、化学接枝法可以制得阳离子、阴离子、两性离子和螯合型离子交换纤维，以化学接枝法制得的离子交换纤维在动力学性能、循环再生性能得到较大提升且应用形式多样。

一、离子交换纤维的分类

离子交换纤维的离子交换能力是由固定在纤维高分子化合物骨架上的活性基团的性质决定，这些活性基团的种类和解离程度决定了其酸碱性及强弱。根据纤维上活性基团的种类与离解程度可将其分为以下四类。

（一）阳离子交换纤维

在纤维素上引入酸性的离子基团，如—COOH、—PO$_3$H 和—SO$_3$H 即可制得弱酸性和强酸性离子交换纤维。

（二）阴离子交换纤维

在纤维素上引入碱性的离子基团，如伯胺、仲胺、叔胺、季铵、苯乙烯或吡啶等基团，即可制得阴离子交换剂。

（三）两性离子交换纤维

两性离子交换纤维分为弱酸弱碱、强碱弱碱、强酸弱碱、强酸强碱四种。

（四）螯合型离子交换纤维

螯合离子交换纤维是一类能与金属离子形成络合物的纤维状吸附功能材料，是继离子交换螯合树脂后发展起来的一种新型高效吸附材料。螯合纤维与传统颗粒状的螯合树脂相比具有以下优点：

（1）直径小，比表面积大。直径小，其纤维直径比其他球状树脂的平均值小 1~2 个数量级；比表面积大，其比表面积比凝胶型球状树脂大 100 倍，也比大孔树脂的比表面积要大 5~6 倍。

（2）具有高的选择吸附性、更快的吸附速率、更高的吸附容量和脱吸附速率。

（3）具有良好的机械强度、抗酸碱性和稳定性。

（4）制备容易、应用灵活，可以制成线、无纺布、各种纺织织物等多种形式。

螯合纤维可用于回收、浓缩、富集、分离、分析金属离子。因此，在金属资源保护、工业废水处理、环境保护、生物化工和海洋资源利用等方面得以广泛应用。

二、离子交换纤维的机理

纤维素的每个环状大分子含有三个羟基（—OH），分别是位于 2、3 位的仲羟基，6 位的伯羟基，这三个羟基可以发生醚化、氧化、酯化等反应，从而引入具有酸性、碱性等离子基团，使纤维素发生改性，使其既能够保持纤维的结构，又具有离子交换的性能，这样的物质称为离子交换纤维。但是，总体来说，纤维的基体结构会因为功能化或接枝反应等作用受到一定的损伤，离子交换纤维的强度也有所降低。

离子交换纤维进行离子交换过程一般包括以下七个过程：①离子交换纤维外主流体的对流扩散；②周围静止液在膜中的扩散；③内部离子的扩散；④离子交换纤维中离子与固定基团的化学离子交换反应；⑤交换离子的扩散；⑥交换离子通过停滞液膜的扩散；⑦交换离子在主流体中的对流扩散。在这七个过程中，①与⑦、②与⑥、③与⑤是性质相同的过程。

降升平研究了超声波对于离子交换纤维吸附效果的影响。结果表明，在频率为 20kHz 的超声波作用下，纤维对铜氰络合物的吸附率提高了 7% 左右。超声波能强化纤维的吸附过程可能是加速了金属氰络合物离子向纤维本体的扩散速率，产生的"微扰效应"强化了纤维表面的活性基团对金属氰阴离子的交换速率，从而强化了吸附过程。

三、离子交换纤维的应用

（一）分离和净化气体的作用

对气体的分离和净化主要是因为离子交换纤维材料的特殊骨架，使得离子交换纤维的吸附速度快，吸附的容量也相对较大。由于 IEF 的反应是可逆的，所以纤维材料也是可以再生的，反应是在材料颗粒中进行的，也不用考虑空气对反应的阻力作用。

对于离子交换纤维的运用除了在通风装置的应用，还有人体呼吸器官的保护方面也是比较多见的。用离子交换纤维制作的防毒面具的优点是不仅质量轻，而且防毒的效果也比较明显，能够很好地保护呼吸系统。

对离子交换纤维的运用不仅可以在通风装置和防毒面具方面，还可以考虑在防护服方面的运用，因为离子交换纤维具有透气性好，并能透湿和吸附有害的物质。针对部分工厂的工作可能会对工人的身体造成伤害，就可以运用离子交换纤维做成的防护服来保护身体不受伤害。根据搜集的资料，离子交换纤维正在被用在军人的防护服方面，这些防护服由阳离子交换纤维层、阴离子交换纤维层、棉纤维层组成，三层的功能是不同的，具体的功能分别是对碱性物质、酸性物质、保暖吸汗。

（二）对工业废水和微量元素的处理

离子交换纤维可以被用在水的净化、吸附有害的物质等方面，主要是因为离子交换（IEF）纤维既有吸附的作用，又有洗脱快的特点，可以方便快速地对水溶液进行处理。

不同类型的离子交换纤维具有不同的功能，可以处理不同性质，含有不同物质的溶液。在对工业废水处理之前，要明确废水中的主要离子种类和类型，根据所带电荷、溶液 PH 值的不同选择合适的纤维材料。

（三）运用到湿法冶金

离子交换纤维在近几年逐渐地被运用到湿法冶金的领域，主要的冶炼对象是金、银等金属。我国和世界上少数的国家掌握了这门技术，并进行了发展。

在南非，把离子交换纤维材料运用到了氰化金的冶炼方面，这样做的根据是，离子交换纤维具有选择性吸附的特点，对不同的氰化金表现出不同的吸附作用。我国学者通过新型的纤维材料对三价金进行冶炼，可以还原三价金为零价金，并且新型纤维材料还具有螯合容量，这些都对冶金有利的方面。

日本主要是对海水中富集提出铀，这样做是靠潮汐提供动力获得了一定分量的铀。日本的离子交换纤维在海水提铀方面是很成功的，使得海水提铀成为现实，并能保证一定的产量。

（四）用于生化工程及天然产物的分离萃取

对小分子有机酸的生产是常见的，主要的方法是，经过一系列复杂的过程而产生，这个过程中有培菌发酵等要求较高的步骤，这个过程需要的时间比较长，并且使用的仪器很多，原材料的使用和投入比较高的，造成了很高的成本。同时由于中间产生了硫酸钙，所以对环境的威胁也是比较大的。解决这些问题就要靠离子交换纤维进行有机酸的分离提取，减少有害物质的产生，减少设备，进而减少有机酸生产的成本，并且这样生产的有机酸纯度高，产量也高。

（五）卫生及医用纺织品方面的应用

随着医学技术的不断发展，各个学科不断地相互渗透，离子交换纤维材料在医学上的应用也越来越多，人类对离子交换纤维材料探索的脚步从来没有停止过，并且不断地把两者进行融合，促进了医学的发展，对人类的健康做出了一定的贡献。

日本的医学界已经把离子交换纤维运用到了抗菌和防臭方面，主要运用辐射和改变功能以及纤维的浸渍物制备抗菌物，同时还可以运用螯合纤维的特性制备除臭部分。

（六）其他领域的应用

除了以上叙述的关于离子交换纤维的使用领域外，离子交换纤维材料还被运用到花卉、蔬菜的培养上，并已经取得了一定的效果，为人们带来了方便，主要的做法是运用纤维材料制作一种新的土壤，这种土壤可以为蔬菜花卉的生长提供他们所需要的环境，并且能够提供各种植物生长必需的营养。这种新型的纤维材料使用的空间小，使用的年限长，并且使用简单、干净。

项目十一 低熔点纤维

低熔点纤维一般是指加热到 110~150℃，皮层即可融化并产生黏结的皮芯或并列结构纤维，是利用热黏合工艺生产非织造布的重要原料。低熔点纤维约 20 世纪 70 年代问世，它是一种合成纤维，具有较低的熔点，用于热熔黏结等材料及其制品的开发，通常可由聚酯、聚酰胺、聚丙烯等聚合物共聚、共混或改性后，经熔融纺丝法制得。这类纤维因其自身高温熔融，无须化学黏合剂，从而减少污染、降低成本，作为热熔黏结材料，颇受欢迎，广泛应用于高档服装、家用纺织品、医用卫生、工业应用等领域。

一、低熔点纤维分类

低熔点纤维按组分特点可分为单组分和复合组分。单组分低熔点纤维根据组分原料不同主要包括聚丙烯、聚酯、聚酰胺等；复合组分低熔点纤维根据组分原料不同主要包括聚烯烃类复合纤维、聚酯类复合纤维两大类。复合低熔点纤维进一步根据截面差异可分为皮芯型、并列型、海岛型和橘瓣型等。目前市场上主要的低熔点纤维种类及代表产品见表3-14。

表3-14　市场上主要的低熔点纤维种类及代表产品

低熔点纤维种类	截面形态	原料组成	熔点特征/℃	代表产品（生产厂家）
单组分	均一性	聚丙烯	140～150	Herculon（美国大力神公司）
		聚酯	90～180	Dacron 系列（美国杜邦公司）
				Grilene 系列（瑞士埃姆斯化学公司）
		聚酰胺	95～180	Grilon（瑞士艾曼斯化学公司）
复合组分	皮芯型	PE/PP	皮层 PE：130/芯层 PP：165～170	ES 纤维（日本智索株式会社）
		LMPET/PET	皮层 LMPET：110/芯层 PET：259	4080（韩国汇维什株式会社）
				Celbond 系列（赫斯特公司）
		PE/PET	皮层 PE：130/芯层 PET：250	6080（日本尤尼契约公司）

二、低熔点纤维的黏结和卷曲原理

低熔点纤维依据组分数可分为单组分、双组分和多组分，多组分低熔点纤维由于生产工艺复杂，目前研究较少。单组分低熔点纤维包括聚烯烃、共聚酰胺、共聚酯等，虽然单组分低熔点纤维制备容易，黏结强度高，性能稳定，但是在热熔黏结时存在易树脂化的问题，失去纤维的形态，对性能和手感有较大的影响，在应用上有一定的局限性。双组分低熔点纤维，采用低熔点组分和常规组分结合的形式，如皮芯复合结构，皮层为低熔点组分，起到黏结的作用，芯层熔点高，力学性能好，保持纤维形态。双组分的结合提高了纤维的强度等性能，解决了低熔点纤维在热熔黏结时易发生树脂化的问题，但是制备工艺复杂，价格昂贵，主要类型有聚乙烯（PE）/聚丙烯（PP）、低熔点聚对苯二甲酸乙二醇酯（LMPET）/聚对苯二甲酸乙二醇酯（PET）、PE/PET 等。

（一）黏结原理

界面的作用力使两块材料黏附在一起，这些作用力包括分子间官能团的相互作用、界面处分子的扩散交缠、极性与非极性分子间的相互作用、粗糙界面形成的机械黏结等。基于这些力的作用形式，研究者提出了多种热熔黏结理论模型。

吸附理论：分为物理吸附和化学吸附，物理吸附指氢键、范德瓦耳斯力的相互作用。化学吸附指化学共价键的作用。

扩散理论：当聚合物相互黏合时，分子在表层中相互扩散，形成两物质在界面处扩散型交缠网络。

机械理论：低熔点纤维熔融后，渗入黏结物表面缝隙中，冷却固化后如钉子一般，产生黏结的效果。

（二）卷曲原理

对于低熔点纤维来说，产生卷曲效果有 2 个最基本的条件：必须是双组分纤维，且结构不为中心对称；双组分间热收缩率不同。卷曲原理即为双组分间热收缩率不同，当受热后，双组分受力不均，从而产生卷曲的效果。

三、常见低熔点纤维制备及性能特点

（一）低熔点聚丙烯纤维

单组分低熔点聚丙烯纤维主要是以聚丙烯为基本原料，添加某种低熔点聚合物，如 PE、EVA、聚丁烯等进行共混纺丝，并采用特殊的拉伸工艺和润滑剂而制得。影响聚丙烯纤维可纺性及黏结能力的因素主要有聚丙烯原料特性、原料配比、添加剂的种类、共混加热温度、冷却工艺条件等。选用稍低熔融指数和分子量分布大的聚丙烯、采用缓冷成形工艺条件是提高聚丙烯纤维黏合性能的技术关键，原料的配比和添加剂的选用影响低熔点聚丙烯纤维形成和纺丝稳定。因此根据不同原料构成与特征确定合适的共混纺丝工艺条件仍是生产企业开发高黏性聚丙烯纤维面临的难题。

单组分低熔点聚丙烯纤维应用常选用细旦纤维，一般用于用即弃卫生医用制品，这是因为细旦纤维适用于生产手感柔软而薄型的产品。但纤维在使用时不耐干洗和消毒，应用受限。未来应更多关注低黏合温度、宽黏合温度范围的柔软手感聚丙烯纤维，以拓展纤维的应用领域与应用层次。

（二）低熔点聚酯纤维

低熔点聚酯可通过共混法和共聚法纺丝而得。共混法是对聚酯进行物理改性，在聚酯基体中混入助剂或其他组分，以降低熔点；共聚法是指在聚酯的缩聚过程中，加入改性组分，以降低聚酯熔点。目前大多采用共聚法生产低熔点聚酯纤维，添加各类改性组分对共聚酯的玻璃化转变温度、结晶性能影响较大。改性组分大体上可分为两类，一类为改性酸组分（第三组分），如间苯二甲酸、己二酸、癸二酸等，目的是降低分子链的规整性，从而降低熔点；另一类为改性醇组分（第四组分），如己二醇、丁二醇、聚乙二醇等，其目的是提高分子链的柔顺性，改善结晶性能，同时降低熔点。生产中常同时添加第三组分与第四组分，并通过控制改性组分的含量配比，以制得理想的低熔点聚酯纤维，如修福晓等向常规聚酯结构中引入第三组分双羟端基和第四组分丁二醇，成功合成可用于纺丝的低熔点聚酯，熔点为 128℃。

低熔点聚酯因加入改性组分导致结晶度降低，造成纺丝困难，因此对纺丝工艺过程的控制极其关键，值得注意的是：低熔点聚酯切片软化点远远低于水的沸点，切片受热极易黏结，采用真空干燥系统，严格控制干燥温度，充分提高干燥的真空度和干燥时间，从而降低切片含水率，防止切片在使用过程中再次吸湿，从而确保纺丝的顺利进行；偏低纺丝速度与拉伸温度有利于减少长丝断头率。此外，纺丝各区温度的合理选择仍是纺丝取得成功的关键，主要应根据聚酯的熔融性质、熔点、特性黏度、熔体温度和各加热区相应螺杆部分所起的作用等进行综合确定。未来低熔点聚酯纤维开发应进一步选择合适的第三、第四单体及其配比，以提高结晶度，降低结晶温度，改善纺丝可纺性。

未来应更多探索低熔点聚酯纤维的分子结构与组分设计对黏结性、耐溶剂性、耐水洗及干洗等性能的影响，以开发一种低成本、高黏结性能的低熔点聚酯纤维，替代部分低熔点聚酰胺纤维在热熔胶领域的应用，实现产品开发成本的降低。

（三）低熔点聚酰胺纤维

低熔点聚酰胺主要是通过共聚或共混改性得到，还可从植物废料中再生而制得。其中低熔点共聚酰胺属于无规聚合物，结晶度及纤维软化点低，易产生黏结，卷绕退绕较困难。改善低熔点共聚酰胺长丝性能主要通过选择合适的共聚酰胺切片的预结晶温度、喷丝板参数、纺丝工艺及牵伸工艺等实现。此外，在特种油剂保护下，选择低纺丝卷绕速度可避免纤维在纺丝时产生黏结现象，确保顺利退绕，减少断头和毛丝现象。

低熔点聚酰胺纤维熔点低，热黏合强度高，手感柔软，熔程范围窄，具有优良的耐磨、耐溶剂、耐洗涤性能；聚酰胺分子结构中存在酰胺基、羧基及氨基，分子链具有极强性，对许多极性材料都有很好的黏结性。低熔点聚酰胺纤维广泛应用于高档服装黏合衬和洁净用材料，但由于纤维吸湿性差，易产生静电，危害人体健康和设备，后道需要对织物进行抗静电处理，这导致了产品开发工序增加，提高产品开发成本。因此具有抗静电特性的低熔点聚酰胺纤维是未来开发的重要方向。

（四）低熔点复合纤维

低熔点复合纤维是指由两种或两种以上不同熔点和组分的成纤高聚物熔体采用复合纺丝技术制成的纤维，以皮芯型结构（如同心型、偏心型和并列型等）居多，皮层组分比芯层组分熔点低，在一定工艺条件下，皮层起黏合作用，而芯层保持主体纤维形态。常见的皮芯复合纤维有：PE/PP、PE/PET、LMPET/PET 等；常见的皮芯比例有 50/50、20/80、30/70 等。

复合纤维因低熔点组分的存在，使得主体纤维难以定型，导致加工工艺较为复杂，受复合比、干燥工艺、纺丝温度、拉伸倍数等因素影响。低熔点复合纤维纺丝时，复合纤维的皮芯比例高低决定了纤维黏结性能的优劣。皮芯比例过高导致纺丝困难，纤维的强力下降；皮芯比例过低会使皮层破裂，一般采用 50：50。在干燥时，采用真空转鼓干燥系统，并适当延长干燥时间，解决切片干燥粘连问题。复合纤维纺丝过程中为避免两种熔体温差过大影响可纺性和卷绕质量，应考虑选用螺杆挤出温度相近的熔体。适宜的拉伸倍数，可使纤维取向度良好，晶型稳定，因此可根据产品需要，选择合适的拉伸倍数。

与单组分低熔点纤维相比，低熔点复合纤维因组分差异存在潜在卷缩性，其卷缩形态随原料品种、组分比例、拉伸条件而改变。因此低熔点复合纤维开发过程中应通过选择合适的高聚物分子量、原料配比和拉伸比大小，使纤维不产生蜷缩。低熔点复合纤维在一定加热温度下存在表面熔融而芯层不熔的现象，低熔点组分起黏结作用，高熔点组分维持纤维形态，故可提高被黏结制品的强度和性能，相比单组分低熔点纤维有更为广阔的应用前景。

四、低熔点纤维的应用

低熔点纤维作为一款"绿色胶黏剂"，黏结性能强，合理利用低熔点纤维极佳的热熔黏结性能，将其他纤维与低熔点纤维交织，可以很好地改善产品的各项性能，在服用纺织品、产业用纺织品和非织造布等领域应用广泛。

（一）服用纺织品

利用低熔点纤维热熔黏结的特点，混入一定比例的低熔点纤维，可在一定程度上提高纤维之间的抱合性，防止纤维滑移，且不影响织物原有风格。如采用低熔点双组分聚酯长丝与主原料交织，能够改善纬编针织产品的脱散性；羊毛织物因羊毛纤维的鳞片结构，织物存在毡缩的现象，若采用化学整理的方法来改善毡缩性能不仅破坏织物手感且对环境产生污染，用 ES 纤维以不同比例和羊毛混纺经热处理之后，尺寸稳定性和防毡缩性能均得到了明显提高，改善了精纺毛织物的洗可穿性能，实现绿色整理。此外，将低熔点聚酯纤维按照一定比例与丝绒混纺，经热处理后，能提高混纺丝绒的强度和抱合力，有助于保护丝绒，起到抗起毛起球作用。综合而言，低熔点纤维在服用织物中的合理运用，既能保持原织物穿着舒适的特点，同时又避免原有织物本身易起毛起球、易毡缩、易脱散等缺点，满足了消费者追求多样化、高档化的需求，但低熔点纤维种类选择与添加量对纱线的增强机制、织物服用舒适性与机械性能的影响仍是后续研究的重点。

（二）产业用纺织品

低熔点纤维在产品开发中可作为增强基材、利用其热黏结作用开发复合材料及其他产品，广泛应用于造纸行业、汽车工业、包装材料等领域。在造纸过程中，低熔点复合纤维以其化学稳定性、使用方便，成为造纸新纤维原料品种，主要用作黏合剂，适用于制作有高湿强度要求的纸张，拓宽了纸品的应用领域，如热封型茶叶滤纸等；低熔点纤维可用于天然植物纤维复合材料的开发，并应用于建筑及土工、汽车及装饰材料、过滤材料和包装材料，如椰壳纤维复合材料开发中，加入低熔点丙纶纤维可弥补椰壳纤维强度低，热稳定性差的缺点；罗慧等将黄麻纤维与低熔点纤维 PLA 混合后按一定工艺成型，可制得可生物降解的环境友好型复合地膜，解决地膜难以降解和污染土壤问题，对麻地膜的发展具有积极意义，也适用于用作环保购物袋及包装材料的开发；李顺希等以低熔点聚酯纤维、低熔点锦纶和普通聚酯纤维为原料，在电脑横机上制备出具有一定花型的针织鞋面。此外，利用低熔点纤维热黏结性，可以把木棉固结成絮，防止长时间存放引起的纤维间滑移，使材料浮力稳定，并使材料的耐压缩性能得以改善。未来在复合材料开发方面，应重点关注低熔点纤维与复合材料的界面特性、掌握低熔点纤维对复合材料的机械性能的影响特点，以开发高性能的复合材料，拓展其应用领域。

项目十二　新型聚酰胺纤维

聚酰胺（俗称尼龙）是指分子主链上含有酰胺基团（—CONH—）的高分子化合物。英文为 polyamide，缩写为 PA。

聚酰胺的前 30 年是作为合成纤维材料，尼龙（Nylon）的俗称就是来自于此。尼龙的最早发明商——美国杜邦公司曾宣传：尼龙比蜘蛛丝还细、比钢铁还强。1960 年左右，聚酰胺开始被用作一种"工程塑料"。

一、尼龙 46（聚酰胺 46）

尼龙 46 是由 1,4-二氨基丁烷（TMDA）和己二酸（ADA）缩聚而制成的一种高分子材料，主要用作工程塑料和工业丝，不仅具有一般尼龙的特点，而且在耐热性和耐磨性等方面还具有特种工程塑料的物理特性。在尼龙树脂中是异军突起的高性能品种。

（一）尼龙 46 的性能

1. 机械性能

尼龙 46 抗拉性能好，在一定温度范围内能保持较高的刚性，其耐磨性非常突出，是尼龙 6 的 3 倍。尼龙 46 的抗冲击性能也是一般尼龙树脂所不及的，无论在干燥状态、有湿度的情况还是低温条件下，尼龙 46 的抗冲击强度均是尼龙 6 和尼龙 66 的 2~3 倍，比聚砜和聚甲醛高 40%。尼龙 46 耐高温蠕变性小，高结晶度的尼龙 46 在 100℃以上仍能保持其刚度，抗蠕变能力强。尼龙 46 比其他工程塑料与耐热塑料的使用周期长，耐疲劳性佳，耐磨耗，表面光滑坚固，可用于替代金属。

2. 结晶性能

由于尼龙 46 的分子链结构规整，又不易交联和支化，所以其结晶性能很好，不但结晶度比尼龙 6 和尼龙 66 高，而且它的结晶速率也明显比尼龙 6、尼龙 66 快，这对纤维的加工与成型不利。

3. 化学性能

尼龙 46 具有很好的耐化学药品性，特别在锌和氯离子的环境中，具有优良的抗腐蚀性能。此外，尼龙 46 除对少量几种溶剂可溶解外，在一般溶剂中既不溶解也不溶胀，具有较好的抗溶剂特性。尼龙 46 的抗溶剂特性表 3-15。

表 3-15　尼龙 46 的抗溶剂特性

溶剂	溶解性	溶剂	溶解性
CHCl$_3$	不溶	氯乙酚	不溶
甲酚	沸腾时可溶	甲酸（90%）	可溶
环己烷	不溶	水	不溶

溶剂	溶解性	溶剂	溶解性
环己醇	不溶	二甲苯	不溶
乙醇（80%）	不溶	DMF	不溶
H_2SO_4（96%）	可溶	$CHCl_3/CH_3OH$（88/12）	不溶

4. 吸湿性能

尼龙46具有较多的酰胺基，有一定的吸湿性，公定回潮率为4.0%~4.5%，高于尼龙66和尼龙6；但吸湿程度取决于它的结晶度，高结晶度样品的吸湿性很小，而制成的薄膜有很强的吸湿性，在相对湿度65%时，前者的公定回潮率为1.6%，后者为7.5%。为了克服尼龙46吸湿性差的缺点，除了提高产品的相对分子质量外（一般控制相对黏度在4~5），也可采用聚合物合金来解决。

5. 热学性能

高结晶度尼龙46的熔点最高可达319℃，一般在278~308℃的范围内变化，比尼龙66（250~260℃）高40℃左右，比尼龙6（215~220℃）高80℃左右，是所有尼龙树脂中熔点最高的一个品种，因此其耐热性能优异。尼龙46纯树脂的热变形温度为150℃，如用30%玻璃纤维增强后，热变形温度可高达285℃，上升130℃，显示出最大的玻纤增强效果，较一般的尼龙和工程塑料均高，其连续使用温度可达150℃。

尼龙46热容量较尼龙66小，热传导率大于尼龙66，成型周期较尼龙66缩短20%。

6. 阻燃性能

尼龙46分子结构中具有含氢的酰胺基，因而具有良好的阻燃性。按美国材料试验协会（ASTM D）635标准，尼龙46属于自熄类；按美国UL标准，尼龙46为UL-94V-1或V-2级，通过添加阻燃剂可达到V-0级。

7. 其他性能

尼龙46的结构中氨基浓度较高，故表面极性大，对涂料和染料有较好的黏结力和亲和力。因此，涂饰性和染色性较好。

（二）尼龙46的应用

1. 制造纤维

尼龙46纤维质轻柔软，手感好，耐磨不皱，可用于衣料、装饰、非织造布和工业用途等领域，纤维可成长丝束、短纤维和单丝，可用于制备缝纫线、篷盖布、造纸毛毯等（图3-47）。

2. 汽车造业

尼龙46适用于汽车用齿轮、拉链、发动机罩、水泵箱、摇臂管等。玻璃纤维增强尼龙46适用于汽车的散热器隔栅、反光镜壳罩、遮光装置和汽车引擎盖下的燃料过滤器、汽缸盖、机械凸轮等。

尼龙46具有极佳的抗高温蠕变力，机械强度

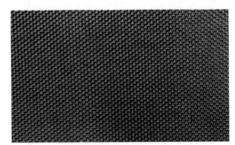

图3-47 尼龙46织物

高，弹性模量小，耐疲劳性优良，同时易于加工，可用于制造各种功能的制品，常可用于变速器、马达控制、制动器、冷却和电子部件、电子系统等，也可用于制造各种外壳、传感器、连接器和开关。

3. 电子电器业

尼龙 46 可用于齿轮，其运转时噪声低，成本较金属低，且抗磨耗和抗疲劳性好。也用于电子、电气仪表上的接线柱、连接件、线圈架和要求耐焊剂、耐热表面的继电器屏蔽套、开关等，也可用于电气接插件、电机风扇叶片、绕线管、键盘、印刷电路板等。

4. 工业机械

尼龙 46 耐热性优良，在高温下仍保持较高的刚度，吸湿对刚度的影响极小，且物理性能变化小。广泛用于机械结构部件，如齿轮、滑轮、凸轮、皮带轮、轴承保持架等，在自动化机械设备中的应用前景乐观。

二、尼龙 11（聚酰胺 11）

尼龙 11 是尼龙家族中的一个重要成员，化学名称为聚十一酰胺。与其他尼龙相比，尼龙 11 具有密度小、强度高、尺寸稳定性好、化学性能稳定、电绝缘性能优良等优点。国外生产的尼龙 11 共有五大类：硬级、半软级、软级、自润滑级、加强级。

（一）尼龙 11 的性能

1. 机械性能

尼龙 11 具有优良的机械性能，最突出的性能是挠曲性好、特别柔软；其抗弯模量在主要尼龙品种中为最低，−40℃时的抗弯模量与室温时尼龙 1010、尼龙 12 的抗弯模量相近；它的耐摩擦性和耐磨耗性与其他尼龙品种大致相当；其抗张性能与尼龙 12 相近，而逊于链节上碳原子较少的尼龙产品。

2. 化学性能

尼龙 11 的化学稳定性优良，对碱、醇、酮、芳香烃、盐溶液、油脂类都有很好的抗腐蚀性，但易受浓酸、氧化剂（高锰酸钾溶液、铬酸溶液等）、苯酚、某些氯代烃溶剂的侵蚀。酚类和甲酸是尼龙 11 的强溶剂，使用时应避免加入。

3. 吸湿性能

尼龙 11 的次甲基数目较多，酰胺基密度降低，吸水性较小。20℃时，尼龙 6 的吸水率高达 9%~11%，尼龙 66 为 7.5%~9.0%，而尼龙 11 仅为 1.6%~1.8%，比尼龙 12 稍高（尼龙 12 为 1.5%），因此尼龙 11 的机械性能、电学性能和制品尺寸均不受潮湿环境的影响，稳定性较好，可用于要求尺寸精确、环境潮湿的场合。温度为 20℃、相对湿度为 50% 时，尼龙 11 的尺寸变形率仅为 0.12%，而尼龙 6 的尺寸变形率为 0.7%。

4. 热学性能

尼龙 11 的亚甲基链较长，柔性较好，导致熔融温度和玻璃化温度较低，玻璃化温度为 43℃，熔点为 187℃，比尼龙 12 高一些，但低于其他尼龙产品。热传导率为 $1.05 \text{kJ} \cdot (\text{m} \cdot \text{h} \cdot \text{℃})^{-1}$，线膨胀系数为 $15 \times 10^{-5} \text{℃}^{-1}$，最高连续使用温度为 60℃。

5. 其他性能

尼龙 11 具有十分优良的介电、热电和铁电性能，其电性能很少受潮湿环境的影响。尼龙 11 抗白蚁蛀蚀、表面光滑、不受霉菌侵蚀、对人体无毒、加工性能好、气候适应性好等。

（二）尼龙 11 的应用

1. 制造纤维

由尼龙 11 制成的纤维质感柔软，耐磨不皱。

2. 油管、软管

由于具有耐油、耐氟利昂的侵蚀，以及流体阻力小等许多优点，尼龙 11 应用最大的领域是汽车工业，常用于制造抗震耐磨的油管、软管，如汽车输油管、离合器软管等。

3. 电缆电线护套、耐低温光导纤维等

用于电缆电线护套、耐低温光导纤维等，主要是利用其优良的化学性能和电绝缘性，制作的电缆护套可保护绝缘层，提高可靠性和延长使用寿命。

4. 精密电器部件等

制成各种机械部件，如轴承、齿轮等精密电器部件和汽车过滤器、保险杠、制动把手加速器、操纵带、套管等零部件。

5. 军械

利用尼龙 11 耐潮湿、耐干旱、抗寒性来制作军械部件。国外常用尼龙 11 制造导弹和发射装置的零部件及军用设施的有关部分。

此外尼龙 11 还可用于制备高级涂料和黏合剂，以及用于密封良好的金属表面粉末涂层。

三、尼龙 610（聚酰胺 610）

尼龙 610 在尼龙家族中占有很重要的位置，由美国杜邦公司于 1964 年开发成功。它是重要的聚酰胺工程塑料，由己二胺和癸二酸缩聚而成。国际上生产尼龙 610 的厂家主要有杜邦公司、巴斯夫公司、东丽公司等。

国内生产尼龙 610 的厂家主要有上海神马尼龙工程塑料公司、江苏华洋尼龙有限公司、江苏建湖县兴隆尼龙有限公司、山东东辰工程塑料有限公司、浙江慈溪洁达纳米复合材料有限公司等。

尼龙 610 的密度为 $1.08g \cdot cm^{-3}$，吸水率为 0.5%。尼龙 610 的很多性能类似尼龙 66，具有密度小、吸水性低、低温性能好和尺寸变形小、电器绝缘性能好等优秀特性，还具有高强度、耐磨、耐油、耐酸碱等优点。

（一）尼龙 610 的性能

1. 机械性能

尼龙 610 的机械强度低于尼龙 6 和尼龙 66，但高于尼龙 11 和尼龙 12。尼龙 610 的拉伸强度为 52.6MPa，断裂伸长率为 83.6%，拉伸强度随温度的升高和吸水率的增加而降低，受温度的影响较大，受吸水率的影响较小。

尼龙 610 具有良好的耐冲击性，其冲击强度随温度的升高和吸水率的增加而增大。在低温下尼龙 610 耐冲击性优良，即使在 $-40℃$ 低温下，其缺口冲击强度仍可达 $30J \cdot m^{-1}$ 左右。

尼龙610具有优良的耐疲劳性，由表3-16可见，尼龙610的疲劳强度虽然比镍铬钢碳钢等材料低，但显示了与铸铁和铝合金等金属材料同等的水平。

表3-16 几种尼龙和金属材料的疲劳强度对比

名称	10^7 次的疲劳强度/MPa	名称	10^7 次的疲劳强度/MPa
尼龙6	12~19	镍铬钢	260
尼龙12	22~24	铸钢	100
尼龙610	23~25	黄铜	120
玻纤增强尼龙610	33~35	铸铁	30
碳钢	140~250	铝合金	30

尼龙610具有优良的耐摩擦性和耐磨损性。由表3-17可见，在几个主要的尼龙品种中，尼龙610的磨损量最小。

表3-17 几种尼龙材料的耐磨损性对比（锥形磨损试验法测定）

名称	尼龙6	尼龙66	尼龙12	尼龙610
磨损量/ [mg·（10^3 周期）$^{-1}$]	6.0	8.0	5.0	4.0

2. 化学性能

尼龙610对脂肪族烃类，特别是汽油和润滑油，具有良好的抵抗性，尼龙610耐碱、稀无机酸和大部分盐类溶液，但在酚类化合物和甲酸中会溶解或溶胀。

3. 热学性能

尼龙610具有优良的耐热性，熔点为215℃，低于尼龙66、尼龙6，高于尼龙11和尼龙12。尼龙610的热变形温度和所承受的载荷关系很大。当载荷为0.45MPa时，其热变形温度为150℃；而当载荷增至1.82MPa时，其热变形温度迅速降至60℃。

尼龙610属自熄性材料。其阻燃性按美国UL标准，一般为UL-94HB级，通过添加阻燃剂，可达到V-0级。

4. 电学性能

尼龙610具有良好的电绝缘性能，其高频率的介电性能优于低频率的介电性能。尼龙610的体积电阻率随温度的升高和吸水率的增加而降低，尼龙610的介电强度则随厚度和吸水率的增加以及温度的升高而降低。

（二）尼龙610的应用

尼龙610机械强度高、密度小、尺寸稳定性好、耐强碱、吸水性低于尼龙6和尼龙66、成型加工容易，因而应用范围极其广泛，已被应用于精密机械零件、仪表制造、家用电器、航空等行业。

1. 机械用

尼龙610的机械强度高，耐磨性、耐疲劳性耐热性、耐冲击性优越，广泛应用于制作齿轮泵体叶轮、衬垫、滑轮、减速器轴瓦、滚动轴承保持架、单列向心推力球轴承、车床导轨等。

2. 电子电器用

尼龙 610 具有优异的电绝缘性、耐热性、耐冲击性和阻燃性，可以用于电动工具罩、电动机罩、电器框架、集成电路板、各种电器开关、电度表外壳、干燥机机壳、高压安全开关罩壳等。

3. 汽车用

尼龙 610 耐疲劳性、耐油性和耐冲击性良好，可以制造轴承架、燃油滤清器盖、制动贮油槽等。另外，利用尼龙 610 的耐油性、机械强度高和刚性大等优点，也可用作输油管、储油器、绳索、毛刷等。

四、尼龙 1010（聚酰胺 1010）

聚癸二酰癸二胺简称尼龙 1010，又称为聚酰胺 1010，是我国聚酰胺类树脂的主要品种，是一种应用广泛的热塑性工程塑料。1959 年，上海长虹塑料厂独创的以蓖麻油为基础原料的聚酰胺塑料品种之尼龙 1010 试制成功，是我国的特有品种，1961 年实现工业化。尼龙 1010 最初仅用作工业丝和民用丝，20 世纪 80 年代开始用于棒材、管材和改性工程塑料。

（一）尼龙 1010 性能

作为半结晶型热塑性聚合物，尼龙 1010 具有很多优异的性能。尼龙 1010 是半透明、轻而硬、表面光亮的结晶形白色或微黄色颗粒，密度和吸水性比尼龙 6 和尼龙 66 低，机械强度高，冲击韧性、耐磨性和自润滑性好，耐寒性比尼龙 6 好，熔体流动性好，易于成型加工；但熔体温度范围较窄，高于 100℃时长期与氧接触，极易引起热氧化降解，会逐渐呈现黄褐色，且机械强度下降；尼龙 1010 还具有较好的电气绝缘性和化学稳定性，无毒；不溶于大部分非极性溶剂，如烃类、脂类、低级醇等，但溶解于极性溶剂，如苯酚、浓硫酸、甲酚、甲酸、水合三氯乙醛等。常温下，浓硫酸对尼龙 1010 起溶解作用；高温下，浓硫酸能把尼龙 1010 裂解，如用氧化性的浓酸，裂解作用更甚。对大多常用溶剂而言，尼龙 1010 是稳定的；耐霉菌、细菌和虫蛀。尼龙 1010 的各项性能指标见表 3-18。

表 3-18　尼龙 1010 的各项性能指标

项目名称	指标	项目名称	指标
外观	洁白或微黄半透明颗粒	密度/($g \cdot cm^{-3}$)	1.03~1.05
熔点/℃	200~210	吸水率/%	≤1.5
伸长率/%	≥200	介电常数	3.1
相对黏度	1.9~2.3	拉伸强度/MPa	≥42
静弯曲强度/MPa	≥78	缺口冲击强度/($kJ \cdot m^{-2}$)	≥20
体积比电阻/($\Omega \cdot cm$)	10^{14}~10^{15}	马丁耐热/℃	42~45
热变形温度/℃，1.8MPa	45	成型收缩率/%	1.2~2.2

尼龙 1010 具有自熄性能，可以达到 UL-94V-2 级，选用溴类阻燃剂并添加协调剂，与尼龙 1010 共混改性，可使其阻燃性能达到 V-0 级。

（二）尼龙 1010 的应用

1. 抽丝

尼龙 1010 可以抽出不同直径的单丝。直径 0.2mm 以下的可以用于编织渔网、绳索、各种网织物，也可织制耐磨防腐的筛网以代替金属丝网。由于尼龙 1010 无毒性，对人体无生理副作用，也可加工成医疗用滤血网，效果优于金属制品。直径 0.3~0.4mm 的可用作牙刷、衣刷和工业用刷，具有洁白挺实、坚固耐用的特点。直径再大一些的常制成圆形笤帚，装在城市机动清洁车上。

2. 通用机械

尼龙 1010 广泛应用于齿轮、轴瓦、轴承保持架、凸轮、滚轮、蜗轮、导轨、螺母、密封圈、活塞环、油塞、垫圈、盖板、罩壳、管接头、水门等。

3. 农业机械

尼龙 1010 在农业机械上主要用于加工拖拉机、收割机、药械上的一些零部件，具有质轻、便于携带、耐腐蚀、成本低等优点。

4. 电器仪表

电器仪表工业使用尼龙 1010 制品已经十分普遍。例如，低压电器外壳、插座、接线盒、按钮；仪表齿轮、轴套、管螺母；压绳板、预塞板；电视机偏转线圈骨架、印刷电路板固定架等，都具有良好的电气绝缘性。

5. 交通运输

尼龙 1010 主要用于加工各种车辆的传动零部件，以减少摩擦、减轻质量、达到无声响、自润滑、节油的目的。

6. 管材、棒材

尼龙 1010 管材主要代替铜管，用于输送油、水、气和一些腐蚀性液体。尼龙 1010 棒材可用于机械切削，加工成各种数量较少又不易成型的制品。

7. 其他

根据不同的用途，粉末尼龙 1010 采用不同的加工方法，用于修复磨损零件，制作轴承耐磨材料、防腐材料、密封和气密材料等。

参考文献

[1] 杨涛，靳高岭，王永生，等．抗菌功能纤维机理及研究进展 [J]．高科技纤维与应用，2021，46（5）：17-22.

[2] 周元友，刘健飞，刘敏，等．抗菌聚酯纤维的研究及应用 [J]．纺织科技进展，2020，237（10）：6-10.

[3] 杨浩，张师军．聚六亚甲基胍盐酸盐在抗菌高分子材料中的应用研究进展 [J]．合成树脂及塑料，

2019，36（5）：99-103，109.

[4] 董卫国. 新型纤维材料及其应用［M］. 北京：中国纺织出版社，2018.

[5] 李明，路晓锋，张小庆，等. 金属纤维袋除尘器在玻璃窑炉烟气治理中的应用［J］. 玻璃搪瓷与眼镜，2020，48（1）：20-23.

[6] 戴美萍，孙毅，王晓龙，等. 高性能纤维作为橡胶骨架材料的应用研究［J］. 橡胶科技，2020，18（4）：194-198.

[7] 马顺彬. 持久抗菌铜改性聚酯纤维双层织物的设计与生产［J］. 产业用纺织品，2021，39（12）：31-35.

[8] 马顺彬. 铜改性聚酯纤维抗菌针织手套的制备［J］. 山东纺织科技，2021，62（3）：20-21.

[9] 王勇军. 铜改性聚酯纤维天丝混纺提花织物的设计与生产［J］. 纺织科技进展，2022（10）：38-40.

[10] 陆秋阳，王小雨，任义祥，等. 铜改性聚酯纤维针织毛衫的设计开发［J］. 纺织科技进展，2019（11）：28-30，47.

[11] 陈志华，马顺彬. 铜改性聚酯纤维渐变色织布的生产工艺探讨［J］. 产业用纺织品，2016，34（4）：6-8.

[12] 东旭，于明娇，赵宏宇，等. 竹炭纤维及其纺织品的开发现状和应用发展［J］. 辽宁丝绸，2020，172（2）：41-42.

[13] 杨明. 石墨烯处理对羊毛纤维物理性能的影响［D］. 呼和浩特：内蒙古农业大学，2020.

[14] 王曙东，董青，王可，等. 还原氧化石墨烯增强聚乳酸纳米纤维膜的制备及其性能［J］. 纺织学报，2021，42（12）：28-33.

[15] 封严，苑会萌. 石墨烯改性落棉纤维的结构及其吸附性能［J］. 天津工业大学学报，2018，37（2）：1-6.

[16] 李建武，江振林，李皓岩，等. 石墨烯改性PET纤维的制备及其抗静电性能研究［J］. 合成纤维工业，2019，42（2）：1-4.

[17] 张运海. 石墨烯-聚酰胺6复合纤维的制备及表征［D］. 兰州：兰州大学，2018.

[18] 高普，孙燕霞，陈晓玲，等. 锦纶/石墨烯复合导电面料的制备及性能研究［J］. 纺织科学与工程学报，2018，35（1）：132-136.

[19] 王双成，马军强，吕冬生，等. 石墨烯改性涤纶短纤维制备及特性表征［J］. 山东纺织科技，2017，58（4）：18-21.

[20] 陈志华，张炜栋，郝云娜，等. 石墨烯复合棉织物的电热性能研究［J］. 棉纺织技术，2019，47（4）：10-13.

[21] 邹梨花，徐珍珍，孙妍妍，等. 氧化石墨烯/聚苯胺功能膜对棉织物电磁屏蔽性能的影响［J］. 纺织学报，2019，40（8）：109-116.

[22] 邹梨花，杨莉，兰春桃，等. 层层组装氧化石墨烯/聚吡咯涂层棉织物的电磁屏蔽性能［J］. 纺织学报，2021，42（12）：111-118.

[23] 郑云龙，王进美，石煜，等. 石墨烯防辐射织物的制备与性能［J］. 印染，2019，45（16）：8-13.

[24] 姚馨馨，丛洪莲，高哲. 石墨烯改性锦纶针织面料服用性能研究［J］. 丝绸，2018，55（10）：48-53.

[25] 姚馨馨. 石墨烯复合纤维针织毛呢开发及性能研究［D］. 无锡：江南大学，2018.

[26] 陈阳，张占柱. 石墨烯用于棉织物防静电整理的研究［J］. 棉纺织技术，2019，47（1）：35-38.

[27] 曹机良，王潮霞. 石墨烯整理蚕丝织物的导电性能［J］. 纺织学报，2018，39（12）：84-88.

［28］黄海涛．氧化石墨烯浸轧—还原法制备导电棉织物［J］．精细化工，2020，37（10）：2132-2137.

［29］方婧，高晓红，蔡小斌，等．还原氧化石墨烯改性蚕丝织物的抗紫外性能［J］．印染，2020，46（9）：45-48.

［30］田明伟，李增庆，卢韵静，等．纺织基柔性力学传感器研究进展［J］．纺织学报，2018，39（5）：170-176.

［31］张亚芳，徐伯俊，苏旭中，等．生物质石墨烯锦纶/涤纶抑菌纺织品开发与性能［J］．丝绸，2019，56（4）：56-62.

［32］刘亚东．纳米 CuS/RGO 复合材料的制备及其在超疏水多功能纺织品的应用［D］．上海：上海工程技术大学，2019.

［33］高亢，卢飞峰，朱珍钰．负离子纤维及纺织品的研究及应用前景［J］．辽宁丝绸，2019，170（4）：28-29.

［34］杨理磊，张技术．负离子纤维面料的研究综述［J］．辽宁丝绸，2022（3）：29-30.

［35］王承，罗梦颖，余俊哲，等．离子交换纤维的应用［J］．应用化工，2022，51（2）：574-577.

［36］刘敏．阳离子交换纤维素纤维吸附材料的制备及其应用［D］．西安：陕西科技大学，2021.

［37］徐朝晨，吉鹏，王朝生，等．国内外低熔点纤维的发展现状及趋势［J］．合成纤维工业，2020，43（6）：54-58.

［38］李丽君，罗佳妮，唐雨蓉，等．废弃混杂湖羊毛/低熔点纤维针刺非织造布的制备及性能研究［J］．产业用纺织品，2020，38（10）：19-26.

［39］李顺希，许志强，岳高升，等．基于低熔点纤维针织鞋面的热收缩性能探讨［J］．纺织科技进展，2022，260（9）：28-31.

［40］林燕燕，陈玉香，闫琳琳，等．低熔点纤维的开发与应用现状［J］．现代纺织技术，2018，26（1）：26-30.

［41］徐朝晨，吉鹏，王朝生，等．国内外低熔点纤维的发展现状及趋势［J］．合成纤维工业，2020，43（6）：54-58.

［42］高卫东，王志杰．高端纺织［M］．南京：南京大学出版社，2021.

扫描查看本任务课件

任务四　识别生物医学纤维

工作任务：

生物医学纤维是用以和生物系统结合，以诊断、治疗或替换机体中的组织、器官或增进其功能的一类功能纤维。生物医学纤维由于长径比大，能方便地加工成多种具有特殊用途的生物医用制品，因而在生物医学材料中具有重要地位。目前，生物医学纤维已成为生物医学材料的重要分支，生物医学纤维及其制品产业已成为纺织行业的经济增长点，具有非常可观的市场前景。

识别生物医学纤维的工作任务：归纳总结三种生物医学纤维的应用；填写您所了解到的若干种生物医学纤维。任务完成后，提交检测工作报告。

学习内容：

（1）生物医学纤维的基本要求与分类。

（2）天然高分子基生物医学纤维。

（3）合成高分子基生物医学纤维。

（4）生物医学纤维的应用。

学习目标：

（1）认识常见的生物医学纤维。

（2）了解常见生物医学纤维的性能。

（3）了解常见生物医学纤维的应用领域。

（4）按要求展示任务完成情况。

任务实施：

（1）归纳生物医学纤维的应用。

①材料。随机选取生物医学纤维三种，将其能应用的领域填写在任务实施单中。

②任务实施单。

生物医学纤维的应用			
试样编号	1	2	3
在体外的应用			
在体内的应用			
在体外循环医疗器械的应用			
在组织工程领域的应用			

（2）您所了解的其他生物医用纤维有：

_____

项目一　生物医学纤维的定义及分类

一、生物医学纤维的定义

生物医学纤维也称生物医用纤维。尽管目前在《材料大辞典》和《纺织辞典》中还找不到其定义，但只要先讨论一下与"生物医学纤维"相关的一个概念——"生物医学材料"，就不难确定什么是生物医学纤维。

（一）生物医学材料

（1）生物医学材料属于新材料的范畴。新材料也称先进材料，其种类有很多，而生物医学材料被公认为是一类重要的新材料，其开发与应用对人类社会的文明与经济的发展，特别是对提高人民健康水平、国防和国家经济发展有着不可估量的作用。因此，其研究和开发已成为发达国家优先发展的重点领域。

（2）生物医学材料的定义随医用材料的发展而演变。我国国家标准 GB/T 16886.1—2022《医疗器械生物学评价　第一部分：风险管理过程中的评价与试验》中，对于医用材料的定义为"用于医疗器械及其部件的合成或天然的聚合物、金属或合金、陶瓷或混合物，包括无活性的组织"。这一定义也是比较窄的，国内也有一些文献将生物医学材料定义为"用以和生物系统结合，以诊断、治疗或替换机体中的组织、器官或增进其功能的材料"。

我国有的专家也认为生物医学材料即生物材料。但是，也有一些专家认为生物材料的范畴比生物医学材料更为宽泛，而生物医学材料则是生物材料的主要分支。

（3）生物医学材料是多学科交叉的产物。不管是广义的生物医学材料还是狭义的生物医学材料，它们都是多学科交叉。生物医学材料就像一棵树，"树根"吸收多种学科营养形成交叉，"树干"以单一材料向复合材料、智能材料、仿生材料等逐步发展。

（4）生物医学材料的定义取决于其用途。虽然生物医学材料属于新材料的范畴，但许多传统材料也可以用于生物医学领域，因此在确定生物医学材料的定义时，必须强调，一种材料是否属于生物医学材料的范畴，不是取决于其化学成分，而是取决于其用途。例如，聚乳酸（聚丙交酯）是专门为生物医学应用而开发的生物可吸收聚合物，但近年来由于塑料级和纤维级聚乳酸的成功开发，其用途已扩大到包装材料、普通服装等方面。显然，对于应用于这些新领域的聚乳酸，尽管其化学成分仍然是聚（α-羟基丙酸）纤维，但不能称为生物医学材料。

生物医学材料是一类专用材料，其用途通常与医疗器械紧密结合。生物医学材料的使用价值经常通过器械而体现，而器械的发展又以生物医学材料为基础，因此生物医学材料作为一个新兴的产业，通常包含生物医学材料及其相关器械，医疗器械产业中也包含生物医学材料的重要贡献。因此在麻省理工学院的开放式课程中，将生物医学材料定义为"用于医用器械、与生物体互相作用的无生命材料"。

目前，尽管关于生物医学材料的定义不是很统一，但都强调了生物医学材料在对生物体进行诊断、治疗或替换机体中的组织、器官或增进其功能方面的作用，认为它是研究人工器官和医疗器械的基础，已成为材料学科的重要分支。

（二）生物医学纤维

上述的生物医学材料，可以加工成几乎任意的几何形状，包括三维的块状、二维的薄膜状、纸状，一维的纤维状和准零维的纳米粉体状。其中纤维状的生物医学材料，就是生物医学纤维。

因此，生物医学纤维是生物医学材料学科和纤维学科交叉的产物。在纤维领域，根据性能，生物医学纤维属于功能纤维；其产品按长度，可以有长丝、短纤维等。在生物医学材料领域，根据原料，生物医学纤维绝大部分属于生物医用高分子材料。大部分生物医学纤维是生物惰性的，但也有一些生物医学纤维具有生物活性；其产品既有不可吸收材料，又有生物吸收材料，既可以由单一材料组成，也可以是复合材料；其产品可以用于骨科、齿科等硬组织，也可用于软组织的替代与修复，还可制作与血液接触的人工器官或器械。

总之，生物医学纤维是用以和生物系统结合，以诊断、治疗或替换机体中的组织、器官或增进其功能的一类功能纤维。

生物医学纤维由于长径比大，能方便地加工成多种具有特殊用途的生物医用制品，因而在生物医学材料中具有重要地位。目前，生物医学纤维已成为生物医学材料的重要分支，生物医学纤维及其制品产业已成为纺织行业的经济增长点，具有非常可观的市场前景。

二、生物医学纤维的分类

以生物医学纤维既是生物医学材料的一个分支，又是纤维的一个分支，因此可以结合生物医学材料和纤维的分类方法，对生物医学纤维进行分类。

（一）按来源分类

生物医学纤维包括生物医用金属纤维（如不锈钢丝）、生物医用无机非金属纤维（如氧化铝纤维）和生物医用高分子纤维。其中生物医用高分子纤维根据原料来源，又可以分为以下两类。

1. 天然高分子基生物医用纤维

该类纤维的原料来源于天然高分子，包括由纤维状的天然物质直接分离、精制而成的天然纤维和以天然高分子为原料，经化学和机械加工制得的化学纤维。如纤维素及其衍生物纤维、甲壳素及其衍生物纤维和骨胶原纤维等。本书将以淀粉等天然高分子为原料制得单体，再经人工合成获得的聚合物为原料制得的化学纤维（如聚乳酸纤维）以及以微生物合成的聚合物为原料制得的化学纤维（如聚β-羟基丁酸酯纤维）等归入合成高分子基生物医用纤维。

2. 合成高分子基生物医用纤维

该类纤维的原料来源于合成聚合物，如聚酯、聚酰胺、聚烯烃、聚丙烯腈等。但它们都不是专门为生物医学应用而生产的，因此聚合物中往往含有某些为满足某种纺织性质需要的添加剂，而这些添加剂可能不适应生物医学方面的每种需要。因此，生物医学工业界研制了几种热塑性合成聚酯和聚酰胺酯纤维，以供医学界做外科手术时应用。这些聚合物包括聚草酸烯烃酯（POX-A），反-1,4-环己二甲醇和乙二醇的同晶型共聚草酸酯（iso-POX），ε-己内酯和3-噁-ε-己内酯的同晶型共聚酯（PCL-OC），双（草酰胺烷基二醇）的草酸酯（POM-O）、己二酯（POM-A）、丁二酸酯（POM-S）和对苯二甲酸酯（POM-T）的聚合物。

有几种已工业化生产的聚合物，通过用专门的技术进行加工后，也可以制成供生物医学方面应用的纤维、细丝、微孔材料和管状材料。在这类聚合物中，最重要的有聚四氟乙烯（用作微孔织物和薄膜）聚丙烯（用作微孔薄膜和中空纤维）和聚丙烯腈（用作中空纤维）。

（二）按生物降解性分类

按生物降解性进行分类，有助于研究不同类型生物医用纤维与生物体作用时的共性。

1. 生物不可吸收纤维

聚合物材料的生物吸收过程分为两个阶段：分解和吸收。分解时，主链键断裂，相对分子质量减小，生成无毒的单体化合物和低聚物，然后降解产物被肌体吸收代谢。传统上用来制作纺织品的合成纤维大品种，绝大部分是生物不可吸收。上述生物医学工业界研制的几种热塑性合成聚酯和聚酰胺酯纤维，其中POM-A、POM-S、POM-T和PCL-OC也属于生物不可吸收纤维。

2. 生物可吸收纤维

生物可降解纤维和生物可吸收纤维一般统称为生物可吸收纤维。通常将植入人体后，经2~3个月或稍长时间，能被人体吸收的纤维看作是可吸收纤维。一些以天然高分子为原料的纤维，如胶原纤维、甲壳素及其衍生物纤维，海藻酸盐纤维等，容易发生酶降解反应，因此可以被人体吸收。虽然棉纤维和黏胶纤维也能生物降解，但这类纤维不用于移植。微生物合成的聚β-羟基丁酸酯（PHB）及其共聚物主要发生酶降解反应，由它们制得的纤维也属于生物可吸收纤维，可以制作可吸收手术缝合线等。

除了POM-A、POM-S、POM-T和PCL-OC外，生物医学工业界研制的几种化学合成的热塑性聚酯和聚酰胺酯，也都是可吸收的。由这些聚合物制得的纤维吸收特性不同，其原因在很大程度上取决于其化学结构的差异。

有四种典型的生物可吸收聚合物，是专门为生物医学应用而开发的，它们是聚乙交酯（PGA）、聚丙交酯（聚乳酸）（PLA）、聚乙交酯—丙交酯（PLGA）和聚对二氧杂环己酮（PDS）。

（三）根据与活体组织之间是否形成化学键合分类

1. 生物惰性纤维

生物惰性纤维是指在体内不降解、不变性、不引起长期组织反应的纤维，如聚丙烯纤维、聚对苯二甲酸乙二醇酯纤维、聚丙烯纤维、聚四氟乙烯纤维和碳纤维等。生物惰性纤维植入体内后，基本上不发生化学反应和降解反应，因此适合长期植入体内。

2. 生物活性纤维

生物活性纤维是指能在材料—组织界面上诱出特殊生物或化学反应的纤维，这种反应导致纤维和组织之间形成化学键合。例如，甲壳素及其衍生物纤维可以从血清中分离出血小板因子4，增加血清中 H6 水平，或促进血小板聚集或凝血素系统，有促进伤口愈合和组织生长的作用。

项目二　生物医学纤维的基本要求

生物医学纤维是生物医学材料学科和纤维学科交叉的产物，既属于纤维领域，又属于生物医学材料领域。生物医学纤维不但要达到一些普通纤维的性能指标，而且必须满足临床使用的生物医学材料的某些特殊要求。因此，对生物医学纤维性能的要求比普通纤维严格和复杂得多。

一、对生物医学纤维本身性能的要求

一般来说，对于某种纤维是否能选作生物材料应用，首先应对其物理性能、力学性能、稳定性能、加工性能和可消毒性等进行评价。

（一）物理和力学性能要求

生物医学纤维在使用期内物理和机械性能稳定，即强度、弹性、尺寸稳定性、耐挠曲疲劳性、耐磨性应该满足使用要求。例如，对于用作替换心血管的纤维，要求具有高的弹性、最佳的抗拉范围、最佳的回弹性和疲劳耐久性。对于用作矫形复合材料中的增强纤维，由于它工作在高负荷情况下，因此其最重要的要求之一是：在规定的使用时期内能保持一定的力学性能。人工韧带一般用断裂强度高的聚对苯二甲酸乙二醇酯（PET）纤维工业丝为原料。对于用作人造血管的材料，则要求能保持一定的孔隙率和弹性。对于某些用途，还要求具有界面稳定性。渗滤性对受控药物输送系统和人工肾用纤维来说乃是关键，对于用作缝合线的材料，由于必须要植入体内，并在一段时间内需维持一定的强度，所以还需要有一些特殊的要求。

（二）稳定性能要求

根据植入物与宿主界面接触的时间和部位，可将植入物分为两类：一类是短期植入，如人工肾等、手术缝合线等；另一类是长期植入，如人工血管、人工心脏等。对于长期植入的生物医学纤维材料，如人工腱用聚乙烯纤维，生物稳定性要好，不被溶解、不产生吸附和沉积反应，而且不对宿主产生有害反应。但是，对于短期植入的生物医学纤维，如用于手术缝合线、牙周再生片等的纤维，则要求能够在发挥其功效后，在机体内某些环境因素的作用下在确定时间内降解为无毒的单体或片段，通过吸收、代谢过程排出体外，同时要求分解的小分子物质必须无毒副作用。因此，耐生物老化只是针对某些医学用途的纤维材料的一种要求。

（三） 加工性能要求

对于形式为长丝的生物医学纤维，应可进一步进行以下加工：

（1） 制成有涂层的、平行的或轻微加捻的丝条；

（2） 制成有涂层的或无涂层的缝合用编织带；

（3） 加工成多种形式的机织或针织的网状物；

（4） 通过机织、针织或变形加工，制成机织物、非织造织物和针织物；

（5） 加工成毛毡或天鹅绒织物。

对于组织工程用的生物医学纤维，能加工成组织支架。对于人工器官用的中空纤维，在选材时要考虑工艺处理的方法，加工方便，工艺简单，能通过浇铸等方式制成透析器、超滤器等组件，还要不影响材料本身的性能。

（四） 消毒性能要求

消毒性能属于使用性能，因为生物医学纤维材料会受到细菌污染，因此对其消毒很重要。生物医学纤维应该便于消毒灭菌，即指经过消毒处理后，其化学性质或物理性质不发生变化或变化很小。消毒一般选用物理或化学方法，物理方法包括热灭菌（高压蒸汽）、辐射灭菌（γ射线）、过滤除菌和激光灭菌，化学灭菌主要通过化学试剂（过氧乙酸、环氧乙烷等）。究竟选择什么方式进行消毒灭菌，则要根据具体情况以及材料本身的特性而定。

此外，生物医学纤维应该材料易得，医用价格适当。

以上介绍的是生物医学纤维必须具备的基本条件，而当生物医学纤维制成某一医疗产品时，在选材上除了要满足以上基本条件外，还必须考虑宿主结构和功能的特殊性。例如，人工肾和人工肺用中空纤维膜的选材，除必须满足基本条件外，还必须考虑中空纤维膜的特殊性—膜的选择通透性。由于各脏器功能不同，在选材上又有很大的差异，作为人工肾用中空纤维膜，要求材料对血液中的物质有选择通透性，只允许血液中的尿酸、尿素、肌苷等代谢产物和有害的小分子物质透过透析膜，而血浆蛋白等大分子营养物质不能透过。人工肺用中空纤维膜在选材上则要求对气体（O_2、CO_2）有选择通透性。所以，生物医学纤维制成医疗产品应用于临床，在材料的选择上，不仅要具备生物材料的基本条件，还必须考虑制成不同的医疗产品的功能特殊性。

二、对生物医学纤维机体效应的要求

生物医学纤维对于机体而言是一种异体材料，当它与机体接触时，在机体方面往往出现血栓、炎症、毒性反应、变态反应以及致癌等各种生物化学性拒绝反应。因此，对生物医学纤维还必须提出严格的机体效应要求，即对生物医学纤维进行生物相容性的安全性评价。这种评价比对该材料的物理性能、机械性能、稳定性能、加工性能等方面的性能评价更为重要。只有通过对纤维进行生物相容性的安全性评价，才能确保生物医学纤维制成的医疗产品植入机体不被免疫系统所排斥，不出现毒性反应、不致畸、不致癌，为机体所接受，并能替代机体某一受损的组织器官发挥其生理作用。否则不仅影响生物医学纤维的功能，甚至直接关系到机体生命的延续。因此，生物医学纤维生物相容性的安全性评价，是生物医学纤维能否进入临床应用极其重要的环节。

与生物系统直接接合是生物医学材料的最基本特征。除了应满足各种理化性能要求，生物医学材料毫无例外都必须具备生物相容性，这是生物医学材料区别于其他功能材料的最重要的特征。

目前对生物相容性尚无公认的定义。一般认为，生物相容性是一个描述材料在特殊用途中与宿主相互作用能力的概念，即材料与生物体的相互适应性，包括被其周围的组织和整个人体系统对材料的接受与容纳。某种材料生物相容性好，是指这种材料能够与生物体相互适应，即材料应该对人体无毒性、无致敏性、无刺激性、无遗传毒性和无致癌性，对人体组织、血液、免疫等系统不产生不良作用，并且不会因与生物系统直接接合而降低其效能与使用寿命。一种更简单的提法，生物相容性即"非异体性"。人工材料即使具有安全性，对人体毕竟是异物，人体必须进行防御，这就是生物体的异物反应。异物反应越小就意味着生物相容性越好。但实际上，只要生物医学材料与生物体某部位接触，必然会相互影响。反之，材料本身也有可能在生物体的作用下发生结构、功能变化。导致材料与生物体相互影响的原因，在于生物体处于动态平衡之中。一旦材料进入体内，就会使这种动态平衡遭到破坏，生物体就会做出反应。这种反应的严重程度或这种反应是向正向性或是负向性发展，决定着材料的生物相容性。

生物相容性一般包括血液相容性、组织相容性和免疫相容性等，对于植入体内承受负荷的生物医学材料，还应具有力学相容性。由于材料植入体内或者与体外血液接触时，与生物体首先相互作用的是材料的表面，还要考虑界面相容性。因此迄今为止，人们已经研究了相当多种类材料的生物相容性，并发展出一系列评价方法。

（一）血液相容性

进入 20 世纪以后，与血液接触的医疗器械，如介入导管、血管支架、人造血管、人造心脏以及血液净化装置等发展很快。这些医疗器械用的生物医学材料必须具有良好的血液相容性。

1. 血液相容性的含义

血液相容性是指材料的抗凝血性以及材料不破坏血液成分或不改变血液生理环境的性能。材料的血液相容性包含了相当广泛的内容，既包含材料与血液接触后发生的血小板血栓（血小板黏附、聚集、变形）、溶血、白细胞减少等细胞水平的反应；又有凝血系统、纤溶系统活化等血浆蛋白水平反应；还有免疫成分的改变、补体的活化以及血小板受体、二磷酸腺苷（ADP）和前列腺素的释放等分子水平反应。所谓某种材料的血液相容性好，是指材料与血液接触时，不会形成血栓，不引起溶血。

2. 生物医学纤维表面特性对血液相容性的影响

已经有若干种生物医学纤维成功地用于涉及血液的场合。例如，杜邦公司开发的弹性纤维 Lycra 是久负盛名的嵌段聚氨酯类材料，具有优良的物理性能和良好的血液相容性。碳纤维也具有良好的血液相容性，适宜用于坚实结构。但目前尚无真正能和血液完全相容的生物医学纤维。因此提高生物医学纤维的血液相容性，一直是生物医学纤维领域的研究重点。

大量的科学研究表明，生物医学纤维的抗血栓性能，直接与其表面特性相关。因为当一种生物医学纤维及其制品被植入机体或与血液直接接触时，表现为生物体与生物医学纤维表面的接触，它们之间的初级反应必然依赖于生物医学纤维表面的特性。所以生物医学纤维的表面结构与性能在生物学反应中起着至关重要的作用。研究表明，生物医学纤维以下一些表面特性对其血液相容性有较大的影响。

（1）表面化学结构。生物相容性主要由一级化学结构决定。肝素的分子链上带负电荷的硫酸基和 N-硫酸基，因此是典型的天然抗凝剂，无论在体内或体外，都具有优异的抗凝血作用。据此，很多研究者采用在生物材料表面引入类似的负离子基团，以提高生物材料的抗凝血性能。

研究表明，在常用的生物医学高分子材料聚乙烯醇、聚酯和聚醚氨酯的表面引入磺酸基团后，材料的抗凝血性能都有一定程度的提高，表现出肝素化性能。以甲壳素、壳聚糖的硫酸酯化衍生物和磺化衍生物等制成的纤维，被证明具有良好的抗凝血性能。对于抗凝血性能差的生物医学纤维，通过纤维表面的阳离子与肝素分子中含有的—OSO_3^-、—COO^- 阴离子活性基团进行离子键键合，或者通过肝素分子的—OH、—NH—中的活泼氢与纤维进行共价结合，均可赋予纤维肝素化性能，提高生物医学纤维的抗凝血性能。

目前，在生物医学纤维表面涂覆或接枝上抗凝血物质尿激酶、肝素、前列腺素、白蛋白以及壳聚糖的硫酸酯化衍生物和磺化衍生物等，是提高产品抗凝血性能的重要途径之一。例如，肝素化的中空纤维循环装置能减少体液和细胞激活，尤其能减少补体激活；肝素化人工肺同时能提供血小板保护和更加有利的术后肺功能。如聚乙交酯—丙交酯（PLGA）手术缝合线采用甲壳素衍生物进行涂层，与涂层前相比，手术缝合线更柔软、光滑，且具有良好的抗凝血性能。

对白蛋白能选择吸附的材料具有良好的抗血栓性，利用这一性质，也有在生物医学纤维上结合白蛋白的研究。例如，将纤维用纤维白蛋白涂覆，可以抑制血栓的进一步形成。还有用胶原热改性生成的明胶涂覆的生物医学纤维，也有抗血栓性。

（2）表面微观结构。生物体血管内壁宏观上是十分光滑的表面，但是从微观上看，血管壁内皮细胞表面膜是一个双层脂质的液体基质层，中间嵌着各类糖蛋白和糖脂质。这种宏观光滑、微观多相分离的结构使其血管壁具有优异的抗凝血性能。以模拟生物膜的结构和功能目标，设计合成具有微相分离表面结构的高分子材料已经引起广泛重视，很多研究者采用多种方法研制了具有微观相分离结构的聚合物。例如，用聚四甲氧基醚或聚丙氧基醚等聚醚分子嵌段的尼龙610具有良好的血液相容性。血小板黏附实验结果显示，这种纤维的血液相容性优于再生纤维素纤维。

（3）表面电性质。生物医学纤维与血液界面的化学性质与表面的电性质有紧密关系。因为天然血管内壁和血液中的红细胞、血小板都带负电荷，因此表面带负电荷的生物医学纤维可以与其产生静电斥力，阻止血小板、红细胞等血液成分黏附于材料的表面，从而实现抗凝血。另外，生物医学纤维表面带有负电荷，会引起某种蛋白质的吸附形成钝化层，材料对血液的毒性减小，从而使材料具有更好的血液相容性。例如，在 PET 纤维的表面蒸镀一平滑碳膜层后，具有与生物活体状态相近的负电位和电导率，可以提高材料的抗血栓性能。其他表面带负电荷的生物医学纤维还有羧甲基纤维素纤维等。

（4）表面浸润性。表面浸润性或称疏水性及亲水性。大量研究表明，亲水性的材料表面比疏水性的表面更有利于细胞生长。亲水性的表面吸附作用较弱，并且是可逆的，这有利于调整生物医学纤维的结构以适合细胞的生长；疏水性的表面吸附作用强，又不可逆，不易形成生物医学纤维结构的重建。因此，一些大分子链或侧基含有亲水性基团的生物医学纤维，其生物相容性有所改善，特别体现在抗凝血性较好。这主要是因为亲水性基团所构成的亲水区容易黏附白蛋白，对血小板的黏附有阻碍作用，不易形成血小板在材料表面的黏附、聚集和凝血系统的活化，从而阻止了血小板血栓的形成。对于由疏水性聚合物制得的生物医学材料，可以进行碘化、等离子体等处理，以提高纤维的亲水性，从而提高其抗凝血性能。

但并不是亲水性越强，生物医学材料的抗凝血性能越好。相反，有些疏水性材料如硅橡胶表面自由能较低，与血液中各成分的相互作用较小，因而呈现良好的抗凝血性，被用于数十种人工脏器材料。

在抗凝血材料分子设计方面的研究发现，如果将亲水性和疏水性高分子嵌段、接枝共聚，使高聚物材料具有交替出现亲水和疏水部分结构的表面，则表现优良的抗凝血性和力学性能。这种由亲水区和疏水区构成的微相分离结构表面与生物膜表面的微相分离结构（也由亲水区、疏水区镶嵌）相类似，不仅能抑制血小板的黏附，还能抑制血小板的变形、活化和凝聚，因此具有较好的抗凝血性能。通过聚合物共混，也可以提高产品的抗凝血性。例如，聚乙烯吡咯烷酮（PVP）常作为血浆扩溶剂，通过增加亲水性改变了聚砜和聚醚砜膜的抗凝血性。

（5）表面粗糙度。生物医学纤维的表面粗糙程度是影响血液相容性的重要因素。一般认为，对于同种材料而言，表面越粗糙，暴露在血液上的面积越大，凝血的可能性也增大。因此，为了防止凝血，必须提高生物医学纤维表面的光洁度。

（二）组织相容性

异体材料与生物活体组织接触时，两者相互影响发生各种各样的作用。这些相互作用包括机械作用、物理作用、化学作用。它既可引起生物体方面发生变态反应、急慢性反应、血栓形成、急性炎症、催畸、致癌等排异反应以及促进组织功能恢复、免疫系统活化等医疗上的有效反应，也使材料在生物体内发生理化性质变化导致劣化、功能下降等。因此，作为医用材料除应具有良好的血液相容性外，还必须有组织相容性。

1. 组织相容性的含义

组织相容性是指材料与血液以外的生物组织接触时，材料与组织之间的亲和能力。某种材料的组织相容性好，是指这种材料能够与肌体相互适应，即植入的材料不能对周围组织产生毒副作用，特别是不能诱发组织致畸和基因病变；反过来，植入体周围的组织也不能对材料产生强烈的腐蚀作用和排斥反应而引起材料性能的改变。但实际上，只要生物医学材料与肌体某部位接触，必然会相互影响。反之，材料本身也有可能在生物体的作用下发生结构、功能变化。导致材料与生物体相互影响的原因，在于生物体处于动态平衡之中。一旦材料进入体内，就会使这种动态平衡遭到破坏，肌体就会做出反应。这种反应的严重程度或这种反应是向正向性还是向负向性发展，决定着材料的生物相容性。

作为生物医学纤维必须要有良好的组织相容性。具体来说，当生物医学纤维置于一般组织表面、器官空间组织内等处时，活体组织不应该发生排斥反应，材料自身也不因与活体组织、体液中多成分长期接触而发生性质劣化、功能下降。否则将会造成严重的后果。例如，当人工血管长期与血液接触时，由于生物活体内的脂质、蛋白质、钙等吸附、沉积、渗透等作用会使其丧失弹性而变成动脉硬化型，从而影响使用者的健康。由此可见，生物医学纤维料的组织相容性也是十分重要的。目前用作人工皮肤、人工气管等软组织材料的胶原纤维、丝蛋白纤维、纤维素纤维、甲壳素类纤维、碳纤维等以及用作人工关节、人造骨等硬组织材料的超高分子量聚乙烯纤维、聚四氟乙烯纤维等均具有良好的组织相容性。

良好的组织相容性具体表现为生物医学纤维和生物体结缔组织中的胶原结合成为一体，并能保持长时间稳定牢固的结合。例如，用胶原质制备的电纺纤维与天然聚合物结构及生物性能极其相似，因此组织相容性好，非常适合作为组织工程材料。但应当指出的是，某些生物医学纤维长期植入机体仍然对组织细胞会产生影响，甚至诱发肿瘤，只是不同的生物医学纤维所制成的人工器官植入体内诱发肿瘤产生的潜伏期有所不同而已。

2. 影响生物医学纤维组织相容性的因素

研究表明，生物医学纤维的化学结构、相对分子质量及其分布、支化或交联、结晶性、酸碱性、亲水性疏水性平衡、微观多相分离结构、含水率高低等均影响其组织相容性。即使是同一种生物医学纤维，也会因形状的差别而影响组织反应。另外，织物中纤维之间的排列或堆砌结构对其组织反应也有一定影响。

影响生物医学纤维组织相容性的主要因素如下：

（1）纤维的一次结构。生物医学纤维组织相容性的优劣，主要取决于纤维的化学稳定性。本身作为大分子物质材料，如果其结构完整，不析出小分子物质，机体就不会对其排斥，它也不会对机体产生毒性反应。如果纤维的稳定性较差，存在于纤维中的小分子物质易析出，它们都可作为抗原刺激机体产生反应，机体为了抵抗异物对生物体的入侵，必然会启动自身防疫系统，发挥其对异物的排斥作用，以维持机体的自稳态。纤维中残留的有毒性或刺激性的小分子物质不仅可刺激组织产生反应，甚至可诱导肿瘤的发生。

化学纤维的稳定性与纤维的一次结构密切相关。纤维的一次结构的范围为成纤聚合物的组成和构型。一般说来，聚丙烯等疏水性纤维，由于没有可水解的化学键，因此具有很好的稳定性。而 PET 化学结构中由于存在大量酯基，因此在高温和水的存在下，易引起大分子链水解，导致相对分子质量下降。因此，在生物医学纤维的研制开发中，要注重纤维化学结构的稳定性和完整性。

（2）纤维的二次结构。化学纤维的二次结构指整个分子的大小和在空间的形态（构象），包括相对分子质量及其分布、支化或交联等链空间的不规则性。一般认为，组织反应程度与成纤聚合物的相对分子质量有关，相对分子质量较高的成纤聚合物，一般纤维中小分子物质较少，引起组织反应相应较低。因此，由相对分子质量较大的聚合物制备的生物医学纤维不易引起组织反应。此外，成纤聚合物相对分子质量分布窄或有交联结构的生物医学纤维，组织相容性也较好，其顺序如下：聚四氟乙烯纤维>聚乙烯醇纤维>聚丙烯腈纤维>聚酰胺纤维等。

（3）纤维的形状和表面粗糙度。生物医学纤维的组织相容性的优劣不仅与成纤聚合物的结构有关，还与纤维的尺寸、形状和表面粗糙程度有关。在细胞增长的评价实验中发现，电纺纤维的纳米结构有利于促进细胞生长，能够有效地促进细胞的接触和渗透。扫描电镜的观察表明，种入纳米纤维支架的细胞，与其环境有良好的相互作用，把细胞种在这样的支架上，有利于保持其结构，并沿纤维定向生长。

研究表明，与表面粗糙的纤维相比，表面平整光滑纤维的组织相容性一般较差。有动物试验证明，与组织接触一段时间，纤维的周围可形成一层与纤维无明显结合的、由纤维细胞平行排列而成的包裹组织，易引起炎症，使得肿瘤发生的潜伏期缩短。若纤维表面粗糙，可促进组织细胞与纤维表面的黏附和结合，肿瘤发生的潜伏期延长。

（4）纤维的形态结构。生物医学纤维的形态结构（如孔尺寸、孔隙率等）的差别也影响组织反应。例如，电纺纤维的孔隙率达90%以上，为细胞生长提供了更多的结构空间，有利于支架与环境之间的营养交换及新陈代谢，因此是理想的支架材料。

研究表明，孔径分布与组织的生长有关。对于人造血管而言，细胞生长的最佳孔径为 $20 \sim 60 \mu m$；对于骨生长，要求支架孔径在 $100 \sim 350 \mu m$，孔隙率大于90%。

（5）织物的织态结构。由纤维组成的生物医用织物具有不同的织态结构，它们对织物的组织相容性也有一定影响。因此，由生物医学纤维编织而成的三维结构的细胞支架材料，应该满足形状和大小上不同细胞生长的需要。对于单种细胞的组织工程，为了细胞能进入支架，要求支架具有多孔结构，且具有呈一定大小的孔径和孔强度的开放型结构，而且不同方向的孔径要相同。然而，对于多种细胞的组织工程细胞支架，由于内皮细胞和成纤维细胞的大小不同，要求支架呈具有两种不同孔径的双层结构。除此之外，为了保证细胞能按单一方向增殖生长，细胞支架的孔隙也需呈一定方向性的排列。搭桥用品通常通过经编或机织制成直线状或双叉形。某些机织血管移植用纺织品，每隔开几梭纱采用罗组织结构，尽量减少松脱和位移。采用热定型可使其呈皱缩结构，以改进聚酯材料血管移植产品的处置特性。

三、对生物医学纤维生产与加工的要求

生物医学纤维的应用直接关系到人类的健康乃至生命安全，因此除了对其生物相容性、组织相容性和力学相容性有严格的要求之外，对其生产与加工的要求也远比普通的纺织纤维要求高。为了防止在生物医学纤维生产、加工过程中引入对机体有害的物质，必须从原料就开始，对以下几个方面进行精密、细致、严格的专门制造和管理。

（一）原料

用于合成生物医学纤维的原料纯度必须严格控制，不能带入有害杂质，重金属含量不能

超标。例如，通过丙交酯开环聚合制备 PLA，采用的催化剂辛酸亚锡本身无毒，又可作为食品添加剂，因此产物一般不必对催化剂进行分离。而作为生物医学纤维的原料，不希望 PLA 含有重金属，因此，必须对含有 Sn 的 PLA 进行纯化。脂肪酶催化开环聚合，催化剂不含重金属，因此在生物医学纤维用聚乳酸的合成研究中很受关注。对制备壳聚糖纤维的原料要求进行安全性试验。

（二）加工助剂

生物医学纤维的所有加工助剂必须符合医用标准。例如，PLGA 纤维制备过程中使用的油剂必须采用专用油剂，既能使 PLGA 纤维的后加工顺利进行，又要确保产品的力学和生物指标符合国家标准。PLGA 可吸收缝合线着色的颜料也要采用符合生物医学材料要求的专用颜料。

（三）生产环境

生物医学纤维属于医疗器械的范畴。根据国家市场监督管理总局的有关规定，医疗器械的范畴必须按照《药品生产质量管理规范》（GMP）组织生产。"GMP"是一种特别注重制造过程中产品质量与卫生安全的自主性管理制度，适用于制药、食品等行业的强制性标准。因此，生物医学纤维的生产环境必须符合 GMP 标准，具体应该根据产品的规格，确定适宜的洁净级别。依照 GB 50073—2013《洁净厂房设计规范》的划分可分为 9 个级别，而常说的洁净车间级别 5 个等级为 4~8 级（对照 ISO 4~8 级）即十级、百级、千级、万级、十万级。例如，人工肾用中空纤维的生产车间的洁净级别需要十万级。

总之，对生物医学纤维的要求是非常严格的。在生物医学纤维进入临床应用之前，都必须对材料本身的物理化学性能、力学性能以及材料与生物体及机体的相互适应性进行全面评价，通过之后经国家管理部门批准才能临床使用。

对于不同用途的生物医学纤维，往往又有一些具体要求。例如，对于用作修补心血管的纤维，不允许有血栓生成、破坏血细胞和酶、耗损血液中的电解质、具有逆免疫反应、改变血浆蛋白质的成分和损坏临近的组织。对于用作替换心血管的用品，则要求有高的弹性、最佳的抗拉范围、最佳的回弹性和疲劳耐久性。由于血液是在最苛刻的环境中工作的，因此作为心血管代用品，在使用中必须能够保持所要求的化学性质和物理性质。对于用作矫形复合材料中的增强纤维，由于它工作在高负荷情况下，因此其最重要的要求之一是在规定的使用时期内能保持一定的力学性能。对于用作缝合线的材料，由于必须要植入体内，并在一段时间内需维持一定的强度，所以还需要有一些特殊的要求。

项目三　天然高分子基生物医学纤维

自然界存在众多的天然高分子材料，它们是生物体的结构和营养物质，也是重要的生物医学材料和制药工业的原（辅）料。这些天然高分子材料，一般都必须经过物理或化学或物理化学的加工处理，才能符合医学和制药用途的特殊需要，有的还须经一定的化学修饰，以形成特殊的性能。但目前这些种类和数量众多的天然医用高分子材料并非都能作为生物医学纤维使用。另外，在天然高分子基生物医学纤维中，有些纤维并不是专门用于医疗领域的，如棉纤维、真丝、黏胶纤维等。本任务仅介绍几种主要用于医疗领域的天然高分子基生物医学纤维。

一、甲壳素类纤维

用甲壳素及其衍生物溶液纺制而成的纤维，统称为甲壳素类纤维。

甲壳素（Chitin）又名几丁质、甲壳质、壳多糖。甲壳素经浓碱处理脱乙酰基即制得壳聚糖（Chitosan，CS），壳聚糖又称脱乙酰甲壳素、可溶性甲壳素、黏性甲壳素、聚氨基葡萄糖、甲壳胺。甲壳素含有乙酰基、羟基，壳聚糖含有羟基和氨基，两者可通过化学反应生成系列衍生物。除了甲壳素与壳聚糖可以生产纤维外，它们的有些衍生物也可以生产不同用途的纤维。甲壳素广泛存在于节肢动物（蜘蛛类、甲壳类）的翅膀或外壳及真菌和藻类的细胞壁中。据估计，在自然界中甲壳素的年生物合成量约100亿吨，是地球上除纤维素以外的第二大有机资源。

用精制的甲壳素及其衍生物制备的甲壳素类纤维，具有优异的生物活性、生物相容性和生物可降解性，因此在生物医学领域具有重要的地位和广泛的用途。

（一）甲壳素类纤维的制备

1. 甲壳素类纤维纺丝原液的制备

用不同甲壳素类物质作原料制备纺丝原液的方法不尽相同。甲壳素的溶解性能差；壳聚糖的溶解性能优于甲壳素，生产中一般选用5%以下的醋酸水溶液作为溶剂；甲壳素与壳聚糖的衍生物多采用溶解性能优异的有机溶剂制备纺丝溶液，如二丁酰甲壳素以丙酮、乙醇、DMAc和DMF等为溶剂。

研究表明，甲壳素类物质的溶液浓度对其黏度有很大的影响。而纺丝溶液的黏度对其过滤性能、流变性、可纺性、纤维性能和生产效率都有很大的影响。甲壳素类纺丝溶液的浓度通常控制在3%～25%，例如，以5%以下的醋酸水溶液为溶剂时，壳聚糖纺丝原液的浓度为3%～7%。

为了改善纤维的性能和提高生产效率，研究者一直在探索改善甲壳素与壳聚糖溶解性能的方法。例如，在甲壳素配制纺丝溶液之前，再用醋酸酐和甲醇的混合液在57℃时浸渍搅拌4h。这样处理过的甲壳素的溶解性能得到改善，聚合物在溶解过程中不发生降解，因此制得的纤维的机械性能有较大的提高。

另外，甲壳素及其某些衍生物在适当的条件下能形成液晶相。因此制备液晶相的甲壳素类纺丝溶液，也是研究者的探索方向。

2. 甲壳素类纤维的成形

甲壳素及其衍生物大分子中极性基团较多，分子间作用力较强，热分解温度低于其理论上的熔融温度，因此，甲壳素类纤维的制造一般不能采用熔体纺丝方法，可以采用湿法纺丝、干法纺丝、干湿法纺丝、液晶纺丝和静电纺丝工艺。原料及溶剂不同，其成形工艺也不尽相同。

（二）甲壳素类纤维在生物医学方面的用途

甲壳素类纤维无毒性，具有能被人体内溶菌酶降解而被完全吸收的生物可降解性；对人体的免疫抗原性小，且具有消炎、止痛及促进伤口愈合等生物活性，完全符合医用纤维技术指标的要求。它们可纺制成长丝、短纤维，然后加工成各种纱线、机织物、针织物和非织造布。这些制品生物医学领域极具开发价值和应用前景。

1. 创面敷料

甲壳素衍生物是创面敷料的理想材料之一。目前，日本和美国等发达国家利用甲壳素及其衍生物制成的创面敷料已经广泛用于治疗各种创伤，如烧伤、烫伤、冻伤及其他外伤。东华大学将甲壳素或壳聚糖短纤维经梳理加工成网，再经叠网、上浆、干燥或用针刺制成非织造布。山东大正医疗器械股份有限公司杨一民等利用甲壳素纤维开发了新生儿脐带结扎保护带（甲壳素型）、可贴式伤口敷料（甲壳素型）、脐贴。

2. 可吸收手术缝线

用甲壳素或壳聚糖纤维制成的可吸收医用缝线克服了羊肠线等强力不足、保存不便、不易消毒的缺点。这种缝线在湿态下伸长率为 $17\% \sim 20\%$，与天然肌肉组织相当，同时可用常规方法消毒，毒性小。植入人体内的试验结果显示，甲壳素缝线植入体内 2 周后开始降解，3 月后完全吸收，其降解速度明显高于羊肠线，且组织反应小。

中国海洋大学邵凯制备了可吸收甲壳素手术缝线，并对其生物学功能和生物安全性进行了研究。

3. 牙周再生片

由于甲壳素类纤维不但可生物吸收，而且能方便地编织为微孔膜片，因此是制作牙周再生片的理想材料。上海第九人民医院和山东医科大学等曾经研究，初步试验结果表明，壳聚糖牙周再生片无明显膨胀性，具有较好的生物降解吸收性和组织相容性，60 天膜片的生物降解为 $36.7\% \sim 40.4\%$。

4. 神经再生导管

由甲壳素类纤维制成的神经导管，目前是研究得比较多的可吸收性神经导管之一。该材料目前存在的问题是脆性较高，当管壁较薄时碎裂塌陷；如管壁制作过厚，则会延长吸收时间，对再生神经产生局部压迫作用，因此至今还未能在临床得到应用，需要进一步深入进行研究。

5. 人工肾透析器

以甲壳素及其衍生物为原料制作的中空纤维膜，可以经受高温消毒，而且具有较好的机械强度和抗凝血性能，对 NaCl、尿素、维生素 B_{12} 等均有较好的渗透性，因此非常适合作透析用。用甲壳素及其衍生物制备的中空纤维组装的人工肾于 1983 年、1984 年分别申请了欧洲和日本专利。

6. 止血用品

甲壳素的止血作用在我国的医学经典里早有记载。目前外科手术中已采用壳聚糖作止血材料，能在创伤处与带负电的红细胞结合形成止血栓达到止血的目的。

甲壳素纤维可以制成各种止血纤维毡、绷带和纱布，使用方便，止血效果好，非常适合在皮肤科、妇科、口腔科及外科等手术中使用。

7. 组织工程材料

甲壳素类纤维由于便于进行三维编织，而且能在有效工作期内起到很好的支撑作用，随后逐渐被组织吸收，因此是理想的组织工程支架材料。目前，已有许多关于以甲壳素纤维为原料，通过体外构建各种组织工程化组织以修复组织缺损的报道。

二、胶原纤维

胶原属于蛋白质，是一种细胞外基质（ECM）的结构蛋白质，胶原分子在 ECM 中聚集为超分子结构，在它周围是由黏多糖和其他蛋白质组成的基质。胶原主要存在于动物的皮、骨、软骨、牙齿、肌腱、韧带和血管中，是结缔组织极重要的结构蛋白质，起着支撑器官、保护机体的功能。已确认的胶原类型有二十七种，常见的有五种。不同组织中的胶原，其化学组成和结构都有差异。

制备胶原的材料来源广泛，但主要以动物组织如猪皮、牛皮等生皮，猪、牛的跟腱，鱼鳞、鱼皮、禽爪，蜗牛等为提取原料。

胶原本身或与其他材料复合后，以膜、纤维、海绵、注射液等形式应用于眼角膜疾病、美容、矫形、创面止血等方面的实验及临床研究均取得了较满意的结果。因此，胶原作为一种天然高分子生物材料，应用前景十分广阔。

（一）胶原纤维的制备

胶原蛋白与一般植物蛋白相比更适合于制备蛋白纤维，这是因为胶原蛋白本身就是一种纤维状蛋白质，具有独特的棒状螺旋结构，力学性能非常优越，强度比植物蛋白纤维高。胶原蛋白纤维的制备技术主要有如下三种。

1. 分子自组装

研究表明，胶原分子本身可以配制成特殊的有组织结构。多个胶原分子头尾相连，聚集成很稳定的韧性很强的原纤维。在骨等组织中，这样的五根原纤维轴向平行地聚集在一起形成直径约为 4nm 的微纤维。微纤维进一步组装成直径在 10~300nm 的胶原纤维，具体直径或厚度取决于原料的类型和年龄。原纤维也可以直接聚合成胶原纤维。

在制备可溶性胶原过程中，酸、碱、酶、温度、氢键断裂剂等使胶原变性，变性后其组分以无规则链分子形式存在。当冷却或除去氢键断裂剂，可自主缔合形成胶原三螺旋结构。

经纯化的可溶性胶原在适当的缓冲液中加热至体温时，可在体内组织中原位形成与天然胶原纤维相似的有序纤维结构，或在进入组织前被诱导而复原。可溶性胶原在中性盐或稀酸溶液中抽提、透析时也会引起分子聚集成纤维。

2. 湿法纺丝

目前，将精制的胶原蛋白溶于水制成纺丝溶液，然后通过湿法纺丝工艺固化为纤维，是制备胶原纤维的主要方法。

3. 静电纺丝

以罗非鱼胶原蛋白（FC）和聚己内酯（PCL）为基础原料，采用静电纺丝法制备鱼胶原蛋白膜，该膜无细胞毒性和溶血作用，且能够促进细胞的黏附和增殖，并且植入体内后支持细胞浸润和组织血管化，是一种生物相容性良好的组织工程生物材料。

（二）胶原纤维的生物医学用途

由于胶原纤维良好的生物性能，因此在食品、保健、生物医学材料、药物缓释等方面显示了良好的应用前景。其作为生物医学材料的用途主要包括以下三个方面。

1. 外科手术缝线

由于胶原蛋白植入人体内会降解为氨基酸而被人体吸收，因而利用胶原制成的缝合线用于特殊的医疗手术具有重要意义。

采用胶原制成高强度纤维作手术缝线，早已收录于英国药典。当伤口愈合时，这种外科手术缝线不需拆线，可被人体吸收。经研究发现：可吸收胶原蛋白线在口腔种植修复手术切口无张力缝合中的临床效果较丝线编织非吸收性缝线的临床效果更加显著，应用可吸收胶原蛋白缝线能够有效提高患者伤口愈合效果、缩短愈合时间，同时减少不良反应。

2. 医用敷料

猪皮和人皮是两种十分有效的烧伤敷料，但成本高，还存在着人体对外来皮肤的排斥性问题。因此，人们用胶原纤维制备的医用敷料来代替皮肤。

目前胶原敷料已有产品上市，用于主治不同病原的皮肤损伤，如意外创伤、手术伤口、静脉柱塞性溃疡、烧伤等。

3. 组织工程支架

胶原这种能被蛋白酶降解的特性以及能促进细胞生长代谢，可与其他合成材料、无机材料、有机材料以及生物材料复合的特点，使之成为组织工程中的一种重要材料。

从生物材料要求的角度看，胶原具有疏松的多孔三维网状结构，适合制成各种支架而用于目标医疗过程；皮胶原中不含色氨酸且仅含少量的酪氨酸，决定了其抗原性较弱，通过适当的特殊加工处理后，可制成与人体具有较好的生物相容性的组织工程材料；皮胶原的力学性能良好，与合成材料基本相当；皮胶原易于成型加工和临床赋性；特别是皮胶原取自天然动物皮，来源丰富，价廉易得。因此，将皮胶原用于组织工程之中前景广阔。

三、海藻酸纤维

海藻酸纤维是以海藻酸为原料制成的合成纤维。

海藻酸是一种天然多糖，其化学组成为 β-D-甘露糖醛酸（M）和 α-L-古罗糖醛酸（G）经过 1,4 键合形成的线型共聚物，G 和 M 在海藻酸中的含量对纤维的成胶性能有明显的影响。

海藻酸在自然状态下存在于胞质中，起着强化细胞壁的作用。海藻酸与海水中各种阳离子结合成为各种海藻酸盐。从海藻中得到的提取物通常是海藻酸钠。海藻酸钠具有增稠、悬浮、乳化、稳定、形成凝胶、形成薄膜和纺制纤维的特性，在食品、造纸及化妆等工业有悠久及广泛的用途，特别是近年来发现在生物医学工程领域有重要用途。

（一）海藻酸纤维的制备

海藻酸盐纤维一般由湿法纺丝制备，将精制的可溶性海藻酸钠配置成一定浓度的水溶液，过滤、脱泡后经过喷丝板挤出后送入含有高价金属离子（镁离子除外，一般为钙离子）的凝固浴中，可溶性海藻酸钠与高价金属离子发生离子交换，即形成不溶于水的初生纤维（一般为海藻酸钙纤维），然后进行拉伸、水洗（将初生纤维表面多余的高价金属离子通过水洗去）、烘干、卷曲、切断等后处理。

含 G 高的海藻酸纤维由于钙离子与纤维的结合比较强，较难与人体中的钠离子发生离子交换。为了克服这个问题，有人对高 G 的海藻酸纤维进行改性，形成海藻酸钙钠的混合物，这样制取的纤维不需与人体发生离子交换即具有较高的吸湿性。

（二）海藻酸纤维的应用

海藻酸纤维与黏胶纤维相比原料来源少，且纤维由于含有较多的金属离子而比较脆弱，其力学性能，特别是湿强低，断裂伸长较高，因此尽管在人造纤维开发的初始阶段，海藻酸纤维曾和黏胶纤维一样被看作一种商业用纤维，但目前海藻酸纤维主要应用于医疗领域。

1. 医用敷料

针刺网状海藻酸钙非织造布通过黏胶剂黏接在普通非织造布上面，普通非织造布的另一面涂有防黏剂，针刺网状海藻酸钙非织造布上的防护纸四周与普通非织造布上的黏胶剂黏接且可撕开，此海藻酸钙敷贴使用方便，贴敷舒适，透气性好，创口愈合快，并且不粘连创面。

2. 绷带

"湿治愈"观念的建立，使海藻酸纤维成为新一代高科技绷带的重要原料。作为高性能的绷带，海藻酸绷带已取得了巨大的商业成功，其用量正以每年 40% 的速度递增。目前，高海藻酸钙、高 G 海藻酸钙钠、高 G 海藻酸钙等海藻酸纤维绷带已可以从大多数药品商处买到，并广泛应用于各种伤口的治疗。

3. 伤口充填物

海藻酸伤口充填物既可以与海藻酸敷料一样由非织造布工艺制成纱布，然后把纱布切割成狭长的条子而制成伤口充填物；也可在梳棉后把海藻酸纤维加工成毛条，经切割包装而形成最终产品。英国药典定义的高吸湿的充填物是指每克吸湿 6g 以上的产品。

4. 组织工程支架

海藻酸纤维生物相容性好，生物降解速率可以通过调整分子结构控制，因此比较适合做组织工程支架，但其力学稳定性较差。通过向海藻酸纤维支架引入细胞锚定位点，可以增强与特定细胞的相互作用，促进细胞发挥作用。

项目四　合成高分子基生物医学纤维

随着现代医学的发展和高分子科学向生物学和医学的渗透，科技工作者设计并合成的生物医学高分子材料品种日益增多，发展极为迅速，但这些合成生物医学高分子材料并非都能作为生物医学纤维使用。在生物医学领域有重要用途的合成聚合物基生物可降解纤维主要有聚乙交酯（PGA）、聚丙交酯（聚乳酸）（PLA）、聚乙交酯-丙交酯（PLGA）、聚-对二氧杂环己酮（PDS）和聚羟基脂肪酸酯（PHA）等。按照成纤聚合物的结构，它们可以分为两类：第一类是，生物可降解脂肪族聚酯纤维，包括 PGA、PLA、PLGA 和 PHA 等，前三者都是聚（α-羟基酸），PHA 是聚（ω-羟基酸）；第二类是，生物可降解聚醚酯纤维，主要是 PDS。

按照成纤聚合物的合成途径，它们可以分为两类：第一类是，化学合成聚合物基生物可降解纤维，PGA、PLA、PLGA 和 PDS 属于这一类；第二类是，生物合成聚合物基生物可降解纤维，PHA 属于这一类。

这些生物可降解纤维在体内逐渐降解，其降解产物被肌体吸收代谢，因此在医学领域具有广泛用途。

一、聚乳酸纤维

由于 PLA 具有良好的加工性能、优良的生物相容性和合适的机械性能，因此其产品的种类很多，用途很广泛。下面仅介绍其中的 PLA 纤维。

（一）聚乳酸的制备

1. 单体制备

PLA 的单体是乳酸（LA）。LA 是一种常见的羟基羧酸，又名 α-羟基丙酸。LA 的 α 碳原子连接四个不同的原子和基团，是一个不对称碳原子，因此有两种旋光异构体存在，即 d-乳酸（d-LA）和 l-乳酸（l-LA）。l-LA 的旋光性呈左旋，d-LA 的旋光性呈右旋。等量 d-LA 和 l-LA 混合而成的乳酸不具旋光性，称外消旋乳酸或 d, l-乳酸（d, l-LA）。

乳酸的制备方法有生物法和化学合成法。适合生物医学用途的乳酸采用发酵法生产，以玉米、马铃薯、甜菜等为原料，它们所含的淀粉可以分解变成葡萄糖，葡萄糖经发酵、分离、浓缩、精制后，即得到高纯度 LA。常用的菌种有乳杆菌属、链球菌属等。

2. 聚合工艺

PLA 的合成方法通常有两种，即丙交酯（乳酸的环状二聚体）的开环聚合和乳酸的直接聚合。

（1）丙交酯开环聚合法。丙交酯开环聚合法制备 PLA 即先将乳酸脱水缩合得到的丙交酯分离出来，再在催化剂作用下开环聚合得到 PLA，也称两步法。该法可制得高分子量 PLA，可以较好地满足加工的要求，因此是当今生产 PLA 的主要方法。

丙交酯的制备有两种方法：第一种方法是乳酸在高温、催化剂的作用下发生两分子酯化缩合反应，先得到乳酸直链二聚体，然后二聚体环化缩合成环状二聚体；第二种方法是先将乳酸缩聚成为相对分子质量较低的低聚物，然后使低聚物高温裂解制得丙交酯。目前实际生产中通常采用第二种方法。

一般认为，丙交酯的开环聚合属链式聚合反应，具体可在熔融聚合、本体聚合、溶液聚合、乳液聚合等不同的体系中完成。作为生物医学材料，不希望 PLA 含有重金属，因此必须对含有 Sn 的 PLA 进行纯化。使用脂肪酶催化乳酸开环聚合酶催化就没有纯化的麻烦。用超临界二氧化碳做溶剂，可以得到高纯度无溶剂残留的聚合物，能更好地用于生物医学方面。聚合反应的条件，如单体浓度、催化剂浓度、单体与催化剂用量的比例、聚合温度、聚合时间、聚合真空度等对 PLA 的相对分子质量有一定影响。

（2）乳酸直接缩聚法。该法由精制的乳酸直接进行聚合，是制备 PLA 最早也是最简单的方法。目前国内外都有一些采用熔融聚合和溶液聚合直接制备 PLA 的报道。但熔融聚合得到的 PLA 分子量通常较低，溶液聚合直接制备 PLA 目前尚未实现大规模工业化生产。

此外，美国杜邦公司等尝试用生物合成法制取 PLA，但目前仍处于研究阶段。

由各种乳酸或丙交酯得到的 PLA 的分子结构如图 4-1 所示。

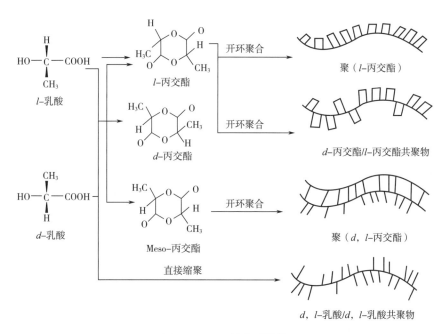

图 4-1　PLA 的分子结构

（二）聚乳酸纤维的制备

制备聚乳酸纤维的聚合体通常采用 PLLA。已经报道的纺丝方法主要有四种：干法纺丝、熔体纺丝、干湿法纺丝和静电纺丝，另外还有超临界流体法及凝胶冻干法。

1. 干法纺丝

干纺 PLLA 的制备主要采用干法纺丝—热拉伸工艺，一般采用二氯甲烷、三氯甲烷、甲苯、环己烷等做溶剂。纺丝溶液浓度、溶剂的组成、拉伸温度、拉伸速度、相对分子质量及其分布、纺丝环境温度和纤维直径等对成品纤维的性能均有影响。干纺 PLLA 初生纤维要进行热拉伸，拉伸过程中应使整个加热区的温度梯度保持稳定。纤维的拉伸强度很大程度取决于 PLLA 的相对分子质量和拉伸条件。因为在溶液中大分子链的缠结程度比较低，因此干纺 PLLA 纤维的机械性能比熔纺 PLLA 纤维好。

2. 熔体纺丝

熔纺同干纺相比，具有工艺简单、无须有毒溶剂的特点，经济上有优势，因此聚乳酸熔纺的研究非常活跃。PLLA 熔体纺丝的生产工艺可以采用熔体纺丝—热拉伸两步法和熔体高速纺丝一步法。高速纺丝不仅可以提高聚乳酸纤维的产量，还可通过其本身的热拉伸过程生产非取向或部分取向的纤维，但两步法制得的聚乳酸纤维的机械性能一般优于高速纺丝制得的纤维。

3. 干湿法纺丝

西鹏等采用干湿法纺丝—热拉伸工艺制备了 PLA 纤维，根据凝固条件和拉伸热的条件，调节聚乳酸的取向度、结晶度、晶粒尺寸和热性能，以满足医用 PLA 纤维的要求。

与通过熔体纺丝制备的 PLA 纤维表面很光滑不同，通过干湿法纺丝制备的 PLA 纤维表面有明显的凹槽，其中孔洞是丝条进入凝固浴后溶剂与凝固剂之间的双扩散导致相分离而形成。后续的拉伸过程，可改善纤维不规则的表面和内部孔洞的形态结构。

4. 静电纺丝

静电纺丝法装置简单，操作方便，制备的聚乳酸纤维直径小，有很大的比表面积。其非织造膜具有超高的特异性、比表面积和孔隙率，在组织工程支架材料、伤口包覆、新型药物释放载体等生物医用领域有着广阔的应用前景。

5. 超临界流体法

利用超临界流体技术，使聚合物的超临界溶液通过小直径喷嘴，在一定溶剂中快速膨胀时，依据聚合物浓度、温度、压力、喷嘴长径比不同，可形成聚合物微球、细丝、纤维、网状物、海绵等形态。当聚合物浓度较高、预膨胀温度高、压力低、喷嘴长径比小时，有利于形成纤维。采用超临界流体法制备的聚乳酸纤维直径小于 100nm。研究认为，PLA 的浓度对纤维的形成起决定作用。

6. 凝胶冻干法

凝胶冻干法是制备 PLA 作为组织修复纤维支架材料的新方法。聚合物溶液经热致凝胶、溶剂交换及冻干处理，获得了纳米级纤维多孔支架，作为细胞间质实现对细胞的支撑，为细胞生长、增殖提供良好的环境。研究发现，聚合物浓度、凝胶温度、溶剂交换及冷冻温度对纳米级纤维的结构有影响。

（三）聚乳酸纤维的生物医学用途

PLA 纤维可以同常规化学纤维一样制成长丝、短纤维、单丝和非织造布等制品，装置无须进行大的改动即可生产编织物、带子等，因此，PLA 的产品形式多样，用途十分广泛。由于 PLA 纤维具有优良的生物可降解性、生物相容性、力学性能以及好的可塑性、易加工成型，因此是最重要的生物医学纤维之一。

1. 可吸收手术缝线

PLA 纤维可以达到一般合成纤维的力学性能，能满足手术缝线强度的要求，又能随伤口愈合而被机体缓慢分解吸收，尤其适合人体深部组织的缝合，因此是可吸收缝线的主要原料之一。但其降解速度比 PGA 和 PLGA 缝线慢，因此使用量没有 PGA 和 PLGA 缝线多。

2. 补强用的网制品和织物

由 PLA 纤维制作的网制品和其结构类似的织物，可以用于疝的修补和胸腔壁的再造。完全由 PLLA 纤维制成的增强网制品已有出售，而且受到了外科医生的欢迎。

3. 组织工程支架

PLA 纤维不但具有良好的生物相容性和生物降解性，而且可以方便地通过编织技术加工成组织工程支架，因此在组织工程中作为细胞生长载体具有广阔的应用前景。其在骨组织再生、人造皮肤、周围神经修复等方面已经取得了较大的进展。

此外，PLA 纤维在人工管道、人工韧带、人工肌腱、创面敷料、绷带、尿布、脱脂棉、卫生巾、一次性失禁用品、即弃工作服等医疗用品方面也已经显示广阔的应用前景。

二、聚乙交酯纤维

聚乙交酯（PGA）又称聚乙醇酸、聚羟基乙酸，它也是聚（α-羟基酸）纤维。聚乙交酯是应用很广泛的可吸收生物医学高分子材料，是第一批被美国 FDA 批准的生物可降解合成高分子材料，可以作为微球、微囊、植入剂等剂型的药用辅料和手术缝线等生物医学材料。

由于 PGA 纤维与 PLA 纤维在成纤聚合物的制备和纺丝工艺等方面有许多相似之处。

（一）聚乙交酯的制备

1. 单体制备

PGA 目前主要采用乙醇酸为原料。乙醇酸在自然界广泛存在，如砂糖、成熟的葡萄以及植物的叶子等，制浆工厂的废液中也存在大量乙醇酸。乙醇酸属于醇酸，其工业化生产方法有生物法和化学合成法。适合生物医学用途的乙醇酸采用熟曲霉菌发酵法制备，从乙酸钙中得到乙醇酸。

2. 聚合工艺

采用乙醇酸为单体合成 PGA 的方法通常有两种，即乙醇酸的直接聚合和乙交酯（乙醇酸的环状二聚体）的开环聚合。

（1）乙交酯开环聚合。为了制备高分子量 PGA，一般先从乙交酯级乙醇酸开始，形成低聚物后再解聚为环化的乙交酯；再以锑、锌、铅或锡化合物为催化剂，使乙交酯进行开环聚合，可以控制聚合物相对分子质量和加快聚合反应速率。

（2）乙醇酸直接聚合。PGA 可用三氧化锑为催化剂经乙醇酸缩聚来制备。即使没有催化剂，乙醇酸的脱水缩聚反应同样可以进行。该法生产工艺简单，然而其相对分子质量很难超过 20000。这样的 PGA 机械性能差，因此只能用于药物释放体系，不能用于制备缝线、骨夹板等需要较高机械性能的产品。

（二）聚乙交酯纤维的制备

由于 PGA 的溶解性极差，因此很少见溶液纺丝的报道。目前，PGA 的纺丝主要采用熔融法。但因其熔点比 PLLA 高 50℃ 左右，熔点和热分解温度非常接近，而且比 PLLA 亲水，因此比 PLLA 更容易降解，从而导致其纺丝比 PLLA 困难。西鹏等对 PGA 纤维的纺丝工艺进行了研究，认为要制备具有较好机械性能的 PGA 纤维，必须比 PLLA 更严格地控制原料的含水率和加工温度，并且应采用低速纺丝+高倍后拉伸+中速拉伸的工艺。

（三）聚乙交酯纤维的生物医学用途

PGA 结晶度高，其纤维强度和模量也比较高。由于生产成本高，因此目前 PGA 纤维主要应用于医疗领域。

1. 可吸收手术缝线

PGA 纤维可以制成手术缝合线。美国氰氨公司采用 PGA 纺制聚乙交酯纤维，编织成缝线后以 Dexon 的商品名投放市场，成为最早用作可吸收手术缝线的人工合成材料。

2. 组织工程支架

PGA 及其共聚物作组织工程支架材料，可以负载上移植的器官或组织的生长细胞，使其培养、自然生长形成组织、器官，利于组织修复，因此适合在周围神经再生导管、人工肌腱、人工肝等方面做组织工程支架。

聚乳酸和聚乙交酯虽然具有许多优点，但也各有先天不足。因此由各种单体形成的共聚物的研究开发成了生物可降解高分子材料的研究热点之一。目前，已相继合成了一系列共聚物，其中 PLGA 是应用最广泛的一种，它是乳酸与乙醇酸或乙交酯与丙交酯的共聚物。PLGA 与 PLA 和 PGA 一样，也已被美国 FDA 批准作为生物医学材料，在医疗领域有重要用途。美国爱惜康公司开发的 PLGA 可吸收手术缝线 Vicryl 是目前应用最为广泛的可吸收合成聚合物基复丝缝合线，Vicryl 的强度可保持 3 周左右，到 7~10 周时，它就会被酸水解完全分解。上海天清生物材料有限公司使用东华大学的技术，以 PLGA（10/90）为原料制成的医用缝线已经投放市场多年。

三、聚对二氧六环酮纤维

聚对二氧六环酮（PDS）又称聚对二氧杂环己烷酮、聚对二氧杂环乙酮，是 20 世纪 70 年代后期开始研究开发的一种生物可降解的化学合成高分子材料。PDS 可吸收缝线强度高，柔性好，是第一种由单丝制得的商品化可吸收手术缝线；也是迄今为止性能最优良的手术缝线。

（一）聚对二氧六环酮的制备

1. 单体制备

PDS 的单体对二氧六环酮（PPO）可以从两种原料出发合成：羟乙基乙酸成环生成 PPO，二乙二醇脱氢成环制得 PPO。

2. 聚合工艺

PDS 可采用熔融聚合、溶液聚合和乳液聚合等方法制备。由含有羟基的引发剂如水、醇、羟基酸及其酯，在催化剂金属氧化物或金属盐二乙基锌、辛酸亚锡或乙酰丙酮锆等作用下，引发二氧六环酮进行开环聚合。反应产物中往往残留有1%以上未反应的单体，这些残留单体和催化剂必须除去。

（二）聚对二氧六环酮纤维的制备

PDS的纺丝采用熔体纺丝工艺。采用单螺杆挤压机，将PDS熔融后通过喷丝头挤出，冷却后成单丝或复丝。初生纤维结构不完善，机械性能较差，必须经过一系列的后加工。首先在室温下放置1~24h，使初生纤维部分结晶；然后通过拉伸以提高纤维的强度；最后进行热定型，使纤维的结构进一步完善。

（三）聚对二氧六环酮纤维的应用

PDS纤维是专门为了生物医学用途而研究和开发的，目前其用途限于医疗领域。

1. 可吸收手术缝线

由于PDS具有较低的玻璃化转变温度和分子链上有醚键，因此柔韧性明显比PGA、PLA和PLGA好，可制成各种尺寸的单丝缝线。

PDS纤维在肌体内强度保留率大，在28天后仍保留50%的强度，完全吸收需180天。因此PDS又是第一种可提供较长的伤口支持时间的可吸收手术缝线，常被临床用于愈合缓慢的伤口缝合。PDS单丝缝线的结构能使其流畅地通过组织，减少其表面与组织的摩擦；同时单丝结构可避免产生毛细管作用，细菌生长机会较少，因而也消除了因缝合线而起的感染机会。因此还有利于避免伤口污染。经工艺改进后研制的PDS II缝线，使用起来更顺手。

2. 外科内固定物材料

由于PDS生物可降解、玻璃化温度低、常温下强度高且可拉伸，因此作为外科内固定物材料具有独特的应用价值。例如，PDS纤维可用于颌骨正畸手术的固定。

四、聚羟基脂肪酸酯纤维

羟基脂肪酸酯（PHA）是一类生物合成的聚酯的统称，作为一种能量和碳的储存介质存在于微生物体内，PHA可通过有机溶剂从生物体内萃取而得。最早通过这种方法分离得到PHA材料的是聚β-羟基丁酸酯（PHB），现在国际市场上有3-羟基戊酸（3HV）含量在0~30%（摩尔分数）的P（3HB—co—3HV）共聚物出售。

（一）聚羟基脂肪酸酯的制备

1. 生物合成法

聚羟基脂肪酸酯主要采用生物合成法制备，具体有发酵法和转基因法等。研究比较热门的是采用转基因法合成PHA，但目前实际生产主要采用的是发酵法，采用该方法制得干细胞中PHA的含量可达70%。

约有70种细菌可在碳培养基如糖、链烷酸、醇和烷烃中生产PHA。由某一细菌生产的PHA的组成取决于该PHA生物合成路径中酶作用物的专一性。PHB均聚物以丁酸为碳源合成，含有95%（摩尔分数）3HV的P（3HB-co-3HV）共聚物用戊酸合成。以3HB和1，5-戊二醇为碳培养基，真氧产碱菌可生产3HB和3-羟基丙酸（3HP）的无规共聚物［P

（3HB-co-3HP）］。3HB 和 3-羟基己酸（3HH）的无规共聚物可用豚鼠气单胞菌从橄榄油中生产。

2. 化学合成法

由于生物合成法的造价很高，科研工作者一直在寻求 PHB 其他的合成方法，用丁内酯开环聚合制备 PHB 是其中一种，采用配位化合物作为催化剂，聚合温度为 50～100℃，所得 PHB 相对分子质量分布较宽。另一种合成方法是阴离子聚合法，采用碱金属醇盐/冠醚为引发体系，可合成不同立构规整性的 PHB，平均分子量可达到 40000，相对分子质量分布较窄。

（二）聚羟基脂肪酸酯纤维的制备

PHB 和 PHA 可通过熔体纺丝制成纤维。但由于 PHBV 在加工过程中对 HV 含量、温度以及剪切速率比较敏感，因此应该对常规熔纺工艺进行必要的改进。例如，要减少物料在加热区的停留时间；适当降低纺丝温度，以降低 PHBV 的热降解，促进结晶。

（三）聚羟基脂肪酸酯纤维的生物医学用途

PHA 良好的生物相容性、生物可吸收性及较长的生物吸收周期、较高的熔点，使其在医疗和其他一些特殊环境中具有良好的应用前景。

PHA 作为可降解材料，可以构建心脏瓣膜组织工程支架，材料表面的粗糙程度、孔洞的大小及分布等都对细胞形态、黏附、铺展、定向生长及生物活性有很重要的影响，人工生物心脏瓣膜如图 4-2 所示。但现在 PHA 类生物材料的价格还较高，因此它主要用于医学医药及化妆品领域，如手术缝线、药物控制释放体系等。

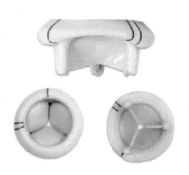

图 4-2　人工生物心脏瓣膜

项目五　生物医学纤维的应用

生物医学纤维的应用可以划分为体外应用和体内应用两大部分。体外应用是指以下两种情况：所用纤维不接触皮肤，或者至多接触无损伤的皮肤；仅暂时接触受伤的组织或黏膜。除此之外所有其他的应用都被划分为体内应用。

另外，组织工程学已发展成为集生物工程、细胞生物学、分子生物学、生物材料、生物技术、生物化学、生物力学以及临床医学于一体的一门交叉学科。而生物医学纤维材料在组织工程中占据非常重要的地位。

一、生物医学纤维材料在体外的应用

生物医学纤维材料只接触未损伤的皮肤或根本不接触皮肤的，有下列一系列制品：手术衣（大多数由纤维素纤维的机织物或非织造布制成），面罩、鞋罩（纱布、非织造布），被单、衬垫（夹有非织造布的层状塑料制品），胶布（一种带有黏着剂的薄膜、机织的和针织的条带或非织造布），手术罩布（夹有非织造布的层状塑料制品）等。暂时与受伤组织或黏膜相接触的纤维制品有：伤口保护材料、绷带、纱布、膏药布，人工肾、人工肝、人工肺及血液过滤器等体外循环装置以及光导纤维仪等。

生物医学纤维体外用制品的使用范畴、传统使用的纤维种类及主要制备技术列于表4-1。下面介绍其中的三类产品。人工肾、人工肝和人工肺等体外循环医疗器械虽然在体外应用，但和体内的呼吸系统、血液循环系统或体液连接，因此又称为半体内应用材料，后面将专门进行讨论。

表4-1 体外用生物医学纤维制品

产品应用		材料类型	制备技术
伤口保护类	吸收层	棉、黏胶人造丝	非织造法
	伤口接触层	蚕丝、聚酰胺纤维、黏胶人造丝、聚乙烯纤维	针织法、机织法、非织造法
	基层材料	黏胶人造丝、塑性薄膜	机织法、非织造法
绷带类	简单绷带	棉、黏胶人造丝、聚酰胺纤维、弹力纱	针织法、机织法
	非弹性/弹性绷带	棉、黏胶人造丝、弹力纱	非织造法
	轻支撑绷带	棉、聚酰胺纤维、弹力纱	针织法、机织法、非织造法
	应力绷带	棉、黏胶人造丝、聚酰胺纤维	针织法、机织法
	矫形绷带	聚丙烯纤维、聚氨基甲酸酯泡沫	机织法、非织造法
膏药布类		黏胶人造丝、塑性薄膜、棉、聚酯纤维、玻纤、聚丙烯纤维	针织法、机织法、非织造法
纱布类		棉、黏胶人造丝	机织法、非织造法
软麻布类		棉	机织法
衬垫类		黏胶人造丝、棉短绒、木浆	非织造法

（一）创面敷料

创面敷料是用来治理伤口的材料。在轻度烧伤（Ⅰ、Ⅱ度）的情况下，通常用创面敷料将创伤部位覆盖起来，以便抑制体液的蒸发和防止细菌的侵入；在重度烧伤（Ⅲ度）的情况下，应该使用人工皮肤。

创面敷料通常由三层组成：接触伤口层、吸收层和基体材料层。伤口敷料不能和伤口粘连，要取下方便，不损伤新的组织生长。中间层吸收血水，对伤口起隔垫层作用，保护伤口。基体材料层涂有黏结剂，使敷料定位。紧密的机织物能提供较平整的衬垫，可使吸收加快，而稀疏结构则较蓬松，保护作用较好。理想的创面敷料应该松软、柔韧，保护伤口免受进一步伤害，使用方便，取下容易，无菌、无毒、不掉絮毛。

1. 创面敷料用生物医学纤维

（1）不吸收生物医学纤维。纱布和涂石蜡纱布是最常用的创面敷料，绝大多数纱布是棉质松软性平纹织物。纱布大多用于外表伤口，也有用于体内作垫料和一般的揩拭使用。因为创面敷料的主要着眼点是消毒，也可考虑使用非织造布。

聚丙烯纤维及其织物传统上是用作面层材料，和吸收性基片结合在一起，常用作烧伤敷料和绷带。这种敷料用起来很舒适，无害，且能保持皮肤干爽。也有用炭化黏胶纤维作敷料的报道，这类敷料透气吸湿性优异，能保持创面干燥。

（2）可吸收生物医学纤维。目前在创面敷料方面正开发和应用的可吸收生物医学纤维主要为骨胶原纤维、海藻纤维、甲壳素纤维和细菌纤维素纤维。

用甲壳素类纤维制备的创面敷料具有止血、消炎、杀菌、促进伤口愈合，而且愈合后的创面与正常组织相似，无疤痕。东华大学研制的甲壳素类创面敷料已获得上海医药管理局市场准入注册。由发酵法生产的甲壳素纤维非常适合用作创面敷料，用于渗出液较多的慢性溃疡伤口。

胶原纤维生物相容性优良，免疫性低，具有良好的止血作用，能促使肉芽组织的生长，因此是理想的医用敷料材料之一。研究表明，胶原在促进伤口愈合方面具有引导功能和成核作用。

海藻酸纤维制成的医用敷料的优异性能是它能跟脓血接触后形成胶体；与亲水基团结合的"自由水"成为氧气传递的通道，氧气通过吸附—扩散—解吸的原理从外界环境进入伤口内环境，纤维内的高 G 段作为纤维的大分子骨架连接点成为水凝胶的相对硬性部分，成为氧气通过的微孔，因此避免了伤口的缺氧环境，提高了伤口治愈环境的质量。但海藻酸医用敷料不宜用于干燥或有硬痂的创面。

细菌纤维素是由一定的生物（主要为细菌）生产的细胞外纤维素。研究表明，细菌纤维素敷料对皮肤创伤性损伤具有促进愈合和抗感染的作用；同时，为新生的毛细血管和成纤维细胞提供合适的三维支架，可允许成纤维细胞和毛细血管逐渐长大。现已有用其制成的创面敷料商品。与其他创面敷料相比，细菌纤维素敷料在潮湿情况下机械强度高、对液、气及电解物有良好的通透性、与皮肤相容性好，无刺激性，可有效缓解疼痛，吸收伤口渗出的液体，促进伤口的快速愈合，有利于皮肤组织生长。其缺点就是大范围移动过程中缺少弹性。

2. 新型创面敷料

随着新型纤维的开发以及纱线和织物的新型制造工艺的开发，已经出现了一些让使用者感到更为舒适的创面敷料。

（1）自黏合敷料。这种敷料很安全，白黏合柔软性有机硅敷料属于选择性微黏合敷料，使用时，与黏合敷料相比较，皮肤浅表层（角质层）的剥离可降到最低。

（2）抗菌敷料。随着抗生素对细菌抵抗性的日益普遍，以及医院病区对细菌交叉感染的日益重视，抗菌功能正在成为医用敷料所必要具备的一项重要性能。目前，市场上已经出现了一些具有优良抗菌性能的含银医用敷料，这些产品所使用的载体材料各不相同，包括海藻酸、聚氨酯泡沫、细菌纤维素等。

（二）绷带

绷带是用来包扎伤口的织物，作用是将创面覆盖物紧贴在伤口处，隔离伤口与外界的接触。它可用于多种医疗场合，包括把创面敷料固定于伤口处。绷带可以是机织、针织或非织造产品，可以有弹性或不带弹性。

1. 绷带用生物医学纤维

（1）不吸收生物医学纤维。简单绷带采用棉、黏胶人造丝、聚酰胺纤维和弹力纱，用机织、针织织成。弹性绷带采用棉、黏胶人造丝和弹力纱，用非织造法制成。压力绷带的原料为棉纱、弹力纱、黏胶人造丝和聚酯纤维，用机织、经编织成。非织造矫形用垫料绷带，用聚酯或聚丙烯和天然纤维或其他合成纤维混纺材料制成，也可采用聚氨酯泡沫材料。

棉纤维优良的透气性、吸湿性和柔软性非常符合绷带的要求，因此是绷带最主要的原料。黏胶人造丝也具有优良的透气性和吸湿性，在干态下也较柔软，但吸湿后容易发硬和伸长，因此较适合应用于非皮肤破损性伤口的包扎。

（2）可吸收生物医学纤维。海藻酸纤维是新一代高科技绷带的重要原料，海藻酸纤维绷带的特点为吸收性高、易去除，具有"凝胶阻塞"性和生物降解性。海藻酸纤维绷带与渗出液接触时，纤维大大膨化，大量的渗出液保持处于凝胶结构的纤维中；此外，单个纤维的膨化减少了纤维之间的细孔结构，使流体的散布被停止。这种"凝胶阻塞"性，使得伤口渗出物的散布对健康组织的漫溃作用大大减少。

此外，胶原、海藻酸、壳聚糖纤维等可吸收生物医学纤维，对伤口治愈过程十分有用，也是绷带的理想材料。丝素是从蚕丝中提取的天然高分子纤维蛋白，具有良好的生物相容性及可降解性，已被证明有利于伤口愈合、不过敏、减少伤口感染，也可用于绷带。

2. 新型绷带

（1）自硬化绷带。这种新型绷带材料由纱布上浸渍了以异氰酸酯封端的聚氨酯预聚体制成。使用时，将这种材料须先在水中浸润一下，预聚体很快反应生成聚氨基甲酸酯，并形成交联结构，柔软的纱布会变得同铁板一样硬，这样即可固定骨折的部位。

（2）智能绷带。用相变材料（PCM）制成的绷带，具有平衡温度的作用，还可以通过动态的气候控制来降低材料内部的相对湿度，能减少排汗，提高舒适感。用湿致形状记忆纤维制成的压力绷带，在血液中收缩，伤口上所产生的压力会止血，绷带干燥时压力又消除。这种智能压力绷带用于病人的护带或护罩，可以帮助病人在比较舒适的情况下恢复健康。

二、生物医学纤维材料在体内的应用

生物医学纤维材料在体内的应用主要涉及手术缝线、软组织植入物、矫形植入物和心血管植入物等，传统使用的纤维种类及主要制备技术列于表 4-2。下面对其中一些主要制品做介绍。

表 4-2 体内用生物医学纤维材料

产品应用		纤维类别	制造方式
缝线	生物可降解缝线	胶原、甲壳素、聚乙交酯、聚丙交酯、聚乙交酯—丙交酯	单丝法、编织法
	生物不可降解缝线	聚酰胺、聚酯、特氟纶、聚丙烯、钢、聚乙烯	单丝法、编织法

续表

产品应用		纤维类别	制造方式
软组织植入物	人工腱	特氟纶、聚酯、聚酰胺、聚乙烯、蚕丝	机织法、编织法
	人工韧带	聚酯、碳纤维	编织法
	人工软骨	低密度聚乙烯	
	人造皮肤	甲壳素	非织造法
	隐形眼镜片/人工角膜	聚甲基丙烯酸甲酯、有机硅、胶原	
矫形植入物	人工关节/骨	有机硅、聚缩醛、聚乙烯	
心血管植入物	血管植入物	特氟纶、聚酯	针织法、机织法
	心瓣膜	聚酯	针织法、机织法

（一）手术缝线

外科手术用缝线用于缝合伤口，把撕开的人体组织固定在一起，直到伤口愈合，如图4-3所示。

缝线有单丝形式和经加捻或编织的复丝形式。为了提高缝线在植入处的分辨率，大多数缝线是由加入了适当颜料纺成的或被染色的有色丝线制作的。手术缝线在使用前必须进行消毒。

手术缝线可以分为两大类：一种是非吸收缝合线，它在体内不降解，如不通过手术取出则作为身体

图4-3　手术缝线

异物留在组织中；另一种是可吸收缝合线，它在身体组织内可以降解成为可溶性产物，通常在2~6个月内后从植入点消失；在超过一年后，仍然保持着大部分原有的质量，且部分地或全部地保持着它初始功能的缝线，被认为是不可吸收的。

1. 手术缝线用生物医学纤维

除了不锈钢丝外，所有的手术缝线都是由天然或合成聚合物材料制作的，手术缝线采用的生物医学纤维有以下两类。

（1）不吸收纤维。许多普通的天然和合成的纺织用纤维可用作不吸收缝线，如棉纤维、蚕丝、聚酰胺缝线、聚酯缝线和聚丙烯缝线。尽管蚕丝被划分为不可吸收缝线一类，但它也会在生物体内缓慢分解，并最终被吸收；只是与可吸收的缝线相比，它的吸收过程要慢得多。国内市场供应的不可吸收缝线主要是蚕丝和聚丙烯缝线等，它们正在逐渐被可吸收缝线所取代。

（2）可吸收纤维。使用不吸收缝线缝合，表皮，尤其是面部皮肤，会使皮肤留下疤痕。对于内脏器官的缝合，使用可吸收缝合线显得尤为重要，一方面它避免了二次开刀给病人造成的痛苦，降低了伤口的感染机会；另一方面也加快了医务人员的工作效率。因此各类外科手术中都在追求使用可吸收缝线。作为医用手术缝线，吸收型缝线在各类外科手术中大受欢迎，它既可以免除拆线的麻烦，又可以不引起异物反应。

按照原料来源，可吸收缝线可以分为两类。

①天然可吸收缝线。传统的天然可吸收缝线是肠衣线，它是从羊肠黏膜下的纤维组织层或牛肠的浆膜联结组织层得到的。作为商品出售的肠衣线有原色的（白色）或带色的（绿色）两种。这类缝线虽然可以满足使用要求，但缝合和打结不大容易，而且易产生抗原—抗体反应，在体内的适应性还不理想。20世纪60年代开发了骨胶原纤维，它是通过重新组构牛屈肌腱的骨胶原悬浮液制成的。细的胶原缝线被染成蓝色，用于眼科手术。甲壳素类纤维也可作缝线，它在酶解后可以被组织吸收。但普通甲壳素类纤维作缝线用，其打结强度还有待提高。液晶纺甲壳素类纤维强度高，是可吸收缝线的理想材料。

②合成可吸收缝线。合成可吸收缝线主要由PGA、PLA和PLGA等生物可降解纤维制成。由于经拉伸的长丝的杨氏模量较高，因此，这类缝线大多都是由复丝编织成，借以使其具有较为柔韧的性能。PLGA缝线有本色（天然色）和紫色的；PGA缝线有本色的和绿色的。为了改善编织缝线使用时的打结性能以及其他性能，在不影响可吸收性的前提下，需对它进行专门的涂层处理。在某些情况下，如眼科手术用的小号缝线，需要使用单丝制备。PDS单丝比PLGA和PGA单丝有较低的杨氏模量，现已经有各种规格的这种单丝缝线出售（本色和紫色）。

在一段相当长的时期内，我国的可吸收缝线只有羊肠线。目前我国可吸收缝线的研究和开发有了长足的发展。东华大学先后研制了壳聚糖和PLGA等可吸收缝线，上海天清生物材料有限公司的PLGA手术缝线已在全国销售多年。上海宏立医疗制品厂的骨胶原缝线也已投放市场。

2. 新型手术缝线

为了满足各种手术对缝线的要求，一些新型手术缝线正在研究和开发之中，有的已经投入了生产。

（1）聚二氧环己酮—乙交酯缝线。美国爱惜康公司研制的对二氧环己酮与乙交酯的嵌段结晶共聚物缝线，不但具有单丝缝线结构上的优点，而且缩短了缝合线的吸收期，增加了线的柔顺性，扩大了聚对二氧环己酮的使用范围。其柔性和吸收性均优于对二氧环己酮均聚物，其生物学性能和机械性能都很优良。

（2）抗菌缝线。伤口中的细菌对其愈合会产生麻烦，细菌或细菌酶促使可吸收缝线降解引起并发症使情况更为严重，因此抗菌缝线很受重视。利用普通缝线中大分子上的活性基团进行化学反应，是制备抗菌缝线的主要方法。利用聚乙烯醇纤维上的羟基与硝基呋喃类药物（如硝基呋喃丙烯醛）进行缩醛化反应，可以制得抗菌的手术缝线和包扎材料。

（二）软组织植入物

生物医学纤维可用于与其相容性较好的人体软组织中，如做人工肌腱、人工韧带、人造皮肤等。这些软组织植入物在整复外科和矫形外科手术中替代肌腱、韧带和软骨，提供强度和挠曲性。实际上联结骨骼之间的韧带和联结肌肉、骨骼的腱和聚合物纺织材料类似，均由一些原纤维和纤维束组成。

能和软组织相容的天然高分子主要是胶原、丝蛋白、纤维素、甲壳素和壳聚糖。由生物医学纤维制备的软组织植入物如下。

1. 人工肌腱

基本的人工肌腱的修补材料有两种，第一种是多孔结构的人工肌腱，第二种是具双环结构的人工肌腱。多孔人工肌腱的带条可以由多孔的网制品或编织带制成，所使用的材料有不锈钢丝、聚酰胺单丝、丝编织带和聚酯的机织物。

人工肌腱的发展趋势是采用可吸收生物医学高分子材料。例如，以碳纤维和 PLA 为母体的复合材料制成的人工肌腱，碳纤维的作用是提供机械强度和骨架支撑作用；可吸收的 PLA 的作用是在植入后保护碳纤维。随着新组织的生长，PLA 会逐渐地被吸收，而后碳纤维也会机械地被分解掉，它们在体内最终能在机械上和物质上被生物体组织所取代。

2. 人工韧带

人工韧带用机织物和针织物制成，编织物的应力应变性能和人的腱或韧带相似，是最合适的结构材料。非织造布因其强度不足，不宜作为制造韧带的假体材料。碳纤维和聚酯纤维编织的结构复合材料，特别适合于制作膝部位的韧带代用品。使用聚酯纤维编织的韧带强度高，抗交变载荷蠕变性好。对腱和韧带植入物的要求有生物性和生物机械性两方面。

人工韧带的发展趋势也是采用可吸收生物医学高分子材料。碳纤维—PLA 复合材料制作的人工韧带的力学性能和组织反应均属良好。

3. 疝气补片

疝气补片是由吸收性和非吸收性纤维制作的网制品及其结构类似的织物，可以用于疝的修补和胸腔壁的再造，疝气补片如图 4-4 所示。

得到临床广泛使用的三种疝气补片用生物医学纤维是聚酯纤维；聚丙烯纤维和膨体聚四氟乙烯（ePTFE）纤维。目前，聚酯纤维由于异物及炎性反应重，已基本被弃用。东华大学经过多年的技术研发，已经可以批量生产出达到国际先进水平的聚丙烯经编疝气补片。疝气补片的发展趋势也是采用

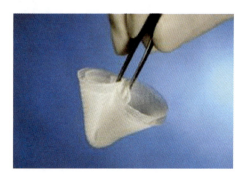

图 4-4　疝气补片

可吸收生物医学高分子材料。目前，完全由吸收性聚合物（如 PLA）制成的增强网制品已有出售。

（三）矫形植入物

生物医学纤维在整形外科和矫形外科手术中的应用，主要为人工骨骼、骨骼胶合材料和人工关节等。代替骨的高分子材料有耐磨性优异的超高分子量聚乙烯（相对分子质量约 300 万），它的摩擦系数低，砂磨耗指数仅为高密度聚乙烯和聚酰胺的 $1/5 \sim 1/10$。由陶瓷人工骨与高分子量聚乙烯人工臼组成的人工关节，既克服了腐蚀问题，又改良了耐磨性，能长时间使用。作矫形植入物的生物医学纤维的典型特性是良好的加工性、化学稳定性和生物相容性。目前，人工骨和人工关节主要采用的生物医学纤维有以下两类。

1. 可吸收生物医学纤维

羟基磷灰石是一种生物活性陶瓷，具有生物可吸收性。用羟基磷灰石纤维制备的人工骨有极好的生物体适应性和优良的生理机械性能及可加工性，可促进骨骼的生长，使人工骨得到良好固定。羟基磷灰石纤维通过使用一种特殊的溶剂将粒状羟基磷灰石水溶，然后进行溶液纺丝制得。

2. 不吸收生物医学纤维

作矫形植入物的不可吸收生物医学纤维有碳纤维、芳族聚酰胺纤维、聚四氟烯纤维等。超高分子量聚乙烯（UHMWPE）是很好的人工关节材料，其耐磨损性、耐冲击性及人体适应性良好，但其成型性较差。在 UHMWPE 骨臼内部充填碳纤维织物、芳族聚酰胺纤维及充填氧化铝、磷灰石氢氧化物粉末，是制备人工关节的主要方法。

（四）心血管植入物

人工血管是当今各国研究的热点之一，如图 4-5 所示。人工血管一般为管状物，为使人工血管具有与血管相同的柔软性，必须进行蛇腹形加工和螺旋单丝加工，还必须进行抗血栓加工。上述各种加工使人工血管的内径大多大于 6mm，它只能用于较粗的血管。近期致力于开发抗血栓性优良的高分子材料以及性能优良的超细纤维，以期制出内径更小（小于或等于 4mm）的人工血管，便于作为微血管的代用品。

图 4-5　人工血管

1. 人工血管用生物医学纤维

人工血管所用的材料为吸收性纤维和不吸收性纤维，也可以使两者结合使用。早期心血管植入物用的纤维材料之一，是由不吸收性纤维与骨胶原纤维交织成的多孔网状物。目前，人造血管使用最多的原料是聚酯、聚四氟乙烯纤维。这是因为它们结构稳定性好，在体内可长期工作而不发生降解。

2. 新型人工血管

（1）抗凝血人工血管。人工血管口径小于 4mm 时，常用嵌段聚氨酯，但由于血液相容性比差，因此易破裂，不能长期使用。为了改进嵌段氨酯的血液相容性，用甲基丙烯酸乙基磷酸胆碱酯（MPC）对嵌段聚氨酯进行改性，取得较好效果。将抗凝剂（如肝素）或内皮细胞植入材料表面，可提高材料的抗凝血性。用这种材料制得的人工血管抗凝血性比骨原胶人工血管好。

（2）可吸收人工血管。人工血管的发展方向是使其不仅具有血液相容性，而且能够促进受损血管迅速修复和生长，待支架完成支撑使命后从体内降解消除，避免由于骨架长期残留在体内带来的生物学反应。采用聚乳酸、聚乙交酯及其共聚物等生物可吸收材料制备可吸收人工血管的研究正在进行。此外，采用可吸收膜板支架诱导组织向人工血管内部生长也是目前研究的重要课题。

（3）组织工程化血管。将细胞贴附在聚合物支架上植入体内，愈合成机体的一部分而发挥正常的生理功能。支架一般是多孔性的，新生组织能长入孔隙内。可以预期，在体外或体内制成组织工程血管的目标不久就可实现。

三、生物医学纤维在体外循环医疗器械中的应用

表4-3列出了六种由生物医学纤维组装而成的体外循环医疗器械的用途及制造材料。体外循环医疗器械除要与血液接触外，还需要有驱动、检测、控制等物理装置，形成一个完整的操作系统，其中的核心部件是生物医学纤维。目前，体外循环医疗器械使用的生物医学纤维均为中空纤维膜。

表4-3　生物医学纤维在体外循环医疗器械方面的应用

产品应用	材料
人工肾	铜氨纤维素中空纤维膜、醋酸纤维素中空纤维膜、乙烯—醋酸乙烯共聚物中空纤维膜、聚砜中空纤维膜、黏胶中空纤维膜、聚丙烯腈中空纤维膜、胶原中空纤维膜、壳聚糖中空纤维膜等
人工肝	聚丙烯腈中空纤维膜、聚砜中空纤维膜、醋酸纤维素中空纤维膜、活性炭中空纤维膜、中空活性碳纤维等
人工肺	聚丙烯中空纤维膜、聚砜中空纤维膜、醋酸纤维素中空纤维膜、聚四氟乙烯中空纤维膜、聚碳酸酯中空纤维膜、胶原中空纤维膜等
人工胰腺	凝胶中空纤维膜等
肝腹水超滤浓缩回输器	纤维素及其酯类中空纤维膜、聚丙烯腈中空纤维膜等
血液浓缩器	纤维素及其酯类中空纤维膜、聚丙烯腈中空纤维膜、聚砜中空纤维膜等

最早应用中空纤维膜的体外循环医疗器械是人工肾。现在由中空纤维制成的人工肾、人工肝、人工肺、人工胰腺、肝腹水超滤浓缩回输器和血液浓缩器已投入使用。下面介绍中空纤维膜在主要体外循环医疗器械中的应用。

(一) 人工肾

人工肾是一种血液净化装置，它用高分子材料制成具有透析过滤作用的膜，通过一整套装置，来完成过滤排泄功能。把尿素、尿酸以及外来的有毒物质排出体外，使患者的生命得以延续。人工肾是目前临床广泛使用，疗效显著的一种人工器官。

按作用原理，人工肾有透析型、过滤型和吸附型三种。透析型和过滤型均可采用中空纤维膜，吸附型人工肾所用的吸附材料为活性炭。所谓透析是指血液与透析液间，通过透析膜实现溶质浓度的扩散。透析型人工肾去除小分子代谢物效率高，但对中等分子量物质清除率不高。过滤型人工肾使用过滤膜，依靠液体静压差作为推动力，使血液中水和要清除的代谢物通过而去除，对中等分子量的物质和维生素 B_{12} 等具有很高的清除率。

透析人工肾的类型有平板型（图4-6）、蟠管型（图4-7）和中空纤维型（图4-8）。

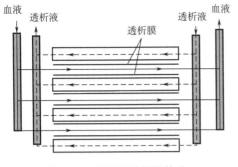

图 4-6　平板型透析器构造

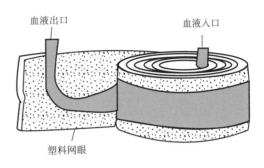

图 4-7　蟠管型透析器

1. 人工肾用生物医学纤维

（1）铜氨纤维素中空纤维膜。铜氨纤维素由铜氨溶液与纤维素的反应生成，可通过湿法或干湿法纺丝制成中空纤维膜。由于可以制成湿态强度高的超薄膜，同时表面结构规整、膜的微观结构具有很高的膨润性，因此铜氨纤维素是很好的透析膜用材料。其缺点是对中等分子量尿毒素的透过性能较差，血液相容性较差而发生补体激活。

（2）醋酸纤维素中空纤维膜。醋酸纤维素由纤维素与乙酸酐—乙酸混合物（或乙酰氯）反应制备，可通过熔体纺丝制成中空纤维膜。醋酸纤维素的价格低廉，醋酸纤维素中空纤维膜由于采用熔体纺丝工艺，因此尺寸稳定，膜表面光滑，同时可以通过加热灭菌，其缺点与铜氨纤维素中空纤维膜相仿。用醋酸纤维素和二乙氨基醋酸纤维素共

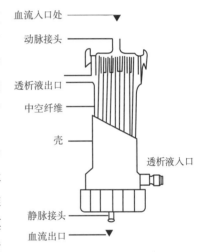

图 4-8　中空纤维型血液透析器

混制备的复合膜有利于肝素的结合，血液相容性得到改善，因而在人工肾、人工肝和人工肺中得到广泛应用。

（3）聚乙烯—乙烯醇共聚物中空纤维膜。聚乙烯—乙烯醇共聚物（EVAL）是由乙烯和醋酸乙烯共聚，而后通过酯交换脱醋酸而制得。日本可乐丽公司用乙烯基含量 33% 的 EVAL 共聚物溶解在二甲基亚砜中，进行湿法纺丝制成中空纤维膜，调节 EVAL 分子中聚乙烯—乙烯醇的比例能制备出不同渗透性能的中空纤维膜。这种材料对中等分子量溶质的透过性是铜氨纤维素中空纤维膜的 1.5~2 倍，脱水效果也不差；特别是其血液相容性好，进行血液透析时患者可以不用或少用肝素，从而避免了患者进行血液透析治疗中由于长期使用肝素而导致的骨质疏松、凝血性能低下等疾病。

（4）聚砜中空纤维膜。聚砜是一类耐温高强度工程塑料，具有优异的抗蠕变性能，可通过湿法或干湿法纺丝制成中空纤维膜。聚砜中空纤维膜可制成三层结构的膜：锭状孔的内表层、圆形孔的外皮层和枝形孔的中间层，具有膜厚，内层空隙率高、孔规则且无致密外层的特点而具有较好的传输性能，对中等分子量溶质的清除率高。其血液相容性比铜氨中空纤维

膜好，长期进行血液透析不会导致生化参数的改变。由于其机械强度与化学稳定性高，因此耐清洗性较好，可重复使用。聚醚砜等中空纤维膜是保持聚砜中空纤维膜特点的基础上开发的新品种。聚砜类中空纤维膜目前是合成高分子制成的人工肾透析器中销量最大的品种。

2. 新型人工肾透析器

人工肾透析器的发展方向是开发新的膜材料、改善膜的性能和研制混合型人工肾透析器。

（1）表面改性中空纤维膜。血液中存在一些有害的微球蛋白，如果在透析时能够将其吸附，可以同时起到净化血液的作用。通过中空纤维膜表面的化学修饰和整理技术，可以提高其对血液中有害微球蛋白的吸附能力。例如，在原有聚砜中空纤维膜膜表面引入带负电荷的基团，可以增加对 β_2 微球蛋白的吸附率。

（2）混合型人工肾透析器。混合人工肾在人工肾透析器植上固定化的尿酶、谷氨酸脱氢酶、葡萄脱氢酶等，能使血液中的代谢产物尿素在酶的催化下、转化成氨，并在酶促下与 $\alpha-$酮戊二酸反应成谷氨酸，因此比一般解毒用人工肾有更高级的功能。

（3）便携式人工肾。结合微型化、微流体、纳米等新兴技术，研制出的可穿戴人工肾。

（4）生物人工肾。将生物人工血液过滤器和生物人工肾小管辅助（RAD）两部分结合起来，前者使用人工生物膜包裹具有活性的内皮细胞，使移植细胞逃避宿主的排异，用转基因技术合成，分泌多种肾源性物质；后者肾小管具有再生、分裂、分化、分泌的功能。这种生物人工肾具有肾小球的滤过、分泌和肾小管细胞的重吸收、内分泌和代谢的功能。从而使仿生肾的使用成为可能。

（5）可植入人工肾。用几千个微型过滤器和生物反应器模仿真正肾脏的代谢和水平衡功能。整个过程在人体的血液压力下即可运行，无须泵和任何电力供应。美国加州大学旧金山分校研制的全球第一个具有活组织肾脏功能的可移植人工肾脏已问世。

（二）人工肺

人工肺又名氧合器或气体交换器，是一种代替人体肺脏排除二氧化碳，摄取氧气进行气体交换的人工器官，以往仅用于心脏手术的体外循环，需和血泵配合称为人工心肺机，目前用于心脏手术的人工肺大部分采用一次使用的附有热交换装置的鼓泡式人工肺，该式人工肺已趋成熟，在国内外得到广泛应用，随着工业化的发展，肺部疾患越来越多，人工肺在肺部疾病中的应用越显重要，人工肺的研制成功，特别是近十余年来膜式人工肺的问世，为解决呼吸功能衰竭又开辟了一条新的途径。

膜式人工肺可分为膜型层积式、螺管型和中空纤维膜型，其结构与人工肾基本相似，但由于人工肾分离的对象是液体，而人工肺分离的对象是气体，因此采用的膜材料和膜的形态结构等有差异。

1. 膜式人工肺用生物医学纤维

用于人工肺的膜有赛璐玢、氧化纤维素、聚乙烯、聚亚烃砜、硅氧烷、微孔聚丙烯、微孔聚四氟乙烯等。这些膜既可以制成平板膜组件，也可以纺制成中空纤维膜，中空纤维膜更为有效。

（1）聚丙烯中空纤维膜。膜型人工肺用聚丙烯中空纤维膜以等规聚丙烯为原料，通常可用熔融纺丝—冷却拉伸或热致相分离的方法制备。聚丙烯中空纤维膜价格低廉，且化学稳定性和热绝缘性均优于醋酸纤维素膜和混合纤维素膜。但因聚丙烯是憎水性材料，血液相容性较差。复旦大学开发的聚丙烯中空纤维膜人工肺已投放市场多年。

（2）聚四氟乙烯中空纤维膜。膜型人工肺早期采用聚四氟乙烯中空纤维膜。聚四氟乙烯由四氟乙烯通过自由基悬浮聚合得到。聚四氟乙烯没有溶剂，膜型人工肺采用的聚四氟乙烯中空纤维膜采用拉伸致孔法制得，不易被堵塞，且极易清洗，但制成的人工肺氧的透过率较低。

（3）硅橡胶和聚碳酸酯中空纤维膜。硅橡胶（以聚酯布增强）的透气速率为聚四氟乙烯的数十倍，而且二氧化碳的透过速率为氧的 $5\sim6$ 倍。硅橡胶和聚碳酸酯的中空纤维膜人工肺，其氧和二氧化碳的透过速度与硅橡胶相似。

2. 新型人工肺

（1）复合膜型人工肺。采用复合膜的制备工艺，分别制备致密皮层和多孔支撑层，这样既可减少致密皮层的厚度，又可消除容易引起压密的过渡层，从而提高膜的透过速度和抗压密性。

（2）抗凝血人工肺。通过在人工肺的中空纤维膜表面进行涂层，以改善其血液相容性，白蛋白涂层组能显著降低血小板聚集数目。肝素化涂层技术能改善循环人工装置血液相容性，同时能提供血小板保护和更加有利的术后肺功能。清华大学与东华大学合作获得了一个关于抗凝血人工肺的发明专利，该人工肺生物相容性好，具有防水、透气及抗凝血性能。

（3）防泄漏人工肺。用硅树脂涂层可防止中空纤维型人工肺长期使用时血浆泄漏，保持良好的气体传输功能。采用中空纤维膜微孔盲端技术，也可以防止血浆渗漏，从而延长其使用时间。

（4）可植入型人工肺。美国西北大学开发了一种可植入型人工肺，称为胸内人工肺（ITAL）。ITAL 由聚丙烯中空纤维膜组成，为处于静止休息状态下的病人提供足够的气体交换。

（三）人工肝

人工肝是一种能代替肝脏的一种体外循环医疗器械。人工肝有四种类型：非生物型人工肝；中间型人工肝；生物人工肝及混合型生物人工肝。早期的人工肝属于非生物型人工肝，它只是一个具有解毒功能的辅助性急救装置，因此又称解毒型人工肝，它倾向于采用中空纤维膜进行透析。解毒型人工肝的缺陷是只能在体外解决一时的代用问题，装置缺乏新陈代谢功能。较好的解决方法是开发生物人工肝，即填有各种肝组织细胞的体外培养装置，这种系统是由如中空纤维膜培养管等装置和填充其内的哺乳动物肝细胞组成，它能提供肝的特殊功能。中间型人工肝是介于物理型（非生物型）人工肝和生物人工肝之间的一类人工肝，包括血浆置换、交换输血及整体洗涤等，其中以血浆置换最为常用。混合型生物人工肝将血液透析、血浆置换、血液灌流等方法与生物人工肝结合应用，效果更加理想。

1. 人工肝用生物医学纤维

用于人工肝的中空纤维膜有聚丙烯腈中空纤维膜、中空活性碳纤维等。聚砜中空纤维膜等人工肾用中空纤维膜由于对内毒素有吸附作用，也可用于人工肝。

（1）聚丙烯腈中空纤维膜。聚丙烯腈（PAN）膜材料一般为丙烯腈的共聚体。聚丙烯腈浓溶液既可以制成平板膜，也可以通过湿法或干湿法纺丝制成中空纤维膜。人工肝组件的制备与人工肾透析器相似。

（2）活性炭中空纤维膜与中空活性碳纤维。活性炭中空纤维膜通过在纺制中空纤维膜时加入活性炭而制成。这种中空纤维膜含有活性炭，既有透析作用，又有吸附作用，能有效地分离和吸附血液中的有毒物质，并可避免用粒状炭时炭尘涌到血液中而引起血小板凝集或划伤血细胞的弊病。

2. 新型人工肝

人工肝的发展方向是开发混合型生物人工肝。大多数混合型生物人工肝包括生物成分、生物反应器和血（或血浆）灌流三个部分。

理想的生物反应器应包括以下基本内容：细胞培养技术，膜的特性，生物反应器的生物相容性，膜的弥散。现在应用最多的生物反应器仍为中空纤维膜，所用半透膜多是醋酸纤维素膜和纤维蛋白修饰的聚砜膜。随着中空纤维肝细胞培养技术的提高，混合型生物人工肝能在中空纤维膜表面增殖活体肝细胞，培养液缓慢流过中空纤维膜内腔，中空纤维膜间充满肝细胞。新一代混合生物人工肝能成为提供各种肝功能的"替代肝"，它能给病人提供充足的解毒和新陈代谢功能，可以长期支持肝衰竭患者，执行肝的基本功能。

四、生物医学纤维材料在组织工程领域的应用

组织工程也称再生医学或再生医学工程。构成组织工程的三大要素是种子细胞、支架和生长因子。作为支架材料，必须具有良好的生物降解性、生物相容性和细胞亲和性，一定的力学性能、可加工性及可消毒性。

（一）使用生物医学纤维的支架

支架的形态，除了纤维型、凝胶、海绵型、多孔体以外，还有棒状、板状、膜状、管型、立体规整型、多元混构型等不同种类。使用生物医学纤维的支架及其制备方法如下。

1. 纤维型支架

多数结晶性高分子的成纤性良好，容易获得纺织用纤维，适用于制造纤维型支架。有些结晶性高分子（如 PGA）难以找到溶剂而很难制造海绵型支架，故只好采用纤维型支架。非晶性高分子一般很难形成纤维，不能制造纤维型支架。纤维型支架的制备方法通常有以下四种。

（1）机织或编织法。通过传统的纺织技术从纤维制备的多孔隙织物，可以用于组织工程支架。通常机织法得到的织物显得过于硬挺，而编织法所得织物相对柔软。纤维织物一般是较薄的片状制品，所以除了个别情况（如培养皮肤）外，一般不能直接用于细胞支架。为此正在研究开发织物积层技术和三维立体纺织技术。

（2）纤维粘接法（非编织网孔法）。将生物医学纤维相互黏接在一起形成多孔性空间结构，为细胞生长和细胞间相互作用提供较大表面积。

（3）非织造技术。利用非织造布技术从可降解高分子制备支架，但非织造布型支架的形状保持性往往欠佳。为此，可以采用熔融黏接技术以防止纤维之间的相对移动。

（4）静电纺丝法。生物功能截然不同的细胞必须从空间上相互隔离，静电纺丝对于生产这样的支架有很多优势。但一般的静电纺丝设备并不能纺制具有预定尺寸和重复性的孔洞。

研究表明，纤维状的材料或可塑性材料，对构筑复杂构型的细胞支架具有一定的优越性。纤维支架的不足之处在于孔隙率和孔尺寸不易控制，亦不易独立调节。

2. 管状支架

神经再生导管或血管等的组织再生通常需要管状的支架。采用生物医学纤维的管状支架的制备方法通常有以下两种。

（1）非织造网黏合法。将非织造纤维网黏合成管状物。黏合时既要使相邻纤维黏合以保证形状稳定性，还要防止网孔明显阻塞。管状物的结构与性能取决于聚合物的类型、浓度以及喷涂时间。

（2）编织法。将可降解纤维通过编织制成管状物。图4-9为东华大学采用自制的PLGA纤维通过编织制得的神经再生导管。

图4-9 PLGA纤维编织的神经再生导管

（3）中空纤维纺丝法。用中空纤维纺丝器制成具有合适外径、内径和壁厚的管形物，然后进行充分洗涤去除添加剂，制得具有合适孔隙率、孔径的中空纤维管。

3. 多元混构型支架

使组织工程支架能具有时空匹配性的另一种方法是从宏观形态的组成结构着手，采用多元混构型可降解体系（DMBS）。DMBS支架可以定义为由降解参数不同而几何尺度（直径、厚度）为$1\sim100\mu m$的要素材料以特定方式排列形成的混合织构体系。要素材料的形态可以从长丝、短纤维、棒状体、片状、扁条等中选择。

（二）生物医学纤维在组织工程中的应用

组织工程问世以来，已有大量的载体材料用于修复骨、软骨、皮肤、肌腱、神经、血管、肝脏、胰腺等各种组织和器官。下面仅简单介绍组织工程在人工皮肤、人工肌腱和人工神经方面的进展。

1. 人工皮肤

当皮肤受到大面积损害时，不仅受损皮肤的功能比正常皮肤下降许多，并且体液内许多有效物质会一并流失。创面敷料只能用来治疗轻度烧伤（Ⅰ度、Ⅱ度）的伤口，在重度烧伤（Ⅲ度）的情况下，应该使用人工皮肤，如图4-10所示。有效的人工皮肤必须具有能取代天然器官的主要功能，利用自体细胞使组织再生，且避免免疫排斥。

随着组织工程的发展，人工皮肤的制造也出现了质的变化，即由单纯的假皮肤发展成为人工的"真皮肤"，成为具有一定功能的生物有机体，即组织工程化皮肤。国内外用于皮肤构建的生物医学材料主要是天然高分子材料，包括胶原、甲壳素和海藻酸盐等。

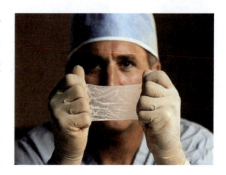

图4-10 人工皮肤

因为胶原是动物细胞外基质的主要结构蛋白质，因而它在组织工程化皮肤中用得最多。聚甲基丙烯酸羟乙酯、交联聚丙烯酰胺、透水性的聚丙烯酸、硅橡胶和聚四氟乙烯、聚氨基酸等合成聚合物在人工皮肤中也有一定应用。织物状结构具有很好的覆盖性和内连固性，特别是单纯纬状支架最具覆盖性，为人工皮肤提供了理想的培养支架。

2. 人工肌腱

肌腱组织自身修复能力有限，缺损后往往不能自行修复。目前临床上应用的肌腱修复方法主要包括自体肌腱移植、同种异体肌腱移植、异种肌腱移植和人工肌腱。采用人工肌腱的方法修复缺损肌腱是借助于生物材料对肌腱进行修复的技术，使用不可降解材料并不是修复缺损肌腱的最佳方法，后来也试图用PLA编物来代替缺损的肌腱，但发现随着PLA的降解，新生肌腱组织并没有随之形成。

组织工程技术为解决上述难题提供了一个有效的技术手段。其主要技术是指在体外将肌腱细胞种植到可降解的三维支架上进行分离培养，然后植入体内，使肌腱细胞在支架模板上增殖与分化，并生成细胞外基质，促使肌腱重建。

对于组织工程化肌腱，考虑到其本身生理结构，将支架做成绳索状或纤维状比较合理。获得这种结构的方法有三维编织、针织、机织以及非织造布等。其中通过三维编织获得的织物是完全整体的连续纤维的织造结构，它采用纤维的连续交织而形成紧密网状结构，具有多轴向面内和面外纤维的方向；在编织方向上具有较好的力学强度，并且具有适宜的孔隙率，是一种较为理想的肌腱修复支架结构。目前，组织工程化肌腱用生物医学纤维主要有以下几类。

（1）聚（α-羟基酸）纤维。包括PGA、PLA和PLGA纤维。在人组织工程肌腱体外构建这一领域，我国的科研工作已经走在了世界的前沿，然而在迈向产业化的过程中，仍然有一些瓶颈问题有待克服。

（2）聚磷酸钙纤维（CPFF）。具有与碳纤维相似的纤维状外观及机械性能，但其组织相容性和降解性明显优于碳纤维，将来有可能成为一种较理想的构建肌腱组织工程复合型支架的新型材料。

3. 神经再生导管

对于周围神经缺损的修复，目前临床上常有的方法是自体神经移植。但由于来源受限，牺牲供区感觉功能、增加新的创伤，这种拆东墙补西墙的方法限制了其广泛应用。异体移植来源充足，容易获得所需的各种类型的神经段，但由于免疫排斥反应问题未能彻底解决，临床中很少应用。近年来，随神经细胞学、分子生物学的深入研究，特别是组织工程的迅猛发展，为神经修复带来新的出路和希望。

神经再生导管就是用生物或非生物的材料预制成管状，再将神经的远近断端放入管内，两断端神经外膜与管壁固定，随后神经轴突即可沿着管腔从近端长入远端。

组织工程化神经再生导管是以神经胶质细胞——雪旺细胞（SC）为核心，生物可降解材料为支架，能维持雪旺细胞存活和神经再生微环境的细胞外基质为复合剂，内外源性神经营养因子为诱导剂构建而成。组织工程神经再生导管适合规模化、产业化生产，能够最大限度地为广大患者带来康复的福音。

目前，组织工程化神经再生导管用生物医学纤维主要有以下两类。

（1）不吸收生物医学纤维。主要为中空纤维管。例如，应用聚丙烯——聚丙烯腈采用干湿纺丝法制成可渗透性中空纤维管，发现该材料在修复周围神经缺损方面有良好的促进神经再生作用。

（2）可吸收生物医学纤维。主要为聚（α-羟基酸）纤维，包括实心纤维和中空纤维管。东华大学用PLGA为原料通过熔体纺丝制成纤维，经特殊的带芯编织，加芯和加筋编织工艺及甲壳素、低温等离子蛋白涂层等工艺制成了具有一定抗张性和支撑力的神经再生导管。

参考文献

[1] 西鹏. 高技术纤维概论 [M]. 北京：中国纺织出版社，2015.

[2] 吴春波，周明雪，孟彦，等. 非生物型人工肝的应用及研究进展 [J]. 生物医学工程与临床，2021，25（5）：634-638.

[3] 刘君毅. SF-PLGA共混纳米纤维的制备及在神经修复中的应用 [D]. 上海：东华大学，2011.

[4] 韩浩. ACF/PLGA骨组织工程复合支架的制备及性能研究 [D]. 上海：东华大学，2012.

[5] 颜慧琼. 海藻酸盐复合凝胶作为骨组织工程支架材料的制备与性能研究 [D]. 海口：海南师范大学，2017.

[6] 王北镇，黄宝龙，张龙冰，等. 一种含有海藻提取物的医用敷料及其制备方法：中国，117205356A [P]. 2023-12-12.

[7] 赵文迪. 氧化石墨烯/壳聚糖/丝素蛋白复合三维骨组织工程支架的制备及性能研究 [D]. 长春：吉林大学，2020.

[8] 贺晓丽. 鱼胶原蛋白静电纺丝膜的制备及性能研究 [D]. 烟台：烟台大学，2023.

[9] 付汉斌，张旭，戴方毅，等. 可吸收胶原蛋白线在口腔种植修复术切口无张力缝合中的应用价值 [J]. 中国美容医学，2020，29（1）：97-100.

任务五　识别生物基纤维

扫描查看本任务课件

工作任务：

生物质是指动植物和微生物中存在或者代谢产生的各种有机体，比如糖类、纤维素以及一些酸、醇、酯等有机物。生物基纤维是指由这些生物质制成的纤维，根据原料来源和生产过程基本可划分为生物基原生纤维、生物基再生纤维、生物基合成纤维三大类。

识别生物基纤维的工作任务：归纳总结三种生物基纤维的性能特征；填写您所了解到的若干种生物基纤维。任务完成后，提交工作报告。

学习内容：

（1）聚乳酸纤维的性能与应用。

（2）壳聚糖纤维的性能与应用。

（3）海藻纤维的性能与应用。

学习目标：

（1）认识常见的生物基纤维。

（2）了解常见生物基纤维的性能。

（3）了解常见生物基纤维的应用领域。

（4）按要求展示任务完成情况。

任务实施：

（1）归纳生物基纤维的性能。

①材料。随机选取生物基纤维三种，查阅资料或完成相关实验并填写任务实施单。

②任务实施单。

生物基纤维的性能			
试样编号	1	2	3
力学性能			
耐热性能			
生物降解性能			
服用特性			
生物相容性能			
阻燃性能			
抗紫外线性能			
抑菌性能			

（2）您所了解的其他生物基纤维有：

项目一　聚乳酸纤维

聚乳酸（polylactic acid）是由生物质原料（木薯、甜菜、蔗糖、秸秆纤维素等）经微生物发酵而成的小分子乳酸（lactic acid）聚合而成的高分子材料，英文简写PLA。聚乳酸纤维是由聚乳酸原料通过熔融纺丝等方法制备的新型绿色纤维，俗称"乳丝"。

聚乳酸的原料来源于玉米、木薯、甘蔗、稻草、秸秆等含淀粉、糖、纤维素的生物质原料，聚乳酸的聚合生产和纺丝过程无污染，与使用不可再生石油资源生产的化学纤维相比，更符合循环经济和可持续发展的理念。而且聚乳酸纤维产品使用后，在堆肥条件下可快速降解成为CO_2和H_2O，产物完全无毒，不污染环境，从而缓解目前"垃圾围城"和"白色污染"的问题。聚乳酸降解最终完全转变为CO_2和H_2O，能够被植物吸收，经植物"光合作用"重新形成植物淀粉、葡萄糖或纤维素，这些原料又可以被用来合成聚乳酸，形成了一个闭合的碳循环。从生产到使用整个过程中，聚乳酸都不会向大气中排出多余的CO_2，属于典型的低碳足迹的聚合物。

聚乳酸纤维温润柔滑，弹性好，具有生物相容性、亲肤性、柔软性，且具有良好的芯吸效应，有很好的导湿作用。纤维加工的产品有丝绸般的光泽及舒适感，悬垂性佳。由于聚乳酸纤维初始原材料是生物质材料，又可以在自然界完全分解，对环境极其友好，故被认为是未来替代石油基化纤的主要材料。

一、聚乳酸纤维的品种分类

常用的聚乳酸纤维可以分为聚乳酸长丝、聚乳酸短纤维及聚乳酸复合纤维等。

（一）聚乳酸长丝

聚乳酸长丝是由多根长单丝经过拉伸、加捻或者变形工序形成的纤维集合体，其生产是单锭生产方式，一根丝条有几十根单丝，通过物理化学变形的方法，可以纺制差别化聚乳酸纤维。比如，通过假捻、空气变形、复合等方法，使长丝具有毛型风格；通过改变喷丝孔的形状或者捻度的强弱，纺制纺丝型纤维；通过拉伸丝和预取向丝的混纤变形，制得仿麻竹节丝；通过各种空气喷射或加捻技术，可以纺制网络丝、网络变形丝、空气变形丝和包芯丝等。

（二）聚乳酸短纤维

聚乳酸短纤维是由若干根聚乳酸短纤维（十几根到几十根，直至上百根），加工成连续、细长、纤维间结合紧密，具有一定的强力、弹性等力学性能的产品。目前，聚乳酸纤维有多种加工方式，可以在棉纺系统、毛纺系统和各种新型纺纱设备上进行纺纱加工；产品种类有纯纺，与棉、毛、麻、莫代尔等纤维的混纺。

（三）聚乳酸复合纤维

聚乳酸复合纤维，主要是一些特殊用途的聚乳酸与其他高分子材料的共聚或复合纤维，比如 LA 和 GA（乙醇酸）共聚用作能够被人体吸收的手术缝合线等材料，改变 LA 和 GA 的比例可改变纤维的降解速率和强度保持期。又如具有良好导热性的聚乳酸/碳纤维复合纤维，用于电子包装的聚乳酸/天然洋麻纤维复合纤维等。通过熔融纺丝纺制出的 PLLA/PGA 皮芯结构复合纤维，复合比分别为 85/15、70/30 的 PLLA/PGA 复合纤维分别在 97℃拉伸 7 倍和 80℃拉伸 5 倍时，其强度和模量比较高。复合纤维的初生纤维结晶度比较低，纤维为无定形结构，通过热拉伸，PLLA 和 PGA 的结晶取向均得以提高。复合纤维皮芯之间结合紧密，没有发现裂隙和孔洞。

二、聚乳酸纤维的结构与性能

聚乳酸纤维具有较好的力学性能，具有吸湿透气的特性，具有一般化学纤维所不具有的可生物降解性和生物相容性，这些特性使聚乳酸纤维具有绿色环保和节能减排的功效。此外聚乳酸纤维还具有一定的抗紫外线性和抗菌性，以上的优点使其能够广泛应用于服装面料和一次性卫生用品等领域。聚乳酸纤维的耐热性和阻燃性能较差，这是阻碍聚乳酸纤维应用的主要缺点。如果能够利用各种手段方法弥补聚乳酸纤维这方面的缺陷，那么将能够促进聚乳酸纤维在汽车、航空、电子电器等领域的广泛应用。

（一）聚乳酸纤维的结构和结晶性

聚乳酸纤维的分子式为 $(C_3H_4O_2)_n$，分子结构中的重复单元如图 5-1 所示。

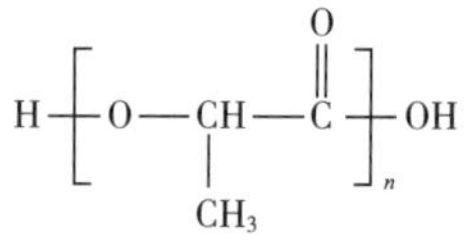

$$H \left[O-CH-\overset{\overset{O}{\parallel}}{C} \right]_n OH$$
$$CH_3$$

图 5-1　聚乳酸纤维的化学结构

聚乳酸纤维为全芯层结构，横截面近似圆形，纵向表面呈现无规律斑点和不连续的条纹，这些不连续的条纹和无规律的斑点形成的主要原因是聚乳酸存在着大量的较疏松的非结晶区域，纤维表面的非结晶区在氧气、水及细菌作用下部分分解而形成的。聚乳酸纤维横纵截面电镜照片如图 5-2 和图 5-3 所示。

聚乳酸纤维具有较高的结晶度和取向度，具有一定力学强度及耐热性。由于乳酸分子中存在手性碳原子，有 D 型和 L 型之分，使丙交酯、聚乳酸的种类因单体的立体结构不同而有多种，如聚右旋乳酸（PDLA）、聚左旋乳酸（PLLA）和聚外消旋乳酸（PDLLA）。由淀粉发酵得到的乳酸有 99.5%的是左旋乳酸，聚合得到的 PLLA 结晶度较高，适合生产纤维等制品，因此，人们对聚乳酸纤维结构的研究主要集中于 PLLA。

PLA 纤维的结晶结构随纺丝方法和工艺的不同而呈现出差异。其中拉伸温度、拉伸倍率等因素对其结晶度和结晶类型影响较大。研究发现，染色、热定型等热加工过程对聚乳酸纤维的结晶区有一定的影响，差热扫描分析研究表明，染色后聚乳酸纤维的结晶区有所增加，且变得规整，熔点升高。

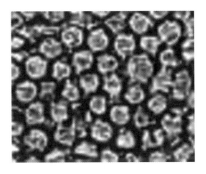 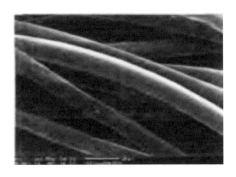

图 5-2　PLA 纤维的横截面　　　　　图 5-3　PLA 纤维的纵截面

（二）聚乳酸纤维的力学性能

聚乳酸纤维力学性能和其他纤维相比较，见表 5-1。

表 5-1　聚乳酸纤维和其他纤维力学性能比较

纤维		竹纤维	莫代尔纤维	聚酯纤维	大豆纤维	聚乳酸纤维
密度/($g \cdot cm^{-3}$)		1.34	1.48~1.50	1.47	1.28	1.29
线密度/dtex		1.65	1.40	1.38	1.34	1.50
长度/mm		38.00	38.00	38.00	38.00	38.00
断裂强度/($cN \cdot dtex^{-1}$)	干态	4.40	3.20	5.57	4.21	3.67
	湿态	3.90	3.00	5.49	3.51	3.43
断裂伸长率/%	干态	19.80	14.00	17.90	17.69	25.54
	湿态	22.40	14.60	17.90	19.89	25.54
回潮率/%		11.80	9.80	0.40	6.78	0.43
电阻/($g \cdot cm^{-2}$)		8.8	7.9	8.1	10.1	8.4

注　$1tex = 10^{-6}kg \cdot m^{-1}$。

由表 5-1 可以看出，聚乳酸纤维的密度为 1.29g·cm^{-3}，介于腈纶和羊毛之间，比天然纤维棉、丝、毛都轻。聚乳酸纤维的断裂强度 3.2~4.9cN·$dtex^{-1}$，比天然纤维棉高。干态时的断裂伸长率大于聚酯纤维以及黏胶纤维、棉、蚕丝和麻纤维，与锦纶和羊毛纤维相近，且在湿态时伸长率还出现了增加，表明聚乳酸纤维制品具有高强力、延伸性好、手感柔软、悬垂性好、回弹性好等优点，聚乳酸纤维制成的服装质量较轻，对人体造成的压力更小。但在聚乳酸纤维加工时需要注意调整纤维易伸长所引起的工艺参数的变化。对 PLLA 聚乳酸初生纤维（纺速 1000m·min^{-1}）的拉伸性能研究发现，随着拉伸倍率的提高，PLLA 纤维的断裂强度逐渐增大，而断裂伸长率不断减小，拉伸倍率为 3 时，纤维的综合力学性能最佳。

此外，为提高聚乳酸纤维的力学性能，除了调控纺丝工艺，还可以采用与其他高分子原料物理或者化学共混纺丝的方式。刘庆生等将皮层的原料聚乳酸和芯层的原料聚（3-羟基丁酸酯-co-3-羟基戊酸酯）（PHBV）分别干燥，按照复合纺丝比称取聚乳酸和 PHBV 原料进行复合纺丝，经熔融纺丝、侧吹风冷却、上油、卷绕、在线拉伸、热定型制得皮芯结构聚乳酸/PHBV复合纤维，其断裂强度高，能够用于医用材料、农业用纺织品、一次性用品、包装材料等领域。

（三）聚乳酸纤维的耐热性能

由于聚乳酸玻璃化转变温度较低，受热影响较大，聚乳酸纤维耐热性较差，加热到140℃时即会发生收缩，因此聚乳酸纤维产品在加工过程中的温度不能太高。聚乳酸纤维热收缩率比聚酯纤维略高，尺寸稳定性稍差。故在纺纱、织造、后整理等加工过程中及服装的熨烫与烘干过程中需要特别注意温度的控制。

对聚乳酸纤维进行耐热性改性已经是当前聚乳酸纤维研究的一个重要课题。从成型加工的角度，通过提高纺丝速度或加入成核剂，加大取向及结晶程度，是提高纤维的耐热性的改进方向。通过共混改性可有效提高聚乳酸纤维的耐热性能。

此外，若将具有不同构象及立构规整度的聚合物 PLLA 和 PDLA 等量共混，此时 PLLA 和PDLA 间的作用力大于相同构象及立构规整度的聚合物间的作用力，即不同构象及立构规整度的两种聚合物间可发生立体选择性结合形成立构复合物，并且形成一种新的结晶结构—立构晶。这种立构晶是三斜或者三方晶系，其熔点要比均聚 PLLA 或者 PDLA 中的正交晶系 α 晶系高 50℃，耐热性和力学性能均得到提高。同济大学任杰课题组将 PLLA 和 PDLA 立构复合制成 SC-PLA，测试表明，SC-PLA 的熔点确实比单一均聚聚乳酸提高了 50℃，证实了以上理论。

（四）聚乳酸纤维的生物降解性能

聚乳酸是使用生物质为原料发酵成乳酸再经聚合而成的，其纤维制品最大的特点是可以在自然环境中降解。而且这种降解的最终产物为 H_2O 和 CO_2，不但不会对环境造成污染，而且产物还能再次被环境吸收回归自然，不会造成温室效应，既符合绿色环保要求又节能减排。

在正常的温度与湿度下，聚乳酸及其产品相当稳定。当处于有一定温、湿度的自然环境（如沙土、淤泥、海水）中时，聚乳酸会被微生物完全降解成 H_2O 和 CO_2。

聚乳酸降解的机理不同于天然纤维素类。首先在降解环境中主链上不稳定的 C—O 链水解生成低聚物，水解作用主要发生在聚合物的非晶区和晶区表面，使聚合物相对分子质量下降，活泼的端基增多。而末端羧基对整个过程的水解产生了一种自催化的作用，使得降解加快，聚合物的规整结构进一步受到破坏（如结晶度、取向度下降，促使水和微生物容易渗入，内部产生生物降解），最后在酶的作用下降解成 H_2O 和 CO_2。表 5-2 是四种纤维降解前后的质量变化。

表 5-2　四种纤维降解前后质量变化

纤维	聚乳酸纤维	大豆纤维	蚕蛹蛋白纤维	聚酯纤维
降解前/（m·g^{-1}）	0.060	0.500	0.900	0.080
降解后/（m·g^{-1}）	0.048	0.415	0.605	0.080
损耗比/%	20.0	16.0	32.8	—

影响聚乳酸水解的因素主要是水解液的 pH、温度、水解缓冲液的浓度等。一般情况下，聚乳酸在碱性条件下降解速率>酸性条件下降解速率>中性条件下降解速率；缓冲剂的含量大于 5% 时聚乳酸降解速率就会变慢。

聚乳酸降解速率在很大程度上依赖于外部环境。聚乳酸在自然界中除了自身的水解，还会受到微生物（主要指真菌、细菌等）的降解作用。首先，聚乳酸纤维的表面被微生物黏附，在微生物黏附在纤维表面上所分泌的酶作用下，通过水解和氧化等反应将高分子断裂成低相对分子质量的碎片，最后这些碎片低分子聚乳酸被逐渐氧化成 CO_2 和 H_2O。这种降解过程兼具生物物理作用和生物化学作用。生物物理作用即是由于生物细胞的增长而使聚乳酸纤维发生机械性的毁坏，而生物的化学作用即是微生物对聚乳酸纤维的作用而产生新的物质，这个过程中微生物分泌的一些生物酶导致了纤维分裂或氧化崩裂。

然而实际上，在自然界中，可直接分解 PLLA 的微生物及酶很少，而且聚乳酸纤维吸潮和吸湿率较低，不容易吸附霉菌，如果直接将 PLLA 纤维埋入土中，自然降解时间为 2~3 年，而若将 PLLA 纤维与有机废弃物混合掩埋，则几个月就会分解。

（五）聚乳酸纤维的服用特性

1. 吸湿透气性能

吸湿性强的材料能及时吸收人体排出的汗液，起到散热和调节体温的作用，使人体感觉舒适。吸湿性的指标一般用回潮率表示。表 5-3 是聚乳酸纤维和其他纤维的回潮率对比。

表 5-3　聚乳酸纤维和其他纤维的回潮率对比

纤维	聚乳酸纤维	聚酯纤维	锦纶 6	腈纶	棉纤维	毛纤维
回潮率/%	0.5	0.4	4.5	2.0	8.5	14.00~18.25

由表 5-3 可知，聚乳酸纤维的回潮率（0.5%）与聚酯纤维（0.4%）类似，与其他化学纤维相比都较低，特别是远低于天然纤维，如棉、毛等。可见聚乳酸纤维的吸湿性能较差，疏水性能较好，制品使用时比较干爽。聚乳酸纤维和 PET 纤维均属于疏水性纤维，PET 和聚乳酸的分子式中，大分子结构中只有端基存在亲水性基团，回潮率都不大，聚乳酸纤维的回潮率较 PET 纤维稍大，是因其端基在整个大分子中所占比例比 PET 纤维大些。

聚乳酸纤维虽然不亲水，但聚乳酸纤维的极性碳氧键与水分子连接，引起纤维内许多的水蒸气转移，可以使水分很快从人体表面转移出去，产生很好的芯吸效应，因而具有很好的透气作用。聚乳酸纤维的横向截面呈扁平圆状，中间近似圆形，纵向表面比较光滑，呈均匀柱状，但表面有少数深浅不等的沟槽。孔洞或裂缝使纤维很容易形成毛细管效应从而表现出非常好的芯吸和扩散现象，又由于聚乳酸纤维带有卷曲，其制品较为蓬松，也增加了织物的导湿能力，所以聚乳酸纤维的芯吸和扩散作用非常好，而且水分芯吸特性是聚乳酸纤维所固有的，不是通过后整理获得的，这种特性不会因时间而减弱。因此聚乳酸纤维织物相比聚酯纤维织物，拥有更优良的芯吸性能和强度保持性，从而赋予了织物良好的透气快干性。空气透过织物有两种途径，一是织物纱线间的间隙，二是纤维间的孔隙，一般以纱线间的孔隙为主要途径。织物的透气性主要与织物经纬纱的直径、密度和厚度有关，而织物经纬纱的直径和密度又决定了织物的总紧度。棉织物因其纤维密度较大，织物总紧度较小，因而透气性很好。聚乳酸纤维的密度较小，织物总紧度相对较大，织物透气性不如棉织物。此外，如果改变纤维截面形状，能够对聚乳酸纤维的吸湿透气性进行改进。如严玉蓉等采用三叶异形喷丝板纺制三叶异形的聚乳酸纤维，使纤维的吸湿透气性得到提高。

2. 折皱回复性能

织物的折皱回复性主要受纤维性状、纱线结构、织物几何结构及后整理等因素的影响。在纱线结构、织物几何结构等因素相近时，纤维性状特别是纤维的拉伸变形回复能力，对织物抗折皱性起主要作用。聚乳酸纤维在5%拉伸变形时，其弹性回复率高达93%，从而使纯聚乳酸纤维织物的折皱回复性最好，说明纯聚乳酸纤维织物的保形性好，穿着过程中不易起皱。

3. 悬垂性能

影响织物悬垂性的因素包括纤维的刚柔性、纱线结构、纱线捻度和织物厚度等，其中纤维的刚柔性是一个主要影响因素。纤维的刚柔性可通过初始模量反映。纤维初始模量小，则弯曲刚度小，织物的悬垂性好。聚乳酸纤维的初始模量低于棉纤维和聚酯纤维，因而其织物的悬垂系数最小，说明织物具有很好的悬垂性能。

4. 起毛起球性能

聚乳酸纤维强度高，伸长能力好，弹性回复率高，耐磨性好，形成的小球不容易很快脱落，其织物和聚酯纤维织物均有起毛起球现象。纯棉织物由于纤维强度低，耐磨性差，织物表面起毛的纤维被较快磨耗，因而抗起毛起球性能优良。

5. 耐磨性能

在其他织物结构参数相近的条件下，纤维在反复拉伸中变形能力好的具有较好的耐磨性。而纤维在反复拉伸中的变形能力决定于纤维的强度、伸长率及弹性能力。尽管聚乳酸纤维的断裂强度小于聚酯纤维，但其断裂伸长率、5%及10%拉伸后的回复率均比聚酯纤维大得多，故其织物耐磨性略优于聚酯纤维织物。

（六）聚乳酸纤维的生物相容性

聚乳酸纤维的主要原材料聚乳酸是经美国食品药物管理局认证可植入人体，具有100%生物相容性，安全无刺激的一种聚酯类物质。聚乳酸在体内能够最终完全分解成为 CO_2 和 H_2O，再经人体循环排出体外，而这种分解过程的中间产物乳酸也是人体肌肉内能够产生的物质，可以被人体当作碳素源吸收，完全无毒性。近年来，随着聚乳酸合成、改性和加工技术的日益成熟，聚乳酸纤维广泛应用于医用缝合线、药物释放系统和组织工程材料等生物医用领域。

（七）聚乳酸纤维的阻燃性能

聚乳酸纤维本身的阻燃性能较差，其极限氧指数仅为21%，为 UL-94HB 级，燃烧时只形成一层刚刚可见的炭化层，然后很快液化、滴下并燃烧。为了克服这些缺陷，使其更好地满足在汽车、航空、电子电器等领域的某些应用需求，近年来对聚乳酸阻燃改性的研究已成为热点，日电、尤尼吉卡、金迪化工等公司也相继开发出阻燃型聚乳酸产品。目前公开报道的关于聚乳酸阻燃改性的研究不多，从操作难易性和成本角度考虑多采用添加型阻燃剂，主要使用的是卤系、磷系、氮系、硅系、金属化合物阻燃剂、纳米粉体以及多种阻燃成分的复配协效体系。

研究发现，提高聚乳酸成炭性和抗熔滴性是提高聚乳酸纤维阻燃性能的关键。如采用聚二甲基硅氧烷、聚甲基苯基硅树脂对提高聚乳酸的阻燃性非常有效，使用日本信越硅公司的X40-9850、道康宁硅公司的 MB50-315 等添加到聚乳酸中，添加量在 3%~10%（质量分数）之间即可使聚乳酸树脂阻燃性达 UL-94V-0 级。于涛等将阻燃剂聚磷酸铵加入黄麻和聚乳酸的复配体系中，当温度高于 400℃时，基体、纤维和阻燃剂形成热稳定的炭层结构，使热量和可燃物质的量明显减少，复合材料最后能达到 UL-94V-0 级。然而阻燃剂的加入却使复合材料的力学性能和维卡软化点明显下降。

（八）聚乳酸纤维的抗紫外线性能

聚乳酸纤维拥有良好的抗紫外线性能。聚乳酸纤维的分子结构中含有大量的 C—C 和 C—H 键，这些化学键一般不吸收波长小于 290nm 的光线，照射到地球表面的紫外线，对含有这些化学键的纤维几乎没影响，因此聚乳酸纤维及其织物几乎不吸收紫外线。同时大部分聚乳酸纤维是由高纯度的 L-乳酸制成，所含杂质极少，这也赋予聚乳酸纤维优良的耐紫外线性能。在紫外线的长期照射下，聚乳酸纤维强度和伸长的影响均不大。例如，聚乳酸纤维在室外暴露 200h 后，抗张强度可保留 95%，明显高于聚酯纤维（60% 左右）；500h 后，抗张强度可保留 55% 左右，优于聚酯纤维，因此聚乳酸纤维可用于农业、园艺、土木建筑等领域。

（九）聚乳酸纤维的抑菌性能

聚乳酸纤维还有一定的抑菌性能。聚乳酸降解初期发生的水解作用只导致聚合物相对分子质量的下降，而不产生任何的可分离物，并不造成物理重量的流失，这种水解产生的大分子也不能成为微生物的营养品而发生新陈代谢作用。当水解发生到一定程度时，才有微生物参与聚乳酸的降解反应；而且聚乳酸纤维特有的超细纤维结构可以极好地阻隔细菌以及微生物的入侵，且聚乳酸纤维不亲水、吸湿率低、透气性能优良，对微生物的生存和滋生有一定的抑制作用，非常适合用于医疗卫生领域，如用作超细纤维医用抗菌敷料和一次性卫生用品等。

三、聚乳酸纤维在纺织品中的应用

（一）服用纺织品

聚乳酸针织物具有良好的吸湿快干及尺寸稳定性，被广泛应用于夏季运动服及 T 恤衫等。张威等采用 75 旦/36f 竹炭纤维和 100 旦/36f 聚乳酸纤维开发出一系列具有吸湿快干、防紫外线、抗菌等功能的多风格针织面料。王革辉开发具有不同聚乳酸含量的针织面料，与 Coolmax针织面料、纯棉针织面料相比，具有优良的导热性、透湿性和接触冷感，适合做夏季服装面料。聚乳酸纤维服用纺织品如图 5-4 所示。

图 5-4　聚乳酸纤维服用纺织品

（二）装饰用纺织品

聚乳酸纤维具有良好的高强度，通过对聚乳酸进行改性和阻燃整理，拓展其在装饰用纺织品领域中的应用，被广泛应用于床单、被罩、窗帘、地毯等装饰用品。赵立环等将聚乳酸纤维与阻燃黏胶进行混纺，编织出五种纬平针织物，探究混纺比对织物阻燃性和吸湿性的影响。研究表明：混纺针织物随着阻燃黏胶含量的降低，极限氧指数降低，阻燃性能下降；当阻燃黏胶与聚乳酸纤维混纺比为 8∶2 时，混纺针织物的吸水速度最低；聚乳酸纤维具有优良的吸湿性，吸水速度随着聚乳酸纤维含量的增加而上升，当阻燃黏胶与聚乳酸纤维混纺比为 6∶4 时，织物的综合性能最好，适用于床上用品以及窗帘、地毯的设计开发。聚乳酸纤维床上用品如图 5-5 所示。

（a）凉被　　　　　　　　　　　（b）四件套

图 5-5　聚乳酸纤维床上用品

（三）产业用纺织品

聚乳酸纤维具有良好的生物相容性，通过对聚乳酸进行抗菌整理，被广泛应用于手术缝合线、药物缓释、医用口罩、生物支架、伤口敷料等。郭红霞等人研究采用聚乳酸纤维制备医用缝合线的工艺条件，研究表明当捻系数为205，热定形温度为90℃，热定形时间为30min时，制备的聚乳酸医用缝合线力学性能最佳。马金亮等采用交联剂及壳聚糖对聚乳酸纤维进行接枝改性，将壳聚糖固定在聚乳酸非织造布上，与纯聚乳酸非织造布相比，具有良好的导湿性、硬挺度和抗菌性。聚乳酸产业用纺织品如图5-6所示。

图 5-6　聚乳酸产业用纺织品

项目二　壳聚糖纤维

一、壳聚糖纤维

甲壳素学名 $\alpha-$（1-4）$-2-$脱氧$-$D$-$葡萄糖，属于碳水化合物中的多糖，广泛存在于昆虫类、水生甲壳类的外壳和菌类、藻类的细胞壁中，也可由 $N-$乙酰氨基葡萄糖以 $\alpha-1,4$ 糖苷键缩合而成。在地球上，甲壳素的生物合成量达 100 亿吨/年以上，是自然界中含量丰富的有机再生资源。

壳聚糖（chitosan，CS）又名脱乙酰几丁质、聚氨基葡萄糖、可溶性甲壳素，是甲壳素脱乙酰基后的产物，是已知的唯一的含氮碱性多糖，是自然界中唯一含游离氨基碱性阳离子高分子。壳聚糖是乙酰基脱去 55% 以上的甲壳素，工业品壳聚糖脱乙酰度（即甲壳素分子中脱去乙酰基的链节数占总链节数的百分比）一般在 70% 以上。组成壳聚糖的基本单位是 D-葡胺糖，其结构与纤维素十分相似。在应用实践中，主要用的原料是壳聚糖，因而对壳聚糖的研究也越来越深入。在欧美学术界，它与糖、蛋白质、脂肪、维生素和矿物质相提并论，被称为"生命第六要素"，是自然界中仅次于纤维素的第二大天然生物有机资源。

壳聚糖纤维是以壳聚糖为主要原料，通过湿法纺丝、干湿法纺丝、静电纺丝、液晶纺丝等方法制备的具有一定机械强度的高分子功能性生物质再生纤维。目前通常采用的是湿法纺丝法，即在适当的溶剂中将壳聚糖溶解，配制成一定浓度的胶体纺丝原液，再经喷丝、凝固成形、拉伸等工艺制备而成。

二、壳聚糖的结构和性质

（一）壳聚糖的结构

1. 壳聚糖的化学结构

壳聚糖化学名称为（1,4）氨基-脱氧-$\alpha-$D-聚葡糖，它是由甲壳素脱 $N-$乙酰基的产物，

一般而言 *N*-乙酰基脱去 55% 以上或者可以溶于稀酸就可称之为壳聚糖。壳聚糖和甲壳素的组成区别是位于 C3 位置上的取代基不同，壳聚糖在这个位置上是氨基（—NH$_2$），而甲壳素是乙酰氨基（—NHCOCH$_3$）。虽然壳聚糖和甲壳素的基本组成单元是氨基葡萄糖和乙酰氨基葡萄糖，但其基本结构单元却是二糖，结构单元之间以糖苷键连接（图 5-7）。

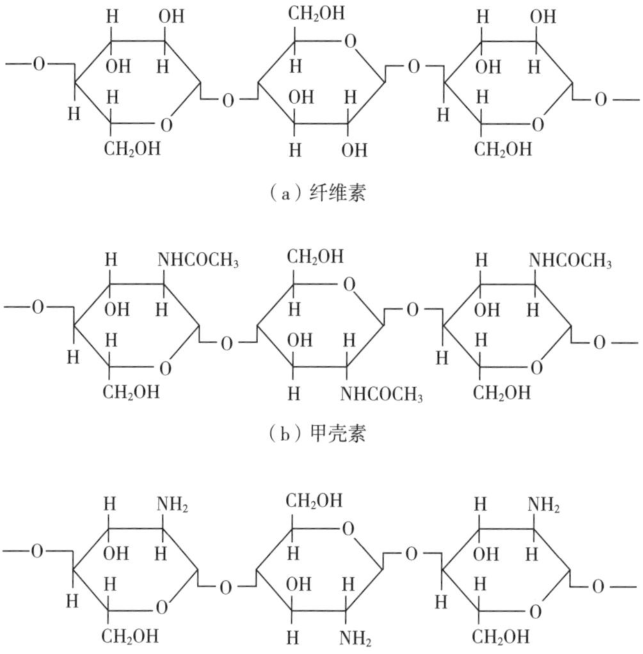

（a）纤维素

（b）甲壳素

（c）壳聚糖

图 5-7　纤维素、甲壳素、壳聚糖的结构式

2. 壳聚糖/甲壳素的构象

（1）壳聚糖/甲壳素的氢键。壳聚糖/甲壳素可以形成大量的分子内和分子间氢键，其中部分脱乙酰的壳聚糖有羟基、氨基、乙酰氨基、环上氧桥、糖苷键氧原子等多种可形成氢键的基团，氢键类型复杂，正因为这些氢键的存在，才形成了壳聚糖/甲壳素大分子的二级结构。图 5-8（a）表示的是壳聚糖分子链中的一个氨基葡萄糖残基，其 C3 位的羟基与糖苷键氧原子（—O—）形成一种分子内氢键。另一种分子内氢键是由 C3 位的羟基与同一条分子链的另一个葡萄糖残基的呋喃环上的氧原子形成的，如图 5-8（b）所示。

壳聚糖分子链 C3 位的羟基可以与相邻的另一条分子链的糖苷基形成一种分子间氢键［图 5-9（a）］。同时壳聚糖分子链 C3 位的羟基可以与相邻的另一条分子链的糖残基呋喃环上的氧原子形成氢键［图 5-9（b）］。

（2）壳聚糖的螺旋链构象。聚合物的螺旋链构象指数 U_t 表示 t 圈螺旋中含有 U 个结构单元，形成一个螺旋重复周期。壳聚糖在结晶中都呈现 I 类构象，即 2_1 螺旋，是近似平面锯齿形的构象。I 类构象的重复周期（相当于 2 个葡萄糖残基）的长度为 1.04nm 左右，是较伸展的构象。

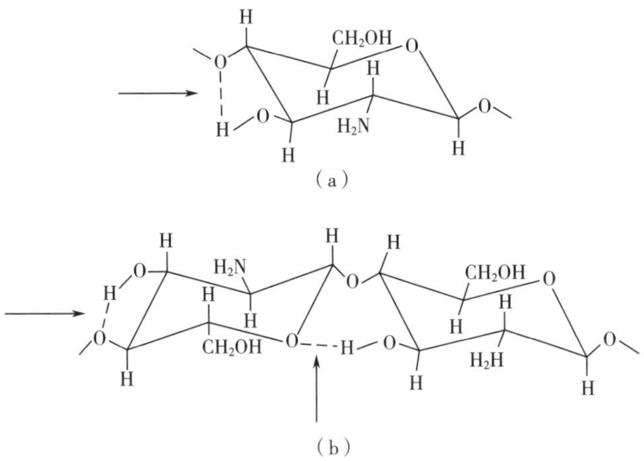

图 5-8　壳聚糖分子内氢键

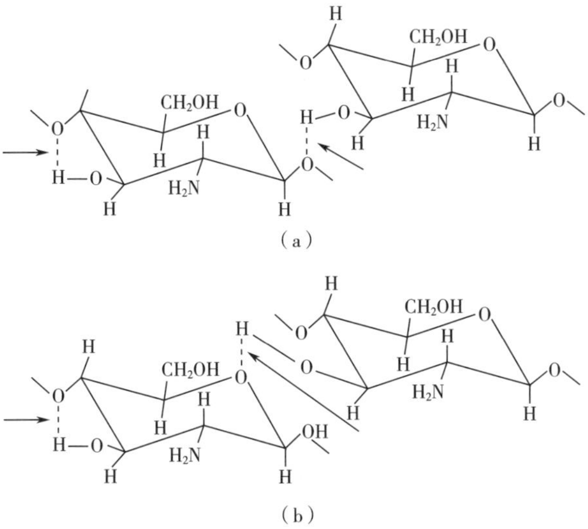

图 5-9　壳聚糖分子间氢键

（3）壳聚糖的构象持续长度。壳聚糖分子链属于半刚性链，分子链中存在的糖环构象畸变使链具有一定的柔性。如果链中结构单元的方向逐渐且连续地偏离链轴，则可用蠕虫状链模型描述。根据蠕虫状链模型，表征链刚性的一个最重要参数就是构象持续长度，又称持久长度（persistence length，L_p），定义为分子链的局部平均在一个方向上持续的长度，L_p 越大链刚性也就越大。

构象持续长度一般通过静态和动态光散射或 GPC 测得。先求得均方旋转半径，然后根据蠕虫状链模型再转换为 L_p。壳聚糖链的尺度、流体力学体积和黏度依赖于壳聚糖链的半刚性结构。由于壳聚糖在酸性溶液中能形成聚电解质，这些性质另一方面还会受到离子浓度的影响，有效构象持续长度值会随着相邻离子间的静电斥力而增加。因此，测定时要考虑两方面的贡献，给定离子浓度条件下的构象持续长度 L_t 应包含固有贡献部分 L_p 和静电贡献部分 L_e，即 $L_t = L_p + L_e$。

3. 壳聚糖/甲壳素的结晶结构

甲壳素与纤维素相类似，在细胞壁中组成一种命名为微纤维的结构单元。它由一束沿分子长轴方向平行排列的甲壳素分子组成。这种微纤维核心中的甲壳素分子一般排列为三维的晶格结构。而微纤维核心外的甲壳素分子仍旧保持平行排布的构象，但是没有构成完整的三维晶格，称为亚结晶相结构。

甲壳素的主要晶体结构有两种，一种是 α-甲壳素，其广泛存在于虾、蟹等节肢动物的角质层和真菌的细胞壁中；另一种是 β-甲壳素，这种甲壳素比较少，主要由软体动物如鱿鱼、乌贼的软骨中提取而得。经过研究分析，人们也发现了第三种 γ-甲壳素，其仅为 α-甲壳素的变换（图 5-10）。

α-甲壳素　　　　　　β-甲壳素　　　　　　γ-甲壳素

图 5-10　三种结晶异构体中甲壳素分子链的排列方式

甲壳素结晶异构体的研究主要用广角 X 射线衍射法（WXRD），在生物体中，甲壳素是以无规分布的微纤（微晶）存在。由于甲壳素和高分子一样无法制得足够大的单晶进行"单晶旋转法" X 射线衍射测定，故采用高分子材料中常用的单轴拉伸纤维（或者单轴拉伸薄膜）衍射法。其中微晶的无规分布结构相当于旋转的单晶，其具体晶胞参数见表 5-4。

表 5-4　甲壳素的晶胞参数

结晶异构体类	晶系	α/nm	b/nm	c/nm	γ/（°）	空间群
α-甲壳素	正交（斜方）	0.474	1.886	1.032	90	P2$_1$2$_1$2$_1$
β-甲壳素（干态）	单斜	0.485	0.926	1.038	97.5	P2$_1$
γ-甲壳素	正交	0.47	2.84	1.03	90	P2$_1$

壳聚糖上分布着许多羟基和氨基，还有残余的 N-乙酰氨基，它们会形成分子内和分子间的氢键，正是这些氢键的存在，形成了有利于结晶的构象（2$_1$ 螺旋），因此，壳聚糖的结晶度较高（30%~35%），有很稳定的物理化学性质。但是在脱乙酰的过程中，结晶结构被破坏，在重新结晶的过程中，由于样品处理条件、水分含量的不同，测定的结果也不相同，呈现多种异构体。由于壳聚糖和甲壳素的晶体结构不同，研究者给予不同的系列命名，称为习惯命名并沿用至今。

结晶结构的解析必须用轴取向的样品（薄膜或纤维），不同制备方法的壳聚糖结晶参数见表 5-5，其中 N 为分子链数，Z 为葡萄糖单元数。

表 5-5　不同制备方法的壳聚糖的结晶参数

名称	晶系	a/nm	b/nm	c/nm	γ/(°)	N	Z	含水量	制备方法
Tendon	正交	0.89	1.7	1.025	90	4	8	1	1
Ⅱ型	正交	44	1	1.03	90	1	2	—	2
Annealed	正交	0.824	1.648	1.039	90	4	8	0	3
L-2	单斜	0.867	0.892	1.024	92.6	2	4	1	4
Ⅰ-2	单斜	0.837	1.164	1.03	99.2	2	4	3	5
单晶	正交	0.807	0.844	1.034	90	2	4	0	6

（二）壳聚糖/甲壳素的性质

1. 物理性质

（1）基本物理性质。壳聚糖/甲壳素是白色无定形、半透明、略有珍珠光泽的固体。壳聚糖根据密度的不同分为高密度壳聚糖和普通壳聚糖，其中普通壳聚糖的密度为 $0.2 \sim 0.4\mathrm{g} \cdot \mathrm{mL}^{-1}$，高密度壳聚糖的密度是普通壳聚糖的 $2 \sim 3$ 倍。一般无色无味，无毒无害，具有良好的保湿性、润湿性，其在密闭干燥的容器中保存，常温下可以三年不变质，但吸湿性较强。壳聚糖/甲壳素因提取方式和制备方法不同，分子量从数十万至数百万不等。根据晶体结构的不同，甲壳素又可分为 α、β、γ 三种类型，其中 α-甲壳素最丰富也最稳定，β-甲壳素主要存在于乌贼软骨中，其生理活性高于 α-甲壳素和 γ-甲壳素。甲壳素不溶于水、稀酸、碱液，可溶于浓盐酸、硫酸；壳聚糖不溶于水、丙酮和碱溶液，可溶于稀酸。

N-脱乙酰度和黏度是壳聚糖的两项主要性能指标。通常把 1%壳聚糖乙酸溶液的黏度在 $1000\times10^{-3}\mathrm{Pa} \cdot \mathrm{s}$ 以上的定义为高黏度壳聚糖，而黏度在 $(1000 \sim 100) \times10^{-3}\mathrm{Pa} \cdot \mathrm{s}$ 为中黏度壳聚糖，黏度在 $100\times10^{-3}\mathrm{Pa} \cdot \mathrm{s}$ 以下的壳聚糖定义为低黏度壳聚糖。国外将大于 $1000\times10^{-3}\mathrm{Pa} \cdot \mathrm{s}$ 的定义为高黏度壳聚糖，$(200 \sim 100) \times10^{-3}\mathrm{Pa} \cdot \mathrm{s}$ 的定义为中黏度壳聚糖，$(50 \sim 25) \times 10^{-3}\mathrm{Pa} \cdot \mathrm{s}$ 的定义为低黏度壳聚糖。

（2）玻璃化转变。玻璃化转变温度（T_g）是高分子的一个重要参数，是高分子从玻璃态转变为高弹态的温度，即链段开始运动的温度。由于壳聚糖存在大量的分子内和分子间氢键，熔点高于分解温度而无法检测到，因而 T_g 是壳聚糖的唯一主转变（α-松弛）。

壳聚糖的结晶度高，由于玻璃化转变温度是非晶部分的链段运动引起的，壳聚糖的高结晶度使 T_g 的测定变得困难，一般方法测不到。因此，要想测定壳聚糖的玻璃化转变温度，应该首先制备非晶样品，如用溶解再沉淀法制备壳聚糖膜。测试壳聚糖的 T_g 可以使用差示扫描量热法（DSC）、动态力学热分析法（DMA）、热膨胀法（DIL）等方法。

2. 化学性质

（1）壳聚糖/甲壳素的酰化反应。壳聚糖/甲壳素可以和多种有机酸衍生物如酸酐、酰卤等发生反应，从而引入不同分子质量的脂肪族或芳香族酰基，所以这是壳聚糖/甲壳素化学反应中研究最多的一种。壳聚糖/甲壳素的糖残基上既有羟基又有氨基，所以酰化反应既可以与羟基反应生成酯，也可以与氨基反应生成酰胺。糖残基上氨基的活性比羟基大一些，酰化反应优先发生在游离的氨基上，其次发生在羟基上。当然，这只是壳聚糖/甲壳素本身官能团的比较，酰化反应究竟先在哪个官能团上发生，还与溶剂、催化剂、酰化试剂的结构、反应温度等有关。需要注意的是，酰化反应往往得到的不是单一的产物，发生 N-酰化的同时发生 O-酰化。

（2）壳聚糖/甲壳素的含氧无机酸酯化反应。壳聚糖/甲壳素的羟基，可以和一些含氧无机酸或者酸酐发生酯化反应，这类反应类似于纤维素的反应。

①硫酸酯反应。在含氧无机酸的酯化反应中，研究最多的是壳聚糖的硫酸酯，其原因是这些酯类的结构与肝素相似，也具有抗凝血作用，而肝素的提取和生产是很困难的，同时还有引起血浆脂肪酸浓度增高的副作用。所以设计特定结构和分子量的壳聚糖硫酸酯可以制得抗凝血活性高于肝素而没有副作用的肝素替代品。

②磷酸酯化反应。壳聚糖磷酸酯化试剂主要有 H_3PO_4/二甲基甲酰胺或 P_2O_5/甲磺酸。一般的制备方法是将 P_2O_5 加到壳聚糖的甲磺酸混合液中，搅拌一段时间，然后加入乙醚使产物沉淀，离心分析，多次洗涤后干燥。

高取代的壳聚糖磷酸酯化合物溶于水，而低取代的不溶于水。将壳聚糖加入含有 P_2O_5 的甲磺酸溶液中可以制备出壳聚糖磷酸酯衍生物，可以作为添加剂与两种骨水泥的固相成分进行复合，得到性能增强的复合磷酸钙骨水泥。

（3）壳聚糖/甲壳素的氧化反应。甲壳素/壳聚糖可以被氧化剂氧化，氧化剂不同、反应的 pH 不同，氧化机理和氧化产物也不同，即可以是 C6—OH 氧化成醛基，也可以是 C3—OH 氧化成羰基，还可能发生部分的脱氨基和脱乙酰基反应，甚至破坏吡喃环和糖苷键。

（4）壳聚糖/甲壳素的烷基化反应。壳聚糖的氨基是一级氨基，有一对孤对电子具有很强的亲核能力，能发生许多反应，N-烷基化是除 N-酰基化以外的一种重要的反应。由于壳聚糖有氨基和羟基，如果直接进行烷基化反应，在 N、O 位上都可以反应。

为了选择性地在 O-位上发生烷基化反应，必须对氮位进行保护。通常是先用醛基与壳聚糖的氨基进行反应生成席夫碱，再用卤代烷进行烷基化反应，然后在醇酸溶液中脱去保护基。壳聚糖与氯代烷反应，首先发生的是 N-烷基化。N-烷基化的壳聚糖衍生物的合成通常是采用壳聚糖中的氨基反应生成席夫碱，然后用 $NaBH_3CN$ 或 $NaBH_3$ 还原即可得到目标衍生物。乙醛与壳聚糖反应，还原后可得到乙烷化壳聚糖。用该种方法引入甲基、乙基、丙基和芳香化合物的衍生物，对各种金属离子有很好的吸附和螯合作用。壳聚糖中引入烷基后，分子链间的作用力被显著削弱，壳聚糖的溶解性得到改善，经过适度改性的壳聚糖可用于化妆品和医药方面。

（5）壳聚糖/甲壳素的接枝共聚反应。壳聚糖/甲壳素的分子链上有很多的活性基团，可以通过接枝共聚反应，改善它们的性能，从而应用到有特殊需求的领域。接枝共聚反应一般有化学法、辐射法和机械法三种，而壳聚糖/甲壳素的接枝共聚反应一般为前两种。从反应机理上又可以分为自由基和离子引发接枝共聚。自由基引发接枝共聚的关键是产生自由基，目前壳聚糖的自由基接枝共聚涉及氧化还原引发剂、偶氮二异丁腈引发剂、离子引发剂三种。关于离子引发接枝共聚的研究较少。

（6）壳聚糖/甲壳素的交联反应。壳聚糖/甲壳素分子链中有游离的氨基和羟基，对金属离子有良好的吸附作用，可用于去除废水中的各种金属离子，但是壳聚糖/甲壳素易溶于酸性介质并发生降解，所以需要通过双官能团的醛或者酸酐进行交联，使产物不溶解，甚至溶胀也很小。常用的醛类交联剂有戊二醛、甲醛、乙二醛等，其交联反应速度很快，可在均相和非均相的体系中进行，pH 范围较广。戊二醛交联壳聚糖是目前研究最多和最普遍的一种方法，基本制备过程如下：将壳聚糖溶于稀的乙酸溶液中，然后加入戊二醛溶液，搅拌一段时间后，加入稀的 NaOH 溶液，最后过滤、洗涤、干燥即得戊二醛交联的壳聚糖。

（7）壳聚糖/甲壳素的水解反应。壳聚糖的溶液稳定性在使用中特别重要，糖苷键是一种半缩醛结构是不稳定的，尤其是在酸性溶液中。壳聚糖在酸性溶液中，会发生酸催化的水解反应，壳聚糖分子的主链不断降解，相对分子质量逐渐降低，黏度越来越低，最后被水解成寡糖，因此，壳聚糖溶液要求现配现用。

然而，低聚糖多数对人体有益，作为活性物质，广泛应用于食品、农业、医药等领域。壳低聚糖有抗菌、抗肿瘤、抗氧化等保健功能，而且它们属于天然低聚物，分子量小，易被人体吸收，可以开发医疗保健类药物。壳聚糖/甲壳素是高分子物质，它的水解是制备低聚糖和单糖的主要途径，如壳聚糖可以在70℃的10%乙酸溶液中进行水解得到低聚糖混合物，如果将壳聚糖在浓盐酸中完全水解，则可以得到单糖。壳聚糖的另一种降解主链的方法是用酶水解，酶对多糖有高度的选择性，不会发生其他副反应。

（8）壳聚糖/甲壳素的溶解性。由于甲壳素分子间存在强烈的氢键作用，不溶于水和低浓度的酸碱，也不溶于一般的有机溶剂，这导致了其应用的困难。氯代醇与无机酸或有机酸的混合物是溶解甲壳素的有效体系，常用的 2-氯乙醇能够有效地降低酸的离子化程度，从而增加了甲壳素溶液的稳定性。这些溶剂体系能在室温或者不太高的温度下很快溶解甲壳素，所得到的溶液黏度较低，甲壳素的降解较慢。甲壳素也能溶于 HCl、H_2SO_4、H_3PO_4 或 HNO_3 中，但是都会伴随着甲壳素的严重降解。

壳聚糖的溶液性质对壳聚糖的应用研究十分重要。壳聚糖不溶于水、碱和一般的有机溶剂，但可溶于盐酸、甲酸、乙酸、柠檬酸、乙二酸、丙酮酸、乳酸等无机和有机酸。

三、壳聚糖纤维的性能

（一）线密度

工业化的壳聚糖纤维线密度一般在 1.6dtex 左右。以壳聚糖纤维作为水刺非织造材料的原料时，选择线密度较小的纤维，梳理的效果和成网的均匀性都会比较好，梳理强度也会相对较低，制得的非织造材料密度大、强度高、手感柔软。

（二）力学性能

1. 断裂强度

断裂强度是表征纤维品质的主要指标，即纤维在标准状态下受恒速增加的负荷作用直到断裂时的负荷值，提高纤维的断裂强度可改善制品的使用性质。工业化壳聚糖纤维的断裂强度在 $1.4\sim2.0cN \cdot dtex^{-1}$，与常用的纤维相比断裂强度偏小，所以单一成分的壳聚糖纤维织物开发困难。

2. 断裂伸长率

纤维拉伸时产生的伸长占原来长度的百分率称为伸长率。纤维拉伸至断裂时的伸长率称为断裂伸长率，它表示纤维承受拉伸变形的能力。断裂伸长率大的纤维手感比较柔软，在纺织加工中，可以缓冲所受到的力；但断裂伸长率也不宜过大，否则织物容易变形。壳聚糖纤维的断裂伸长率是在7%～15%，工业化壳聚糖纤维的断裂伸长率在11%～15%，其断裂伸长率比聚酯纤维、锦纶等合成纤维小。

3. 初始模量

初始模量也称弹性模量或杨氏模量，为纤维受拉伸而当伸长为原来的1%时所受的应力，即应力—应变曲线起始一段直线部分的斜率，单位为牛顿/特克斯（$N \cdot tex^{-1}$），也常用 $cN \cdot dtex^{-1}$ 表示。壳聚糖纤维的初始模量在 $70～95 cN \cdot dtex^{-1}$，几乎比所有常见合成纤维的初始模量都大，这表明壳聚糖纤维在小负荷下难以变形，其刚性非常大。

（三）抑菌性能

纯壳聚糖纤维的抑菌机理较为复杂，主要的机理是壳聚糖质子化后，形成带正电荷的阳离子基团—NH^{3+}和带负电荷的细菌之间发生电中和反应，损坏了细菌细胞壁的完整性，改变了微生物细胞膜的流动性和通透性，使细菌不能生长繁殖，起到抑菌作用。表5-6为海斯摩尔壳聚糖纤维1h抑菌性能。

表5-6　海斯摩尔壳聚糖纤维1h抑菌性能

实验菌株	国家标准/%	壳聚糖纤维/%	测试标准
金黄色葡萄球菌	>26	≥95	按 GB 15979—2002，附录 C5 检测
大肠杆菌	>26	≥95	
白色念珠菌	>26	≥45	

抑菌实验结果表明，壳聚糖纤维在1h内金黄色葡萄球菌抑菌率差值≥95%、大肠杆菌抑菌率差值≥95%、白色念珠菌抑菌率差值≥45%，均大于国家标准，说明壳聚糖纤维有非常好的抑菌性能。

（四）回潮率

化纤行业一般用回潮率来表示纤维吸湿性的强弱。纤维材料中的水分含量，即吸附水的含量，用回潮率表示，是指纤维所含水分的质量与干燥纤维质量的百分比。纤维吸湿性的强弱与纤维分子中亲水性基团的数量、纤维结构的微孔性及纤维之间的抱合性有关。壳聚糖纤维的公定回潮率为17.5%。由于壳聚糖的分子链上分布着大量的氨基和羟基，是强亲水性的基团，而且壳聚糖纤维是湿法纺丝而成，纤维结构中存在许多微孔结构，使壳聚糖纤维具有较强的透气、吸湿功能，从而降低了壳聚糖的刚度，有利于纤维后加工，提高最终产品的质量。

（五）摩擦性能

摩擦是指两个物体之间接触并发生或将要发生相对滑移的现象。从宏观形态来看，纤维的摩擦是纤维材料间相互碰撞和挤压的过程。纤维制成织物后，在使用过程中，与外界物体或织物间接触摩擦，会使织物表面的纤维露出而起毛，进而使织物起球，甚至使织物磨损，但纤维有一定的摩擦也会使织物里的纤维间缠结更紧密。纤维的摩擦性能是用摩擦系数表示的。壳聚糖纤维的摩擦系数在 1.5 左右，纤维的摩擦性能较好，在制成织物后，有利于织物内部纤维的缠结，提高产品的质量。

（六）卷曲性能

沿着纤维纵向形成的规则或不规则的弯曲称为卷曲。卷曲可以使短纤维纺纱时增加纤维之间的摩擦力和抱合力，使成纱具有一定的强力。卷曲还可以提高纤维和纺织品的弹性，使手感柔软，突出织物的风格，同时卷曲对织物的保暖性、抗皱性和表面光泽的改善都有一定的影响。壳聚糖纤维的刚性大，不易形成卷曲，这会导致纺纱时抱合力小，给接下来加工成纺织品增加困难，所以要在后加工过程中用机械、物理和化学的方法，使壳聚糖纤维具有一定的卷曲度。

（七）电学性能

纤维在纺织加工和使用过程中，因摩擦而产生的静电不仅会严重影响正常生产的进行，还会对人的健康产生影响，所以消除纤维所带的静电是纤维加工过程中必须要考虑的问题。因为纤维制品的体积和截面不容易测量，所以人们一般用质量比电阻来表征纤维的导电性，在数值上它等于样长为 1cm 和质量为 1g 的电阻，单位为 $\Omega \cdot (g \cdot cm)^{-1}$。表 5-7 为壳聚糖纤维和其他常见纤维的质量比电阻比较。从表 5-7 可以看出，壳聚糖纤维的质量比电阻和天然纤维差别不大，远低于其他合成纤维。

表 5-7　壳聚糖纤维和其他常见纤维的质量比电阻比较

纤维	质量比电阻/$[\Omega \cdot (g \cdot cm)^{-1}]$	纤维	质量比电阻/$[\Omega \cdot (g \cdot cm)^{-1}]$
壳聚糖纤维	$10^6 \sim 10^7$	聚酯纤维	$10^{13} \sim 10^{14}$
棉	$10^6 \sim 10^7$	锦纶	$10^{13} \sim 10^{14}$
黏胶纤维	10^7	腈纶	$10^{12} \sim 10^{13}$

（八）溶胀性

纤维在吸湿的同时伴随着体积的增大，这种现象称为溶胀。纤维在溶胀时，直径增大的程度远大于长度增大的程度，称为纤维溶胀的异向性。各种纤维吸湿后溶胀的程度是不相同的，吸湿性高的纤维溶胀比较大，图 5-11 是壳聚糖纤维和黏胶纤维在水中直径随时间的变化。从图 5-11 中可以看到，壳聚糖纤维的溶胀速度比黏胶纤维快，而且其直径增大的百分比也比黏胶纤维大，壳聚糖纤维的弹性会下降，摩擦系数会增大，伸长率也会增加，这在水刺加固中有利于纤维的缠结。

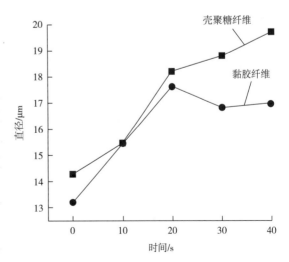

图 5-11　纤维吸水过程中纤维直径与
时间的关系曲线

四、壳聚糖纤维的用途

根据壳聚糖纤维的性能特点，应用领域主要为服用、家用、医用、卫用、航天军工、过滤领域。

（一）服用

壳聚糖纤维制成的面料，经整理后挺括、不皱不缩、色泽鲜艳、穿着舒适、有弹性、吸汗性好、对人体无刺激，不易褪色，同时具有抗菌防臭、促进血液凝固、保湿透气等优良性能，对皮肤病具有一定的治疗作用。壳聚糖纤维不溶于水，经多次洗涤后其抗菌效果不会减弱，手感柔软、穿着舒适，是一种新型、绿色的功能化纺织材料。

目前，海斯摩尔、日本富士纺、韩国甲壳素公司、青岛即发新材料、淄博蓝景纳米材料、青岛海蓝生物制品、青岛凯森德生物制品等公司已向市场推出了以壳聚糖纤维为原料（壳聚糖纤维的含量一般在 10%～20%）的抗菌五趾袜、抗菌内裤、抗菌文胸、保健 T 恤、袜子、运动服、婴儿装等服用产品，受到消费者的青睐，如图 5-12、图 5-13 所示。

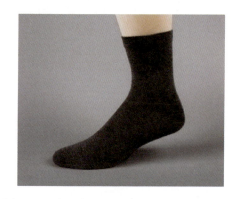

图 5-12　壳聚糖纤维吸汗防臭男士休闲保健袜

图 5-13　壳聚糖纤维混纺空气层面料

（二）家用

由于壳聚糖纺织品具有良好的吸湿性、抗菌性、透气性、表面触感、防臭、防霉、保持清洁卫生等优良性能，而且经壳聚糖纤维和其他纤维混纺的纺织品其抗皱性能有明显提高，并具有良好的生理适应性，长时间与人体接触无刺激性和过敏性等特点，壳聚糖纤维常与其他纤维混纺，如棉、麻等，用于制备床单、被套、毛巾、毛毯、餐巾等家纺产品。图 5-14 所示为壳聚糖纤维太空被。

图 5-14　壳聚糖纤维太空被

（三）医用

壳聚糖的大分子结构不仅有与植物纤维素相似的结构，而且有与人体骨胶原组织类似的结构，对人体无毒性、无排斥作用，所以壳聚糖纤维具有良好的生物相容性和生物安全性，完全达到医用材料的标准，制成的医疗类产品已被广泛应用。

1. 吸收性手术缝合线

可吸收手术缝合线目前主要是羊肠线，但是羊肠线缝合和打结困难，而且非常容易使人体产生抗原抗体反应。用壳聚糖纤维制成的手术缝合线，在一定的时间内在血液、胰液、胆汁等中保持较好的强度，其缝合效果和打结性好，在人体内无排斥作用，相容性好，经过一段时间，壳聚糖缝合线能被人体内的溶菌酶分解，然后被人体吸收，伤口愈合后也不用再拆线，所以壳聚糖纤维在手术缝合线方面具有非常好的应用前景。

2. 医用敷料

目前，医用敷料使用最广泛的原料是植物纤维，但这类敷料黏着伤口创面，更换时会造成再次性机械性损伤，而且外界环境微生物容易通过，交叉感染的概率较高。用壳聚糖纤维制作的医用敷料可以阻隔环境微生物入侵创面，防止交叉感染，还具有快速止血、舒缓疼痛、促进伤口愈合等功效，是较有前景的医用敷料（图5-15）。

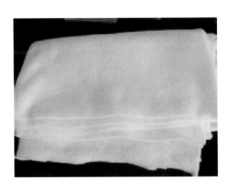

图5-15　壳聚糖纤维医用敷料

3. 人工皮肤

人的皮肤再生能力很强，受到小的创伤会很快恢复愈合，但大面积的创伤和烧伤，皮肤自身就很难愈合，这就需要人工皮肤来作为暂时性的创面保护覆盖材料帮助皮肤愈合。用壳聚糖纤维制成的人造皮肤不仅对受伤的皮肤有覆盖作用，还具有积极接受生物反应的特点，而且壳聚糖制造的人工皮肤舒适、柔软、透气性好、贴合性好，还具有抑菌消炎、止血和抑止疼痛的作用，有利于表皮细胞生长，随着自身皮肤生长，壳聚糖会自行降解被人体吸收。

（四）卫用

壳聚糖纤维非织造布，是理想的女性、婴幼儿、老年护理用品的表层和导流层材料。

在面膜基材领域，壳聚糖纤维非织造布具有优异的吸附、抑菌功能，是一种良好的面膜基材，目前，广州天丝、南海清秀、广州千叶百草等多家面膜基材、化妆品企业，每年生产含有壳聚糖纤维的面膜基材达到数百吨。在卫生巾领域，壳聚糖纤维热风非织造布具有优异的抑菌效果、良好的透水性以及无皮肤刺激、无皮肤致敏反应等特点，是卫生巾等日用品的理想材料（图5-16）。

图5-16　壳聚糖纤维非织造布

（五）航天军工

现已研发成功以纯壳聚糖纤维为核心原料的"特种壳聚糖纤维布"，它具备抑菌、阻燃、抗静电、防霉、240℃高温脱气无毒等优良特性，成为中国航天专用产品，已用到航天工程的内饰材料，并正在向航天货包、航天水囊等产品延伸。

壳聚糖纤维的天然抑菌、快速止血、舒缓疼痛、促进伤口愈合等功效，作为重要的军用纺织品及功能性敷料原材料，开发了战场急救纱布、作战内衣战靴里衬材料等军工产品。

（六）过滤领域

由于壳聚糖纤维的多孔性与功能性，可以广泛应用于过滤领域中，包括水净化过滤、空气净化过滤和核污染处理等。由静电纺丝制备的纯壳聚糖纳米纤维可以吸收金属离子，其过滤效率主要取决于纤维截面形状、尺寸及表面壳聚糖含量的多少。

项目三　海藻纤维

海藻纤维是以海洋中蕴含的海藻为原料，经精制提炼出海藻多糖后，再通过湿法纺丝深加工技术制备得到的天然生物质再生纤维，拥有环保、无毒、阻燃、可降解、生物相容性好、原料来源丰富等特点，近年来受到越来越多科研工作者和消费者的青睐，成为近年来发展迅速的一种新型绿色纤维材料（图5-17）。海藻纤维已经在医用敷料领域得到了广泛应用，目前已经逐渐在纺织服装、卫生护理材料、吸附材料等领域应用。大力开发海藻纤维，实现海藻化工产业的升级改造，对国民经济会有很大的促进作用。

图5-17　海藻及其纤维

一、海藻纤维的分类

海藻纤维的分类目前有很多种，依据产品用途可以分为纺织服装用、军工用、生物医疗用、个人卫生护理用等；依据多糖种类可以分为褐藻纤维（一般传统意义上的海藻纤维指的是褐藻纤维）、红藻纤维等；依据纤维成分可以分为常规海藻纤维和复合海藻纤维。其中常规海藻纤维依据有无金属离子参与和金属离子种类，例如，褐藻纤维中，依据有无金属离子可以分为海藻酸纤维和海藻酸盐纤维（海藻酸钙、海藻酸锌、海藻酸铜、海藻酸镍等）。复合海藻纤维依据添加成分可以分为无机小分子/海藻酸钠复合以及有机高分子/海藻酸钠复合两大类（图5-18）。

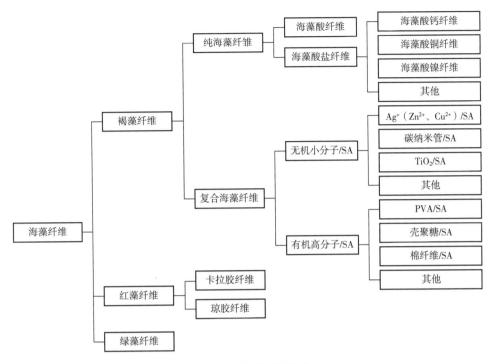

图 5-18　海藻纤维分类

多年来海藻纤维主要是以海藻酸盐为原料制备的，传统海藻纤维英文名称为 AlginateFi-ber；近年来随着红藻胶纤维的出现，越来越多种类的海藻纤维进入人们视野，传统的海藻纤维（alginate fiber）概念所指领域受到挑战，很多文献已经尝试用 seaweed fiber 取代 alginate fiber 这一概念，目前海藻纤维惯所指为海藻酸钙纤维。

二、海藻纤维的性质

1. 基本物理性能

纯海藻纤维呈纯白色，表面光滑有光泽，手感柔软，而且纤度均匀。海藻纤维的超分子结构的均匀性以及钙离子在纤维大分子间的交联作用，使得海藻纤维大分子间的作用力比较强，纤维断裂强度在 $1.6 \sim 2.6 \mathrm{cN} \cdot \mathrm{dtex}^{-1}$；海藻纤维结构中具有大量羟基，使得海藻纤维具有良好的吸湿性，纯海藻纤维的回潮率为 12%～17%。由于糖苷键的不稳定性，纯海藻纤维在高于 150℃ 以上易发生热分解。

2. 阻燃性能

海藻纤维具有本质阻燃特性（不同类型纤维 LOI 对比如图 5-19 所示），可以离火自熄，其极限氧指数（LOI）为 45%，属于不燃类纤维（按照 LOI 值的大小，纤维的阻燃程度可以分为五个等级：LOI<21% 为易燃，LOI 在 21%～24% 为可燃，LOI 在 24%～27% 为阻燃，LOI 在 27%～30% 为难燃，LOI>30% 为不燃）。与各种常用纤维极限氧指数相比，海藻纤维具有卓越的阻燃性能。

海藻酸纤维的热降解过程分为三步：第一步发生在 50～200℃，主要是海藻酸纤维内部结合水的失去和部分糖苷键的断裂；第二步热降解的温度区间为 200~480℃，主要是糖苷键的进一步断裂，生成较为稳定的中间产物，相邻羟基以水分子的形式脱去；第三步在 480℃ 以上，对应着中间产物的进一步分解，脱羧碳化。海藻酸钙纤维的热降解过程与海藻酸纤维的略有不同，分为四步。第一步发生在 50~210℃，第二步发生在 210~440℃，第三步发生在 440~770℃，前三步热降解过程与海藻酸相同；第四步发生在 770~1000℃，碳化物进一步分解，最终生成 CaO。

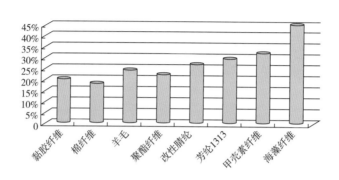

图 5-19　不同纤维极限氧指数

海藻纤维的本质阻燃特性与海藻纤维中的金属离子有关。海藻酸纤维的极限氧指数为 24%，属可燃纤维，而含有金属离子的海藻酸盐纤维（钠、钾、钙、锌、钡、铜、锰等）的极限氧指数均高于海藻酸纤维，除海藻酸铜纤维 LOI 为 30%，为难燃纤维外，其他海藻酸盐纤维的 LOI 均大于 30%，达到了不燃纤维的级别，均具有良好的阻燃效果（不同类型海藻纤维 LOI 对比如图 5-20 所示）。海藻纤维的金属离子阻燃机理，可以分为以下三个方面：

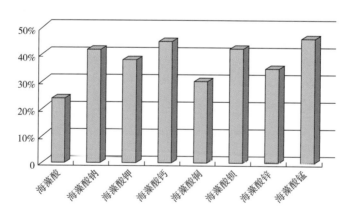

图 5-20　不同种类海藻纤维的极限氧指数

（1）大分子中金属离子会在燃烧过程中形成碱性环境，另外，多糖环含有羟基，在两者的共同影响下，海藻酸大分子极易发生脱羧反应生成不燃性 CO_2 并稀释可燃性气体。

（2）海藻酸盐大分子链可以通过金属离子螯合，与金属离子形成交联结构，或羟基与羧基在加热时环化形成内交酯，从而导致纤维结构的改变。从而使海藻酸盐纤维的热裂解温度要明显高于海藻酸纤维，且金属离子的加入提高了炭化程度，从而可起到抑制热裂解减少可燃性气体的作用。

（3）海藻酸盐纤维在燃烧过程中可能生成金属氧化物和金属碳酸盐沉淀覆盖在纤维表面，在凝聚相和火焰间形成一个屏障，隔绝氧气，阻止可燃性气体的扩散。

3. 力学性能

海藻纤维断裂强度及断裂伸长率与n（G）/n（M）有一定的关系（图5-21）：同种纺丝条件下，n（G）/n（M）大，纤维的断裂强度越大，因为在钙离子的作用下，海藻酸钠大分子中的两个G单元通过配位键形成具有六元环的稳定螯合物，相当于纤维的结晶区，同时海藻纤维大分子间通过钙离子形成新的作用力，增强了纤维大分子间的作用力，使得海藻纤维比普通的黏胶纤维断裂强度较高，n（G）/n（M）值越小，则分子中G含量越多，均聚的GG嵌段越多，形成的"蛋壳结构"数量越多，得到的纤维强力较高。而在低n（G）/n（M）值的海藻酸钠中，G嵌段的长度很小，它们对海藻酸钙凝胶网络的形成作用不大，对纤维强度的贡献也不大。所以相同海藻酸钠的浓度下，n（G）/n（M）值大的海藻酸钠形成凝胶的钙离子需要量也大，得到的纤维的强力也较高，G段的刚性比M段强，故G含量越大，刚性越强，断裂强度也就越大；而断裂伸长率随着n（G）/n（M）的增大先增大后减小，因为当G含量较低时，纤维较软，易断，随着G含量增大，纤维硬度逐渐增大，断裂伸长率逐渐增大，但当G含量继续增大时，纤维的韧性会慢慢降低，断裂伸长率也随之开始减小。

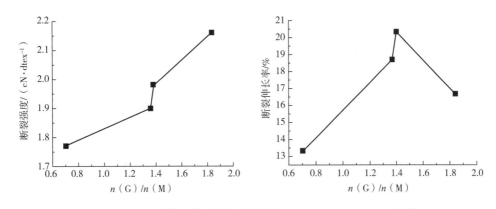

图5-21　海藻纤维力学性能与海藻酸钠n（G）/n（M）的相关性

4. 吸湿性能

如果纤维大分子化学结构中有水基团存在，这些亲水基团能与水分子形成水合物，纤维就具有吸湿性，所以纤维大分子存在亲水基团是纤维具有吸湿能力的主要原因（图5-22）。纤维中亲水基团常见的有羟基（—OH）、氨基（—NH$_2$）、酰氨基（—CONH）、羧基

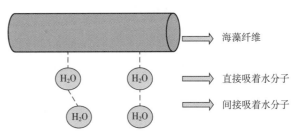

图5-22　海藻纤维对水分子的直接和间接吸着

（—COOH）等，这些基团对水分子有较强的亲和力，它们与水蒸气缔合形成氢键，使水蒸气

分子失去热运动能力，而在纤维内依存下来。纤维中游离的亲水基团越多，基团的极性越强，纤维的吸湿能力越强。海藻纤维大分子在每一个重复单元中都有四个羟基、两个羧基，而水分子与羟基、羧基形成氢键。纤维中除了亲水基团直接吸着第一批水分子外，已经被吸着的水分子，由于它们也是极性的，因而就有可能再与其他水分子互相作用。这样，后来被吸着的水分子，积聚在第一批水分子上面，形成多层的分子吸着，成为间接吸着水分子。由此可见，纤维直接吸收水分子的多少与纤维大分子上的亲水基团的多少、性质和强弱有关。海藻纤维中，含有大量的吸水性强的羟基和羧基，所以纤维的吸湿性强。此外，由于海藻纤维是湿纺纤维，纤维中存在大量的微孔，所以具有良好的吸水性和保水性。

5. 抑菌性能

经研究在潮湿环境下伤口的表面愈合快于干燥状态。"湿疗法"扩大了海藻酸纤维在医用敷料、纱布、绷带上的应用。以海藻酸盐为原料的医用敷料不仅具有止血功能，还有能够加快皮肤伤口的愈合速度等功能。

使用黄色葡萄状球菌为标准评价海藻纤维，可发现海藻纤维的静菌活性值和杀菌活性值远远高于合格值（2.2）以上；而其他锦纶、聚酯纤维、腈纶需进行10次洗涤之后，其抗菌活性基本上能保持高于合格值。这主要是因为在海藻纤维中含有微量的乳酸或低聚物，这些物质有抑菌作用。也就是说，由于材料中的微量乳酸在材料表面浸出一部分，将材料表面与人的肌肤同样保持弱碱性，防止了细菌和霉菌等微生物的附着和繁殖。而棉、合成纤维的细菌和霉菌等微生物则有容易附生的倾向。

6. 防辐射性能

海藻纤维因其对金属离子有良好的吸附作用，故可能用于制备新型防电磁辐射材料，其防辐射原理如图5-23所示。

海藻酸盐纤维的防辐射性能主要由于纤维中均匀分布有大量的金属离子，起到类似金属镀层纤维以及涂覆金属盐纤维的作用。由于海藻酸盐纤维中金属离子与海藻结构单元达到分子级水平均匀结合在纤维内部，因此具有更好的防辐射效果。

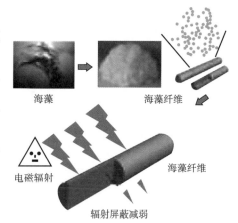

图5-23 海藻纤维防辐射原理

三、海藻纤维的应用

海藻纤维作为医用纱布、绷带和敷料具有高吸湿性、易去除性、高透氧性和生物降解性和相容性等优点。近年来，海藻纤维也被应用在服装面料和装饰纺织品领域，并表现出很大的发展潜力。目前所开发生产的海藻纤维的应用领域包含纺织服装、生物医用、卫生护理三大领域。

（一）纺织服装用海藻纤维

海藻纤维作为纺织服装材料（海藻纤维、纱线、面料和服装如图5-24所示）具有以下特点。

（a）海藻纤维面料　　　　（b）海藻纤维警服

图 5-24　纺织服装用海藻纤维

1. 自阻燃性

在阻燃纺织品领域，极限氧指数达到 30% 以上就属于难燃级，普通的纺织品极限氧指数在 20% 以下，而未经阻燃处理的海藻纤维极限氧指数即可以达到 45% 以上，表现出超强的自阻燃性能，并且燃烧过程中基本不产生烟气，无有毒气体产生，无熔滴，适宜制造防护类和装饰类纺织品（图 5-25）。

图 5-25　海藻纤维阻燃地毯

2. 高回潮率和穿着舒适性

回潮率是纺织品穿着舒适度的重要影响因素，合成纤维的回潮率为 0.2%~0.4%，天然棉纤维的公定回潮率为 8.5%，丝毛类纤维的回潮率在 10%~15%，而海藻纤维的回潮率在 12%~17%，接近并优于丝毛类纤维，这就使得海藻纤维特别适合应用在高档服装和内衣面料领域。

3. 具有一定的防辐射作用

海藻纤维中的大分子可与多价金属离子螯合形成稳定的络合物，因此可以作为多离子织物用于制备电磁屏蔽织物，提高了织物的电磁屏蔽和抗静电能力。

4. 具有一定的抗菌性能

改变海藻纤维凝固浴中金属离子的种类，如添加抗菌的银离子，可以得到具有抗菌作用的海藻纤维，适合作为具有抗菌运动衫、床单、被子、内衣及家饰用品面料。

（二）生物医用海藻纤维

海藻纤维具有较好的吸湿性、抑菌性、止血保湿性、易揭除性、高透氧性、凝胶阻塞性、生物降解性和相容性等优异的特性，因此在医疗方面具有较高的使用价值，现已作为医用材料及生物工程材料广泛应用。医用海藻纤维在使用中可以吸收大量的伤口渗出物，减少换绷带的次数和护理时间，降低护理费用；医用海藻纤维与渗出液接触时发生凝胶膨化，大量渗出液被固定在纤维中，防止了浸渍现象的发生，同时可以对新生组织起到保护作用；纤维可用温热盐水淋洗除去，防止在去除纱布时造成二次创伤。从敷料的功能角度，海藻酸盐敷料主要分为三类：普通型的海藻酸盐敷料、抗菌型的海藻酸盐敷料及其他功能型的海藻酸盐敷料。医用海藻纤维及相关产品如图 5-26 所示。

海藻纤维包扎带

海藻酸盐伤口敷料

海藻纤维创可贴

图 5-26　生物医用海藻纤维

（三）卫生护理用海藻纤维

海藻纤维具有良好的吸湿性，可实现液体的快速吸收，同时具有良好的抑菌性能（无抗菌剂添加），可有效减少湿润环境中的细菌滋生问题，在日常一次性卫生护理品材料领域进行广泛应用。主要包含一次性外用擦拭（消毒）用品（湿巾）、婴幼儿抑菌纸尿裤、成人失禁用品（成人纸尿裤、护理垫）、成人卫生巾、面膜等材料（图 5-27）。

图 5-27　海藻纤维面膜布

参考文献

［1］刘庆生，邓炳耀．一种皮芯型 PLA/PHBV 复合纤维及其制备方法：中国，111058116B［P］.2021-12-03.

［2］张威．竹炭与聚乳酸功能性提花针织面料开发［J］.针织工业，2018，357（10）：14-16.

［3］马金亮，麻文效，温开琦．壳聚糖接枝改性 PLA 非织造布的制备及性能研究［J］.合成纤维工业，2020，43（4）：45-48.

［4］刘建新．壳聚糖材料的制备及其应用研究进展［J］.纤维素科学与技术，2023，31（3）：60-66.

［5］杨鑫，张昕，潘志娟．天然高聚物基手术缝合线的研究现状［J］.丝绸，2023，60（3）：1-7.

［6］孟华杰，李赵义，何亮，等．海藻纤维的染色性能研究［J］.染料与染色，2022，59（2）：22-33.

［7］洪成平，夏燕茂，潘虹，等．甲纶纤维/海藻纤维混纺面料的开发［J］.纺织报告，2021，40（12）：5-7.

［8］桑彩霞，王建坤．海藻纤维医用敷料及其抗菌改性研究［J］.针织工业，2021，390（7）：51-56.

［9］刘秀龙，王云仪．海藻纤维的制备及其在纺织服装中的应用研究进展［J］.现代纺织技术，2022，30（1）：26-35.

［10］徐凯．海藻纤维基复合纸的制备及阻燃性能研究［D］.青岛：青岛大学，2021.

［11］孙健鑫．海藻酸钠基碳化聚合物点的制备、改性及复合纺丝研究［D］.青岛：青岛大学，2021.

［12］张怡．含海藻纤维棉型面料开发及其性能研究［D］.苏州：苏州大学，2021.

［13］徐凯，田星，曹英，等．阻燃涤纶/海藻酸钙纤维复合材料的制备及其性能［J］.纺织学报，2021，42（7）：19-24.

［14］任杰．生物基化学纤维生产及应用［M］.北京：中国纺织出版社，2018.

任务六 识别新型无机纤维

扫描查看本任务课件

工作任务：

无机纤维（inorganic fiber）是以矿物质为原料制成的化学纤维。主要品种有玻璃纤维、石英玻璃纤维、硼纤维、陶瓷纤维、金属纤维等。

识别无机纤维的工作任务：归纳总结三种无机纤维的性能特征；填写您所了解到的若干种无机纤维。任务完成后，提交检测工作报告。

学习内容：

（1）玻璃纤维的性能与应用。

（2）碳纤维的性能与应用。

（3）金属纤维的性能与应用。

（4）玄武岩纤维的性能与应用。

（5）碳化硅纤维的性能与应用。

学习目标：

（1）认识常见的无机纤维。

（2）了解常见无机纤维的性能。

（3）了解常见无机纤维的应用领域。

（4）按要求展示任务完成情况。

任务实施：

（1）归纳无机纤维的性能。

①材料。随机选择无机纤维三种，测试其相关性能。

②任务实施单。

无机纤维的性能			
试样编号	1	2	3
物理性能			
化学性能			
热电性能			
密度			
其他			

（2）您所了解的其他无机纤维有：

项目一　玻璃纤维

玻璃纤维是一种无机非金属材料，种类繁多，具有不燃、耐腐蚀、耐高温、吸湿小、伸长小，机械强度高等优良性能，但缺点是性脆，耐磨性较差。玻璃纤维通常用作复合材料中的增强材料、电绝缘材料和绝热保温材料、电路基板等国民经济各个领域。

一、玻璃纤维的结构

通常玻璃纤维外表呈光滑的圆柱状，其截面呈完整的圆形。这是由于纤维成型过程中，熔融玻璃被牵伸和冷却成固态的纤维前，在表面张力作用下收缩成表面积最小的圆形所致，它不同于有机纤维，有机纤维表面由于具有较深的皱纹，表面为非圆形的结构。图6-1显示显微镜下观察到的玻璃纤维与其他有机纤维外形的差异。玻璃纤维表面由于光滑，所以纤维之间的抱合力非常小，影响了与树脂的复合效果，但是光滑的表面，对气体和液体通过的阻力小，因此制作过滤材料比较理想。其单丝的直径为几个微米到二十几个微米，相当于一根头发丝的1/20~1/5，每束纤维原丝都由数百根甚至上千根单丝组成。

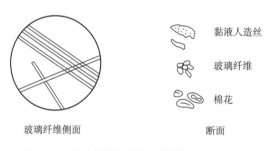

玻璃纤维侧面　　　　　　　　　断面

黏液人造丝

玻璃纤维

棉花

图6-1　玻璃纤维与其他纤维截面形态对比

二、玻璃纤维的制备方法

玻璃纤维的生产方法分为定长纤维拉丝法和连续纤维拉丝法两种，应用于增强复合材料的玻璃纤维的制作，主要采用连续纤维拉丝法，有坩埚法与池窑拉丝法。坩埚拉丝法是把经过精选得到的符合规定成分的长石、石灰石、石英砂、氧化铝、碳酸镁、硼酸等原料粉碎成细料后调制成为一定比例的配合混合料，然后加入玻璃坩埚中，经过1500℃的高温熔化以后制成熔融的玻璃原料，形成玻璃球，在经过质检后剔除含有气泡或者含有杂质的玻璃球，把优质的玻璃球重新进行熔融，再制成连续玻璃纤维。

池窑拉丝法按照所需玻璃纤维化学组成的要求，精确计算出各种原料的配比，再把各原料细粉称量混合之后投入玻璃熔窑内，通过高温熔融后形成玻璃，再通过高速运转拉丝机的牵引，涂覆浸润剂，通过熔窑料道底部的多孔漏板流出的玻璃液制成纤维。制成的纤维称为原丝，原丝在经过捻线机加捻、整经机整经之后可以织成具有各种结构及性能的玻璃布。

三、玻璃纤维的性能

（一）玻璃纤维的密度

玻璃纤维的密度比有机纤维高，但比大多数金属低，大致与铝相近。表6-1列出了玻璃纤维与其他纤维的密度。

表6-1　玻璃纤维与其他纤维的密度

纤维名称	尼龙	碳纤维	凯夫拉纤维	铝丝	钛	玻璃纤维
密度/（g·cm^{-3}）	1.14	1.4~1.9	1.5~1.6	2.7	4.43	2.5~2.7

玻璃纤维密度一般在2.50~2.70g·cm^{-3}，主要取决于玻璃成分。某些特种玻璃纤维，如石英玻璃纤维、高硅氧玻璃纤维和低介电玻璃纤维等，它们的密度更低，仅为2.0~2.2g·cm^{-3}，而含有大量重金属氧化物的高模量玻璃纤维密度可达2.70~2.90g·cm^{-3}。

（二）玻璃纤维的强度

玻璃纤维的强度不仅要比块状玻璃的强度高数10倍，而且也远远超过其他天然纤维、合成纤维以及各种合金材料，是理想的增强材料。表6-2列出了玻璃纤维与其他材料的拉伸强度。

表6-2　玻璃纤维与其他材料的拉伸强度

材料	3~9μm玻璃纤维	尼龙	人造丝	铬钼钢	轻质镁合金	碳纤维
拉伸强度/MPa	1470~4800	490~680	340~440	1370	330	3900

影响玻璃纤维强度的因素也很多。玻璃组成不同，用它们制成的纤维强度也不同。表6-3是不同成分的玻璃纤维新生态单丝拉伸强度。从表中可见，Na_2O—CaO—SiO_2系的C玻璃5$^\#$纤维强度最低。CaO—Al_2O_3—SiO_2系的E玻璃纤维居中，而MgO—Al_2O_3—SiO_2系的S玻璃纤维最高。这可能同玻璃结构有关，MgO、Al_2O_3、SiO_2组成的玻璃结构紧密，所以强度最高。

表6-3　不同成分的玻璃纤维的新生态单丝拉伸强度

纤维类别	石英	S-2高强	E玻璃	E玻璃1$^\#$	C玻璃5$^\#$	S玻璃4$^\#$
新生态单丝强度/MPa	5880~13818	4580~4850	3700	3058	2617	4600

（三）玻璃纤维的弹性模量

玻璃纤维的弹性模量低于金属合金，高于有机纤维。玻璃纤维弹性模量与玻璃组成、结构密切相关。钠钙硅玻璃纤维弹性模量约为65.3GPa，而钙铝硅的E玻璃纤维提高了9.5%，镁铝硅的S玻璃纤维有着更紧密的玻璃结构，弹性模量又比E玻璃纤维提高了20.8%。研究表明，同种玻璃纤维的弹性模量与纤维直径（6~100μm）无关，这表明它们具有近似的分子结构。研究还表明，玻璃纤维的弹性伸长率很低，E玻璃纤维仅3%左右，而S玻璃纤维也只有5.4%左右。这说明玻璃纤维只存在弹性变形，是完全弹性体。在拉伸时，不存在屈服点，这也是玻璃纤维和有机纤维的不同之点。有机纤维除了弹性变形外，还有显著的塑性伸长。表6-4列出了玻璃纤维与其他纤维的弹性模量和断裂伸长率。

表6-4　纤维弹性模量及断裂伸长率

纤维	弹性模量/GPa	断裂伸长率/%
E玻璃纤维	71.5	3.0
A玻璃纤维	65.3	2.7
S玻璃纤维	86	5.3
棉纤维	9.8~11.8	7.8
羊毛纤维	5.9	25~35
增强黏胶纤维	1.4	10~16
碳纤维	15.7~35	0.6~0.7

（四）玻璃纤维的化学稳定性

玻璃纤维的化学稳定性是指它抵抗水、酸、碱等介质侵蚀的能力。玻璃受酸的侵蚀是玻璃中的Na^+与酸侵蚀介质中H^+的离子交换过程。浸析速度由侵蚀介质中的H^+状态所决定。侵蚀过程中，生成$\equiv Si-OH$保护膜，它阻碍了侵蚀进程。石英玻璃非常耐酸侵蚀，因为它不含有可作离子交换的阳离子。$Na_2O-CaO-SiO_2$玻璃有大量的硅氧骨架，所以也比较耐酸侵蚀。E玻璃中存在分相，且硅氧骨架少，耐酸侵蚀就差。硅酸盐玻璃纤维在碱溶液侵蚀下都会被腐蚀，使纤维强度丧失。无论是E玻璃还是C玻璃纤维，在水泥碱液侵蚀下，都很快腐蚀而丧失强度。

表6-5列出了E、C5#和A玻璃纤维的耐水性。从表中可见，E玻璃纤维的耐水性优于C玻璃5#和A玻璃纤维。E玻璃纤维属于Ⅰ级水解级，C玻璃5#属于Ⅱ级水解级，而A玻璃一般属于Ⅲ级水解级。

表6-5　E、C5#和A玻璃纤维的耐水性[1]

耐水性指标	E[2]	C5#	A
失重/%	20.98	25.8	65.8
析碱量/mg	4.65	9.9	22.2

[1]5000cm² 表面积试样，在250mL蒸馏水中煮3h。

[2]E玻璃纤维是指$R_2O<2\%$的成分。

玻璃纤维在自然条件下，经过阳光、风、雨和水汽或其他气体的长期作用，会发生老化现象，其强度也会逐渐丧失，或者产生其他的物理化学变化。曾在南京地区的室内和室外条件下研究过玻璃布老化后强度的变化，E玻璃和C玻璃5#玻璃布在室内存放10年后，强度保持了70%左右。而在室外暴露3年，强度下降了80%左右。但是一旦制成树脂复合材料制品，虽然在同样条件下暴露3年，强度只损失30%或更少。可见，树脂能有效地保护玻璃纤维。

（五）玻璃纤维的电性能

E 玻璃纤维的主要用途之一就是在电气工业中作为各种电绝缘材料、雷达罩透波材料等，这是因为它具有良好的电绝缘性能和介电性能。一开始玻璃纤维就是为电绝缘用途而研制的，我国的无碱玻璃也属 E 玻璃系列，在常温下它的体积电阻率和表面电阻率均大于 $10^{15}\Omega\cdot cm$，在频率为 $10^6 Hz$ 时的介电损耗角 $tg\delta$ 为 1.1×10^{-3}，介电常数 ε 为 6.6。

（六）玻璃纤维的耐热性

玻璃纤维与其他有机纤维相比，有很高的耐热性，这是因为玻璃纤维的软化温度高达 $550\sim750℃$，而尼龙只有 $232\sim250℃$，醋酯纤维 $204\sim230℃$，聚苯乙烯则更低，仅 $88\sim110℃$。

（七）玻璃纤维的耐疲劳性

玻璃纤维的疲劳主要取决于吸附作用对纤维强度的影响程度。渗透到微裂纹中的水分加速了微裂纹的增长。微裂纹的破坏时间与其施加的应力和纤维中微裂纹尺寸有关。提高纤维耐疲劳性的途径是：①通过玻璃成分的改进和改变纤维成型工艺参数，减少纤维表面微裂纹的数量和尺寸；②纤维表面施涂憎水性物质，防止吸附水进入微裂纹中。

（八）玻璃纤维的柔性

在纤维直径相同的条件下，玻璃纤维的柔性，同纤维种类相关，也说明纤维产品贮存、使用的介质条件也会影响纤维柔性。一般来说，化学稳定性好的纤维，其柔性变化不大，反之则大。由于玻璃纤维是脆性材料，断裂伸长很小，因此其柔性较小或者说脆性较大，这是它的主要缺点。在纺织加工中必须充分注意，减少挠曲，尤其是曲挠纤维的芯轴的直径，避免因选用的芯轴直径不当而导致纤维断裂。

（九）玻璃纤维的吸湿性

玻璃纤维吸水作用比天然纤维和人造纤维小得多。表 6-6 列出了各类纤维在各种相对湿度下的吸水量。可见，纤维吸水量与空气湿度有很大关系，当空气湿度达 90%，吸水量增加很快。

表 6-6　各种纤维在不同湿度下吸水量对比

相对湿度/%	纤维的吸水量/%						
	玻璃纤维	羊毛	麻	棉花	人造丝	卡普隆	醋酯纤维
65	0.07~0.37	15.5	11	7.8	13.1	—	6.0
80	0.3~0.5	19.3	13.8	10.6	17.1	5.0	8.6
90	1.73~3.8	24	15.9	15.9	21.9	5.7	11.3

虽然玻璃纤维的吸水能力很小，但由于其表面积非常大，因此即使吸附少量的水，也会使某些性能如力学和电学性能产生很大变化。因此为了减少玻璃纤维的吸水量，可用憎水物质涂层，并控制玻璃纤维制品的存放湿度环境。

（十）玻璃纤维的隔音性

玻璃纤维有着优良的隔音、吸声性能。表 6-7 列出了玻璃纤维在不同音频下的吸声系数。由表可见，玻璃纤维的吸声系数较大。随着频率增加，其吸声系数也显著增加。

表 6-7　玻璃纤维的吸声系数

材料		音频为下列数值时的吸声系数/Hz			
		256	512	1025	2048
玻璃纤维板	15mm 厚	0.4	0.5	0.5	0.6
	60mm 厚	0.5	0.96	0.95	0.99

四、玻璃纤维的应用

(一) 玻璃纤维纱线

1. 按纱线结构分类

玻璃纤维纱线按其结构特征可分为单纱、股纱、缆、绳索和变形纱、超细纤维纱、花式线等种类。在国外玻璃纤维纱还有一些特殊品种。例如，超细连续玻璃纤维纱俗称"贝它纱"，英文名称 Bata，组成这种纱的原丝单丝直径在 3μm 左右，柔软性、耐磨耐折性特别好。装饰织物用的花式线，经过特殊加工，外观与普通纱明显不同，常用的有圈纱、结节纱。此外，玻璃纤维与芳纶或碳纤维混合加捻制成混纺纱，制成机织、编织产品，用作绝热材料和增强材料。玻璃纤维作芯纱，外面包覆芳纶、棉纤维、聚酯纤维制成包芯纱，可用于防热、增强橡胶等织物的织造，可使织物兼具两种纤维的优点。

2. 按纱线用途分类

分为织造用纱和其他工业用纱。织造用纱的一种形式是以管纱或奶瓶形筒子纱卷装形式出厂，织布厂买入后再加工成经轴，或直接用作纬纱；另一种形式是由拉丝工厂制成经轴纱（已整经而未上浆）出售。其他工业用纱有电绝缘用纱、缝纫线、帘子线、涂层纱、浸渍纱、染色纱、化学处理纱等。

(二) 玻璃纤维织物

玻璃纤维织物按现有织造方法可分为机织物、编织物、针织物和缝编织物四个基本类型。

玻璃纤维织物主要用作工业技术织物，只有某些有特殊要求的民用织物才采用玻璃纤维织造，如有阻燃或不燃要求的帷幔、窗帘、贴墙材料和地毯基布等，用作工业技术织物的玻璃纤维织物性能要求比民用织物更严格。玻璃纤维常用的织物组织是平纹、斜纹、缎纹和纱罗组织，都是较为简单的基本组织，其中尤以平纹组织使用最多，只有装饰织物才使用稍有变化的织物组织。

玻璃纤维编织物是由多根玻璃纤维纱相互倾斜交织而成的织物，其中所有纱线方向和织物长度方向不成 0° 或 90°。压扁宽度小于 100mm 的玻璃纤维编织管状织物在我国惯于称作编织套管，E 玻璃纤维编织套管主要用于电绝缘用途，常用作电线、电缆的编织保护套，电机、电器中线路的绑扎带，还可制成灯芯、编织绳、编织盘根、蓄电池电极保护套等产品。

玻璃纤维针织物是由玻璃纤维纱的环圈相互串套而成的平面或管状织物，是近代发展起来的玻璃纤维纺织制品新品种，主要用于制作窗帘、帷幔、罩布等用途，具有耐候性好、不燃烧、隔热效果好、不易沾污等优点。工业用针织物主要用作复合材料的增强材料，采用玻璃纤维无捻粗纱作衬经或衬纬，或者衬经衬纬并用，另外用一组细的玻璃纤维纱（或者有机纤维纱）作为成圈纱，通过针织织法使衬经衬纬纱得以固定，构成单向或双向针织物。医用针织物是国外现今采用较多的玻璃纤维新品种，它是用有捻玻璃纤维纱在针织机上织成，可以是全玻璃纤维，也可与其他纤维混织。医用针织带可作绷带、矫形带、矫形具、人造器官等。我国玻璃纤维针织物应用比较成功的产品有衬经、衬纬的针织圆筒布和全幅衬纬的玻纤土工格栅，用于制作工业用消烟除尘的过滤袋及制造假肢用的玻璃纤维针织套。

　　缝编织物是在经编织物的基础上变化发展而成的。一般的经编织物以经编组织为织物主体，根据用途需要加入衬经或衬纬作为辅助原料。缝编织物则是以铺衬材料为织物主体，而细软的缝编线只是把铺衬材料联结和固定起来，织物最终用途所需的各种性能主要由铺衬材料提供，铺衬材料也由单向单层纱或双向双层纱发展为多向多层纱，并可夹入短切原丝无定向铺设成毡的多种结构形式。这已经与原先的衬经、衬纬经编织物有较大差别，因此，现已将其另立一类，称为缝编织物。玻璃纤维缝编织物一般都用无捻粗纱作原料，缝编线常用有机纤维纱线，必要时也可用玻璃纤维纱。缝编织物适用于手糊成型、挤拉成型、真空树脂注入等复合材料成型工艺（图6-2）。缝编织物较常见的用途有：商业和住宅照明用电线杆、游艇、赛艇、火箭。雪地和水上运动器材。冰球棒、山地自行车、风力发电机叶片、冷藏集装箱和拖车、铁路车辆和棚车、船头保护板、码头、水下油井盖、混凝土修护、柱子外包层、桥梁等（图6-3）。

图6-2　玻璃纤维及其织物生产过程

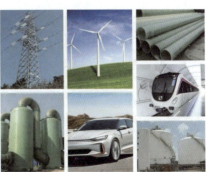

图6-3　玻璃纤维应用于汽车、化工、轨道交通等行业

项目二　碳纤维

碳纤维是指含碳量在90%以上的高强度、高模量、耐高温纤维。碳纤维具有一般碳素材料的特性，如耐高温、耐摩擦、导电、导热及耐腐蚀等，但与一般碳素材料不同的是，其外形有显著的各向异性，柔软，可加工成各种织物。含碳量在95%以上的高强度、高模量的碳纤维是经炭化及石墨化处理而得到的微晶石墨材料，因而也称为石墨纤维。

一、碳纤维的分类

碳纤维按原料来源可分为聚丙烯腈基碳纤维、沥青基碳纤维、黏胶基碳纤维、酚醛基碳纤维、气相生长碳纤维；按性能可分为通用型、高强型、中模高强型、高模型和超高模型碳纤维；按状态分为长丝、短纤维和短切纤维。按力学性能分为通用型和高性能型。通用型碳纤维强度为1000MPa、模量为100GPa左右；高性能型碳纤维又分为高强型（强度2000MPa、模量250GPa）和高模型（模量300GPa以上）；强度大于4000MPa的又称为超高强型；模量大于450GPa的称为超高模型。

随着航天和航空工业的发展，还出现了高强高伸型碳纤维，其延伸率大于2%。用量最大的是聚丙烯腈PAN基碳纤维。市场上90%以上碳纤维以PAN基碳纤维为主。

二、碳纤维的结构

碳纤维的基本结构单元是六角网平面。它的结构缺陷、尺寸大小以及取向状态决定了碳纤维性能。

图6-4（a）所示为碳纤维的理想结构模型，碳纤维的微观结构类似人造石墨，它是由碳原子组成六元环网状结构的多层叠合体。碳纤维中，碳六元环网平面逐渐加大，并开始相互平行，等间距地堆垛，但各网平面上的碳原子还不具有石墨晶体中呈AB—AB堆垛序列的规律性，即尚未达到三维有序状态，这样的结构称为乱层石墨结构，如图6-4（b）（c）所示。其六元网状原子层基本平行于纤维轴排列，致使其具有极高的轴向拉伸强度和模量。这种平行排列的一致性也影响最终碳纤维的性能。

实际上，碳纤维属于乱层石墨结构，二维较有序，三维无序。最基本的结构单元是石墨片层，二级结构单元是石墨微晶（由数张或数十张石墨片层组成），三级结构单元是石墨微晶组成的原纤维，直径在50nm左右，弯曲，彼此交叉的许多条带状组成的结构。

碳纤维具有皮芯结构，在皮层，石墨片层大而有序排列，且沿纤维取向；在芯部，石墨层小而排列紊乱，蜿蜒曲折，且有许多孔。受纺丝工艺的影响，湿法纺丝制备的碳纤维表面具有明显的纤维轴向沟槽结构，截面轮廓上出现明显的凹凸不平褶皱；使用干喷湿法纺丝工艺所制得的碳纤维的表面比较光洁平滑，截面呈圆形，如图6-4（d）所示。

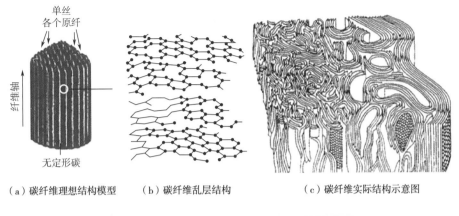

（a）碳纤维理想结构模型　　（b）碳纤维乱层结构　　（c）碳纤维实际结构示意图

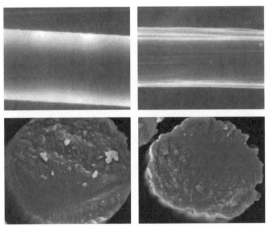

（d）碳纤维纵向、横向形态图

图6-4　碳纤维的结构

三、碳纤维的性能

（一）物理性能

碳纤维的直径只有6~8μm，是由许多微晶体堆砌而成的多晶体，微晶体的厚度为4~10μm，长度为10~25μm，每个微晶体由12~30个层面组成。结构类似石墨，其轴向的强度和模量均比石墨高得多，而径向强度和模量比石墨相对较低。碳纤维无蠕变，耐疲劳性好；碳纤维拉伸断裂伸长小（一般小于2%），拉伸曲线是直线，断裂功较小，其耐冲击性较差，容易损伤。

碳纤维的拉伸强力与微晶的大小有关，与纤维中的缺陷有关，微晶直径大，裂纹的数目和大裂纹多，强力会减小。碳纤维的模量与微晶的取向度有关，取向度越高，模量越大。表6-8为通用级碳纤维和高性能碳纤维的性能，日本东丽公司已经商品化的PAN-CFT1000的强度为6.37GPa，PAN-CFT1100强度为6.6GPa，目前正研制强度高达60GPa的超高强度PAN-CFT2000，T2000的强度各相当于T1000和T1100的9.5倍和9倍。

表6-8 通用级碳纤维和高性能碳纤维的性能

项目	普通型	高强型		高强中模量型			高强高模量型（MJ系列）				
	T300	T800	T1000	M40	M46	M50	M40J	M46J	M50J	M60J	M65J
拉伸强度/MPa	3530	5590	7060	2740	2550	2450	4410	4210	3920	3920	3600
拉伸模量/GPa	230	294	294	392	451	490	377	436	475	588	640
断裂伸长率/%	1.5	1.9	2.4	0.6	0.6	0.5	1.2	1.0	0.8	0.7	0.6
密度/(g·cm^{-3})	1.76	1.81	1.82	1.81	1.88	1.91	1.77	1.84	1.88	1.94	1.98

为了使碳纤维具有高模量，需要改善石墨晶体或石墨层片的取向。这就需要在每个步骤中严格控制牵伸处理。如果牵伸不足，不能获得必要的择优取向；但如果施加的牵伸力过大，则会造成纤维过度伸长和直径缩小，甚至引起纤维在生产过程中断裂。

（二）化学性能

碳纤维的化学性质与碳相似，它除能被强氧化剂氧化外，对一般碱性是惰性的。在空气中温度高于400℃时则出现明显的氧化，生成CO与CO_2。碳纤维对一般的有机溶剂、酸、碱都具有良好的耐腐蚀性，不溶不胀，耐蚀性出类拔萃，完全不存在生锈的问题。当碳纤维复合材料与铝合金组合应用时会发生金属炭化、渗碳及电化学腐蚀现象。因此，碳纤维在使用前须进行表面处理。

（三）热电性能

1. 耐热性能

在不接触空气或氧化性气氛时，碳纤维具有突出的耐热性，在高于1500℃下强度才开始下降，可耐2000℃高温，热膨胀系数几乎为0。它的升华温度高达3650℃左右。但在空气中当温度高于400℃时即发生明显的氧化。

2. 热膨胀系数

碳石墨材料结构各向异性十分显著，碳六角网平面内是强共价键，原子的热振动小，热膨胀系数也小，为负值，约为$1.2×10^{-5}K^{-1}$；层间是范德瓦耳斯力，热振动大，热膨胀系数也大，高达$28×10^{-6}K^{-1}$两者相差甚远。

3. 热导率

金属热传导以电子为主，石墨非金属材料以声子进行热传导为主。石墨的结构具有显著的各向异性，使其热导率也呈现出各向异性。图6-5为石墨的密度与热导率的关系，密度越低，孔隙率越高，热导率越低，其原因是孔隙对声子产生散射，使热阻增大，热导率下降。表6-9为石墨与金刚石的基本物理性能，图6-6为碳纤维的热导率与电阻率的关系。热导率随电阻率的下

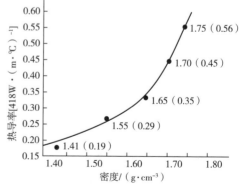

图6-5 石墨材料密度与热导率的关系

降而增大，呈现出反比关系。这也就是说，石墨层面越发达，取向度越高，是热导率高和电阻率小的原因所在。

表6-9　石墨和金刚石的密度及热电性能

项目	石墨	金刚石
密度/(g·cm^{-3})	2.3	3.5
线膨胀系数/(1·℃$^{-1}$)	0.4×10^{-5}	0.12×10^{-5}
比热容/[cal·(℃·g)$^{-1}$]	0.17	0.12
热导率/[cal·(cm·s·K)$^{-1}$]	0.038	0.33
电阻率（Ω·cm）	10^{-3}	10
硬度	1~2	

注　石墨密度应为2.266g·cm^{-3}，金刚石在空气中700℃以上燃烧，1cal=4.184J。

（四）密度

ρ在1.5~2.0g·cm^{-3}，密度与原丝结构、炭化温度有关。

（五）其他

碳纤维还具有自润滑性，其摩擦系数小，耐磨性能好，耐冲击性强。碳纤维的耐腐蚀性高于玻璃纤维。在金属中加入碳纤维制成的复合材料，可极大地提高其耐磨性、抗冲击性和耐疲劳性，而重量却轻得多。

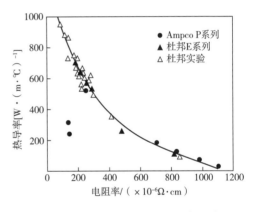

图6-6　碳纤维的热导率与电阻率的关系

四、碳纤维的应用

碳纤维一般不单独使用，而是将其作为增强材料加入树脂、金属或陶瓷等基体中作为复合材料，其主要用途如下。

（一）在航空航天方面

是制造宇宙飞船、航空飞行器、运载火箭等固体发动机壳体、卫星壳体、卫星支架结构和连接支架等重要的结构材料。人造卫星上的太阳能电池板多采用碳纤维复合材料制作，而太空站和天地往返运输系统上的一些关键部件也往往采用碳纤维复合材料作为主要材料。碳纤维增强树脂基复合材料被用作航天飞机舱门、机械臂和压力容器等，航天飞机进入大气层时，苛刻热环境在上千摄氏度以上，任何金属材料都会化为灰烬，唯有碳/碳复合材料不热熔，只是烧蚀，能保持外形，使其安全着陆，是制造航天飞机的鼻锥和翼尖不可取代的耐烧蚀材料。

碳纤维复合材料是高速飞机、直升机和大型客机的骨架材料和结构材料，可用作飞机机舱地板、减速板、直升机桨叶、机翼、刹车片等。全球最畅销的碳纤维双座运动飞机，其采用轻型碳纤维复合材料的优点：一是空机重量载重比高，本机的空机重量为 230kg，最大起飞重量为 450kg，空机重量载重比达 0.957；二是大量减少了工装、模具数量，便于在多品种、小批量生产时降低生产成本。

（二）在军事领域

主要用作导弹和潜水艇的结构材料，及防雷达伪装罩等。采用碳纤维复合材料制造导弹天线罩连接环也是其应用方向之一，采用碳纤维增强树脂基复合材料代替目前的低膨胀合金钢 4J36，一方面可以改善连接环的性能，提高其与天线罩间的连接强度；另一方面可以改善连接环的整体制造性能；同时，大大降低成品价格和成品重量。由于碳纤维复合材料为一次成型，大大缩短了生产周期。

（三）在交通运输方面

用作车身、车轮、卡车大梁、传动轴、减速器、发动机和小船桅杆等骨架。碳纤维复合材料可制成一体式车架，使车全硬壳式结构重量降低。这种一体式车架，能承受更大的拉应力，能够使车身在高速冲撞，车体彻底肢解后，保证驾驶者的绝对安全。

（四）在土木建筑方面

如超高层建筑，外墙掺入碳纤维的混凝土不仅强度高、重量轻，而且防水、抗震能力强。桥墩、地下停车场、桥梁等可用碳纤维做材料加固或修补。

项目三　金属纤维

金属纤维是指金属含量较高，而且金属材料连续分布的、横向尺寸在微米级的纤维形材料。最早的金属纤维是由美国及贝卡尔特集团生产并且商品化的不锈钢纤维"Bekinox"，使用最多的金属材料为不锈钢、铜、铝、镍等。金属纤维及其制品是新型工业材料和高新技术、高附加值产品，它既具有化纤、合成纤维及其制品的柔软性，又具有金属本身优良的防电磁波，防静电，导电，耐高温，耐切割和摩擦，可过滤、吸隔声等性能。主要不足是弹性差、伸长小、粗硬挺直、表面粗糙，造成抱合力小，可纺性能差，制成高细度纤维时价格昂贵，成品色泽受限制。

一、金属纤维的结构

金属纤维从外观上看多种多样。按材质分有不锈钢纤维、碳钢纤维、铸铁纤维、铜纤维、铝纤维、镍纤维、铁铬铝合金纤维、高温合金纤维等；按形状则可分为长纤维、短纤维、粗纤维、细纤维、钢绒、异型纤维等。

二、金属纤维的性能

金属纤维是采用金属丝材经多次多股拉拔、热处理等特殊工艺制成的，纤维丝径可达

1~2μm，纤维强度可达 1200~1800MPa，延伸率大于 1%，甚至超过了材料本身的抗拉强度。

由于金属纤维的内部结构、物理化学性能以及表面性能等在纤维化过程中发生了显著的变化，金属纤维不但具有金属材料本身固有的高弹性模量、高抗弯、抗拉强度等一切优点，还具有非金属纤维的一些特殊的性能和广泛的用途。金属纤维与有机、无机纤维相比，具有更高的弹性、挠性（8μm 的不锈钢纤维的柔软性相当于 13μm 的麻纤维）、柔韧性、黏合性（在适度表面处理时，和其他材料的接合性非常好，适用于任何一种复合素材）、耐磨耗性、耐高温（在氧化环境中，温度达 600℃可连续使用）、耐腐蚀（耐 HNO、碱及有机溶剂腐蚀）性，更好的通气性、导电性、导磁性、导热性以及自润滑性和烧结性。同时，金属纤维独特的环保及可重复利用性，更是大大提高了其社会价值。

三、金属纤维的应用

（一）纺织制品

纺织制品分为纯金属纤维织物和掺有金属纤维的混纺织物两种，主要用于防静电、导电及屏蔽、隐形、吸尘织物等方面（图 6-7、图 6-8）。金属纤维比其他纤维具有优异的高强和耐热性能，可制成枕式密封袋，用于焦化厂干法熄焦塔高温气体粉尘密封；制成除尘袋，用于高温烟气干法净化袋或除尘系统；还可制成热工件传送带、隔热帘、耐热缓冲垫等，可用于汽车挡风玻璃、电视屏幕、厨房用品等的生产中。对于某些特种合金纤维来说，其纯织物可耐 1100℃的高温。

图 6-7　金属防辐射手套　　　　　图 6-8　不锈钢纤维金属线

由于金属纤维柔软，具有可纺性，可与棉、毛、聚酯纤维等混纺。金属纤维含量为 0.5%~5%的混纺织物可制成防静电工作服，用于易燃易爆场所或易产生粉尘的特定工作场所，还可用于防静电地毯、防静电吸尘器、电磁波（微波）防护服及防护罩、医疗手术服。含 5%~20%金属纤维的混纺织物可制成防静电地毯、防静电吸尘器、电磁波（微波）防护服及防护罩、医疗手术服等。含 25%金属纤维的混纺织品制作成的超高压屏蔽服，可用于不高于 500kV 交、直流作业。此外，它还可以用作雷达敏感织物，在军事工业上制作假目标和雷达靶子，起迷惑和训练的作用。

刘干民等人开发了含金属纤维的牛仔制品，赋予面料动感、时尚、闪亮的特点。

（二）过滤材料

金属纤维过滤材料即金属纤维毡具有高强度、高容尘量、耐腐蚀、使用寿命长等特点，尤其适合于高温、高黏度、有腐蚀介质等恶劣条件下的过滤，被广泛用于化纤、聚酯薄膜、石油和液压等领域。金属纤维毡的另一主要应用是用作汽车安全气囊的过滤元件（图6-9）。汽车在受到撞击后引起气囊中

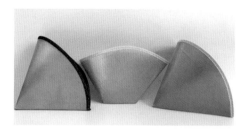

图6-9　不锈钢纤维滤袋

的叠氮化钠发生爆炸，产生的气体充实气囊，达到保护目的。金属纤维毡所具有的高强、耐高温和均匀多孔性使得它在这个过程中起了三个作用：控制气体膨胀速度，过滤高温气体中的颗粒物和冷却高温气体，从而使安全气囊起到保护人体的作用。金属纤维非织造布与有机纤维织物复合而成的织物，即以某种机织物为骨架材料与金属纤维网片以非织造方法复合的复合织物，可用作抗静电类过滤材料。

（三）纤维增强材料

复合材料金属纤维作为增强元素主要用于陶瓷材料等的强化和纸钢的研制和生产。金属纤维增强的耐火材料具有较好的耐高温性和抗震性，使用这种耐火材料可使锻造炉的寿命提高1倍。金属纤维增强的混凝土是一种新颖的建筑结构材料，金属纤维加到混凝土中不仅提高了混凝土的载荷能力，而且起到抑制裂纹的作用，从而提高混凝土的抗拉强度、弯曲强度、冲击强度和抗剥落性，这种材料主要用于建筑隧道及飞机跑道。纸钢是用极细的金属纤维混在纸浆中用造纸法制成。薄的纸钢仅零点几毫米，和纸一样薄；厚的可由几层薄纸钢片用合成树脂黏合而成，厚度达2~3cm，强度和钢材相当。纸钢集合了纸的轻薄和钢的强度，可制成板材及槽形、波形等各种异形材，广泛用于工业、建筑业、国防和军工以及日常生活等领域。金属短纤维大量用于制造摩擦材料、如刹车片等。金属纤维也可与铝合金压铸，可作汽车发动机连杆材料，这种复合材料与传统材料相比，在保持同样强度和刚度的同时，可减轻重量30%。

（四）防伪材料

每一种金属纤维都有它自己特有的微波信号，这一特性已被用于防伪识别、防伪标志等。利用金属纤维制成的条形码比用金属粉末制成的条形码具有更强的识别功能，将金属纤维与纸浆混合制备的特殊纸张已被用于银行的账单、票据、有价证券、单位信函用纸，各种用于个人身份证明的身份证、护照、信用卡等方面的防伪识别。

（五）吸音材料

金属纤维毡可用于一些特殊环境和条件下的隔离材料，在高分贝条件下，金属纤维毡吸音效果很好，这是由于它的多孔性和空隙曲折相连性，由于黏滞流动而使声音能量损失，改变了声音传播的路径，降低了传播中的声音能量，达到了降噪目的。

（六）电池电极材料

用镍纤维制作成的金属纤维毡制备的阳极材料可以大大提高电池的充放电次数，抗大电

流冲击，具有稳定性好、电容量大、活性物质填充量大、内阻低、极板强度高的优点，特别适用于大电流工作环境。

(七) 导电塑料

将少量金属纤维掺到塑料中制成导电塑料则可形成一个屏蔽层，它既可阻碍电磁波辐射，又能防止其他电磁波干扰，达到保护人类健康的目的。

(八) 其他方面

金属纤维在以下领域中可以得到很好的应用：催化剂及其载体、热交换器、气液分离、高温密封等。

项目四　玄武岩纤维

玄武岩纤维是以纯天然的玄武岩矿石为原料（图6-10），将其破碎、除杂、清洗和干燥后加入熔制窑炉，经 1450℃～1500℃ 的熔窑熔融后拉丝而成的。包括两类产品形式：一类是纯玄武岩棉，长度为几毫米，单丝直径通常在 5μm 以下，是将均质化的玄武岩熔体经喷吹成毡制得；另一类是玄武岩连续纤维（continuous basalt fiber，CBF），是将玄武岩破碎加入窑炉中高温熔融后通过铂铑合金拉丝漏板快速拉制而成，长度可达上万米，直径通常为 7～13μm。CBF 属于非人工合成的高性能无机纤维，颜色呈金褐色，具有耐高温、耐腐蚀、耐磨、抗辐射等一系列性能特点，其性能介于高强度 S 玻璃纤维和无碱 E 玻璃纤维之间，在某些应用领域完全可以替代玻璃纤维乃至价格昂贵的碳纤维和芳纶，在玄武岩纤维材料中占有非常重要的地位。

（a）致密块状　　　　　　　　　（b）气孔状

图6-10　玄武岩矿石

一、玄武岩纤维的成分、结构

玄武岩随原料产地的不同，其成分含量存在差异。玄武岩纤维直径为微米级，表面平整光滑，密度为 2.60～3.05g·cm⁻³，各主要成分及作用见表6-10及表6-11。

表 6-10　玄武岩纤维的主要成分

主要成分	质量分数/%	主要成分	质量分数/%
SiO_2	51.6~59.3	Na_2O+K_2O	3.6~5.2
Al_2O_3	14.6~18.3	TiO_2	0.8~2.25
CaO	5.9~9.4	Fe_2O_3+FeO	9.0~14.0
MgO	3.0~5.3	其他	0.09~0.13

注　不同化学成分制成纤维后有不同的强度和物化性能。

表 6-11　玄武岩纤维各组分的作用

组分	作用
SiO_2、Al_2O_3	提高纤维的化学稳定性和熔体的黏度
FeO、Fe_2O_3	使纤维呈古铜色，提高成纤的使用温度
TiO_2	提高纤维的化学稳定性、熔体的表面张力和黏度
CaO、MgO	属于添加剂范畴，有利于原料的熔化和制取细纤维

　　玄武岩纤维内部的主要成分硅、铝氧化物通过氧原子连接形成连续的线型晶格，因此，纤维具有纵向的高强度，由于晶链间有其他氧化物存在，纤维具有多孔结构和无规则的排列方式，其中的气孔可分为封闭气孔和开放气孔，分别呈圆球形和管状，所以玄武岩纤维光滑柔软，可纺性好。用 SEM 观察玄武岩纤维表面结构可以看到，纤维的表面非常圆滑，内部结构紧密，如图 6-11 和图 6-12 所示。

图 6-11　玄武岩纵向形态

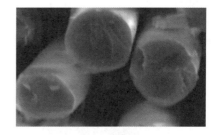

图 6-12　玄武岩横向形态

二、玄武岩纤维的性能

　　玄武岩纤维具有优良的物理和化学性能，优良的性价比使其成为碳纤维、芳纶和其他高性能纤维的强有力的竞争材料。

（一）物理性能

　　玄武岩连续纤维具有较高的拉伸强度、弹性模量和断裂伸长率，见表 6-12。

表 6-12　玄武岩纤维物理性能

性能	密度/($g \cdot cm^{-3}$)	拉伸强度/MPa	弹性模量/GPa	断裂伸长率/%	最高工作温度/℃
CBF 纤维	2.65	3800~4840	93.1~110.0	3.1	650

注　拉伸强度等是指纤维原丝的强度，不包括无捻粗砂、细纱和复合材料制品的强度。

（二）化学稳定性

化学稳定性是指纤维抵抗水、酸、碱等介质侵蚀的能力，通常以受介质侵蚀前后的质量损失和强度损失来度量。表6-13为不同介质中纤维质量损失率。

表6-13　玄武岩纤维与其他纤维耐化学腐蚀性能比较

纤维类型	在水中煮沸3h后质量损失/%	在NaOH中煮沸3h后质量损失/%	在HCL中煮沸3h后质量损失/%
玄武岩纤维	1.60	2.75	2.20
S玻璃纤维	5.00	5.00	15.70
E玻璃纤维	6.20	6.00	38.90

玄武岩纤维在酸、碱性溶液中具有很好的化学稳定性，比玻璃纤维更耐酸碱腐蚀性，比铝硼硅酸盐纤维好。

（三）热电性能

1. 热稳定性

玄武岩纤维具有优良的热性能。在一些高性能纤维中，玄武岩纤维的耐热性非常突出见表6-14。玄武岩纤维板的热导率低，在25℃下的热导率仅为$0.04W \cdot (m \cdot K)^{-1}$。

表6-14　玄武岩纤维与其他纤维热性能比较

纤维类型	可承受温度/℃	最高使用温度/℃	熔化温度/℃	导热系数/[W·(m·K)$^{-1}$]	热膨胀系数(10^{-6}K^{-1})
玄武岩纤维	$-260 \sim 800$	650	1450	$0.030 \sim 0.038$	8.0
碳纤维	$-5 \sim 700$	500	—	—	—
S玻璃纤维	$50 \sim 300$	250	1550	$0.034 \sim 0.040$	5.4
E玻璃纤维	$-50 \sim 450$	300	1120	$0.034 \sim 0.040$	5.4

2. 介电性能、电绝缘性能和电磁波的透过性

玄武岩纤维具有良好的介电性能，其体积电阻率比玻璃纤维要高一个数量级；玄武岩中含有质量分数不到20%的导电氧化物，可用于制造新型耐热介电材料。

（四）其他性能

1. 隔音特性

玄武岩超细纤维材料的隔音特性见表6-15。

表6-15　玄武岩超细纤维材料的隔音特性

隔音特性	频段/Hz		
	$100 \sim 200$	$300 \sim 900$	$1200 \sim 7000$
法向吸音系数	0.15	$0.86 \sim 0.99$	$0.74 \sim 0.99$

注　材料直径$1 \sim 3\mu m$，密度$15kg \cdot m^{-3}$，厚度30mm，材料与绝缘板间距100mm。

由表6-15可知，随着频率增加，其吸音系数显著增加。玄武岩纤维隔音和吸音效果好，制作的隔音材料在航空、船舶等领域有着广阔的前景。

2. 低的吸湿性

玄武岩纤维的吸湿性极低，吸湿率只有 0.2%～0.3%，而且吸湿能力不随时间变化，这就保证了在使用过程中的热稳定性和环境协调性好并且寿命长。玄武岩纤维的耐水性远远优于玻璃纤维。

3. 绿色环保性

由于玄武岩熔化过程中没有硼和其他碱金属氧化物等有害气体排出，制造过程对环境无害，而且能自动降解成为土壤的母质，可持续和循环利用，因此，玄武岩连续纤维是一种新型的环保型纤维。

三、玄武岩纤维应用

玄武岩纤维与碳纤维、芳纶、超高分子量聚乙烯纤维等高技术纤维相比，除了具有高技术纤维高强度、高模量的特点外，还具有耐高温性佳、抗氧化、抗辐射、绝热隔音、过滤性好、抗压缩强度和剪切强度高、适应于各种环境等优异性能，且原料天然，生产清洁，可循环利用，能耗低，具有很高的性价比，因此，玄武岩纤维及其复合材料被广泛应用于消防、环保、航空、航天、军工、汽车船舶制造、工程塑料、建筑等各个领域，成为第四大高性能纤维。

（一）复合材料领域

玄武岩纤维增强树脂基复合材料是制造坦克装甲车辆的车身材料，可减轻其重量；用于制造火炮材料，尤其是用于炮管热护套材料，可以大大提高火炮的命中率和射击精度。在枪弹、引信、弹匣、大口径机枪枪架、坦克装甲车辆的薄板装甲、汽车发动机罩、减振装置等方面有大量的应用。在船舶工业中可大量用于船壳体、机舱绝热隔音和上层建筑；用玄武岩纤维蜂窝板可制成火车车厢板，既减轻了车厢的重量，又是一种良好的阻燃材料。玄武岩纤维具有良好的增强效应，单纤维拔丝试验表明，玄武岩纤维与环氧聚合物的黏合能力高于 E 玻璃纤维，而且在采用硅烷偶联剂处理后其黏合能力还会进一步提高，因此，玄武岩纤维可以代替即将禁用的石棉来作为耐高温结构复合材料、橡胶制品等增强材料，也可用于制作制动器、离合器等摩擦片的增强材料。

（二）防火隔热领域

玄武岩纤维由于其本身的特殊性能，用于防火服领域有较大的优势。玄武岩纤维是无机纤维，具有不燃性、耐温性（-269～650℃）、无有毒气体排出、绝热性好、无熔融或滴落、强度高、无热收缩现象等优点。缺点是密度较芳纶大，穿着的舒适感不如芳纶防火服。如果玄武岩纤维与其他纤维混纺可制成阻燃面料，用于部队的相关装备显然是有明显优势的。玄武岩纤维织成的防火布性能大大优于芳纶等有机纤维，玄武岩纤维的高温使用性能虽然低于氧化铝纤维、碳化硅纤维，但是高于所有的有机纤维，而且其超低温使用性能是最好的。再从性价比看，玄武岩价格是所有高性能纤维中最低的。国外一直将杜邦的 Kevlar、Nomex、Teflon 作为防火面料的首选，虽然具有耐高温、抗化学反应的性能，但是在 370℃ 以上的高温下被炭化和分解。

（三）环境工程领域

玄武岩纤维耐水、化学、生物质腐蚀性能优良，可以在环境工程领域，开展玄武岩纤维轻质高强材料及复合材料新品开发研究，以及水、土、气环境保护与治理工程应用开发研究，如高温滤料等。过滤材料的典型制品是工业滤布袋，工业滤布品种主要有聚酯短纤滤布、锦纶滤布、丙纶滤布、维纶滤布、全棉工业滤布等，这些滤布材料都不适合高温工作，而炭黑、电力、玻璃、化工、钢铁、冶金等诸行业又迫切需要耐高温过滤材料。目前采用不锈钢丝网来完成在 400℃ 高温条件下的连续过滤任务，但 90μm 直径的不锈钢丝价格高达每吨 40 万元，这么高昂的价格大大限制了它的市场份额，而每吨 2.0 万~2.5 万元的玄武岩连续纤维则将非常顺利地进入市场，而且市场十分广阔，可同时占据国内外市场。

（四）建筑建材与土木工程领域

玄武岩纤维耐碱和高低温性能优良，可以在建筑建材与土木工程领域，尤其是高寒地区开展玄武岩纤维轻质高强材料及复合材料新品开发研究，例如：在川藏铁路（公路）建设中的应用关键技术，玄武岩纤维（岩棉）建筑保温材料制品，在水泥混凝土设计方面的应用开发，在桥梁、隧道、装配式建筑以及建筑轻量化等土木工程领域应用开发。

（五）石油与天然气工程领域

玄武岩纤维有机气体的耐受性能优良，可以应用在石油与天然气工程领域，例如，油、气、冷热液、散料等管道输送长距离高压输送氢气管道输送、在石油和天然气工程管道、储罐和装备等，它具有其他管材无法比拟的优越性。

（六）化学化工领域

玄武岩纤维耐化学腐蚀性能优良，可以应用在化学化工领域，尤其是重化工领域，例如，在盐湖提锂、矿石提锂等重化工生产中的管道、储罐和装备材料等。

（七）海洋工程领域

玄武岩是构成大洋壳的重要部分，由其所制成的玄武岩纤维耐海水腐蚀性能优良，因此可以应用在海洋工程领域，例如，海场风—光发电材料、海沙混凝土材料、耐腐蚀复材制品（复合筋及各种型材）、油气田开采制品等。

（八）电子技术领域

玄武岩纤维具有良好的介电性能，其含有较多的导电氧化物，是不适合做介电材料的，但是采用某种浸润剂处理纤维表面后，其介电损失角正切值比常规玻璃纤维大大降低，它的体积电阻率比 E 玻璃纤维高一个数量级，所以玄武岩纤维非常适合用于耐热介电材料。玄武岩纤维是优良的绝缘材料，利用这一介电特性和吸湿率低、耐温好的特性，可以制成高质量印刷电路板。

（九）碳中和及新能源领域

玄武岩纤维可开发新型储能材料、锂离子电池器件增强材料，城市管网、风—光电用复合材料（海上风电叶片、风光互补支架）、电力输送复合材料杆塔和桥架、复合电缆芯和超高压绝缘用复合材料、节能建筑复合材料等。

（十）水利电力与地质灾害防治领域

可以拓展玄武岩纤维在国家水利电力与地质灾害防治重点工程中的应用。

项目五　碳化硅纤维

碳化硅纤维（silicon carbide fibers）是重要的高技术纤维之一，化学式为 Si—C 或 Si—C—O，以下简称为 SiC 纤维。该纤维是以有机硅化合物为原料，经纺丝、碳化或气相沉积而制得具有 β-SiC 结构的无机纤维，属陶瓷纤维类。按形态可分为连续纤维、短切纤维、晶须；按结构分为单晶纤维和多晶纤维；按集数可分为单丝和束丝纤维。

从形态上来讲，晶须是一种单晶，SiC 的晶须直径一般为 $0.1 \sim 2\mu m$，长度为 $20 \sim 300\mu m$，外观呈粉末状；连续纤维是 SiC 包覆在钨丝或碳纤维等芯丝上而形成的连续丝或纺丝和热解而得到纯 SiC 长丝。

一、SiC 纤维结构

SiC 纤维是以硅和碳原子交替键合组成的，其比强度和比模量较高，与金属、树脂的浸润性能好，与金属复合时很少发生反应，在高温下具有优越的抗氧化性能，是制造各类复合材料（包括金属基和陶瓷基复合材料）最有希望的无机纤维。目前 SiC 纤维有五种：普通 SiC 纤维、含钛 SiC 纤维、碳芯 SiC 纤维、钨芯 SiC 纤维及 SiC 晶须。

纯 SiC 是无色透明的晶体。工业 SiC 因所含杂质的种类和含量不同，而呈浅黄色、绿色、蓝色乃至黑色，透明度随其纯度不同而异。SiC 晶体结构分为六方或菱面体的 α-SiC 和立方体的 β-SiC（又称立方碳化硅）。α-SiC 由于其晶体结构中碳和硅原子的堆垛序列不同而构成许多不同变体，已发现 70 余种。β-SiC 于 2100℃以上时转变为 α-SiC。其结构如图 6-13 和图 6-14 所示。

图 6-13　SiC 纤维宏观形态

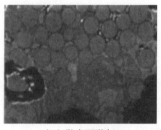

（a）晶体结构　　　　　　　　　　（b）抛光面形态　　　　　　　　　　（c）断裂面形态

图 6-14　SiC 纤维微观形态

二、SiC 纤维的性能

（一）比强度和比模量

SiC 复合材料包含 35%~50% 的 SiC 纤维，因此有较高的比强度和比模量，通常比强度较复合前提高 1~4 倍，比模量提高 1~3 倍。SiC 纤维增强复合材料有较好的界面结构，可有效地阻止裂纹扩散，具有优良的抗疲劳和抗蠕变性能。

（二）耐高温性

SiC 纤维具有卓越的高温性能，SiC 增强复合材料可提高基体材料的高温性能。

（三）尺寸稳定性

SiC 纤维的热膨胀系数比金属小，仅为 $(2.3~4.3) \times 10^{-6} \cdot ℃^{-1}$，SiC 增强金属基复合材料具有很小的热膨胀系数，因此具有很好的尺寸稳定性能。

（四）热电性能

SiC 纤维具有较好的导热和导电性能，SiC 纤维的最高使用温度达 1200℃，其耐热性和耐氧化性均优于碳纤维，强度达 1960~4410MPa，在最高使用温度下强度保持率在 80% 以上，模量为 176.4~294GPa，化学稳定性也好。SiC 增强金属基复合材料保持了金属材料良好的导热性。此外，它还具有热变形系数小、光学性能好、各向同性、无毒、能够实现复杂形状的近净尺寸成型等优点，因而成为空间反射镜的首选材料。

（五）其他

不吸潮、不老化，使用可靠。SiC 纤维和金属基体性能都很稳定，其复合材料不存在吸潮、老化、分解等问题，保证了使用的可靠性。

SiC 纤维与碳纤维同属目前比较重要的无机纤维材料，与金属材料相比都具有比重轻、比强度大、耐腐蚀等特点。又由于两者都能够解决特殊场合、极端条件、恶劣环境等出现的瓶颈问题，发挥各自的特性，因此又都受到格外的关注。单从外表上看，两者很难分清（图 6-15），对两者的特性进行粗略比较见表 6-16。

（a）碳纤维

（b）SiC纤维

图 6-15 碳纤维与 SiC 纤维外观比较

表 6-16　SiC 纤维与碳纤维的性能比较

对比项目		碳纤维（PAN 基）	SiC 纤维（先驱体法）	应用说明
物理性能	外观颜色	黑色	黑色或银黑色	两者外观上不宜分清
	纤维直径/μm	4~11	7~14	SiC 纤维直径略粗、对纤维机织不利、需特殊对待
	密度/(g·cm⁻³)	1.75~2.0	2.5~3.2	SiC 略重．但作为烧蚀材料，碳纤维需要加厚，SiC 纤维可减薄，轻量化上相当；高温下，SiC 材料可反复使用
	线密度/tex	33~1600	250~300	为后续加工、应用方便，碳纤维总体丝束偏大
	丝束/K	0.5~12	0.8~1	
	筒重/g	1000~2000	150~350	碳纤维大筒包装，SiC 纤维受工艺影响，一般小包装
	定装长度/m	5000~15000	500~1000	碳纤维产业连续化能力较 SiC 纤维强，SiC 纤维受制备方法影响定长偏小
力学性能	强度/GPa	3.5~7.0	2.6~4.5	总体上，受制造工艺影响，碳纤维在力学性能上略优于 SiC 纤维
	模量/GPa	230~650	180~450	
	伸长率/%	0.7~2.4	0.6~2.0	
电热磁及化学性能	空气中使用温度/℃	<350	1250~1800	碳纤维 350℃强度急剧下降，687℃时燃烧，宜在低温或惰性气体保护下使用
	电阻率/(Ω·cm)	0.5×10⁻³~2.5×10⁻³	10⁻¹~10⁻⁷	碳纤维是导体，SiC 纤维电阻率可调
	电磁波特性	反射、屏蔽特性	吸收/透射波可调	SiC 纤维可用作吸波隐身材料
	热导率/[cal·(cm·s·℃)⁻¹]	0.02~0.4	0.01~0.2	25℃，500℃条件下测量，在某种意义上，碳纤维略高
	比热容/[cal·(g·℃)⁻¹]	0.1~0.2	0.1~0.35	25℃，500℃条件下测量，SiC 纤维的比热容略大
	热膨胀系数/10⁻⁶K⁻¹	-0.4~-1.5	1~5	500℃，1000℃条件下轴向测量，碳纤维为负值
	耐酸碱性	有限条件	很好	在有氧条件下，碳纤维在酸或碱环境中的使用温度不宜超过 300℃
	受湿热性影响	大	极小	湿热条件会加速碳纤维力学性能下降
	耐摩擦性	不好	极好	SiC 颗粒莫氏硬度可达 9.3 以上
	吸收中子特性	无	吸收	SiC 纤维可用于耐辐射以及核防护装备
	复合材料界面特性	弱界面材料	强界面材料	SiC 纤维与金属、陶瓷、聚合物具有很好的复合相容性

三、碳化硅纤维应用

SiC 纤维具有高强度、高模量、耐高温、抗氧化、抗蠕变、耐化学腐蚀、耐盐雾和优良电磁波吸收等特性，与金属、树脂、陶瓷基体具有良好的兼容性，可在多领域中用作高耐热、抗氧化材料以及高性能复合材料的增强材料，尤其在高温抗氧化特性上更显突出，特别适宜作航空发动机、临近空间飞行器及可重复使用航天器等热结构材料的主选材料。目前，SiC 纤维产品在很多领域已有应用。

（一）航空航天材料

SiC 纤维复合树脂用作飞机的主体和机翼，重量有明显减轻；制成宇宙火箭，不仅重量轻，而且强度高、热膨胀系数大大减小。

（二）运动用材料

由于其材质轻、强度高、耐热性能好，已广泛用作赛艇、赛车、摩托车和轻快自行车材料及其他体育材料。

（三）医疗用具

由于其 X 射线透过性强、材质强度高，已用于制作 X 光用机械、医疗用器皿和人造关节等。

（四）土木工程材料

目前地下电缆、输水管道、桥梁等已开始使用 SiC 纤维材料。此外，由于 SiC 的宽禁带性质，SiC 制备的紫外光电探测器可在极端条件下应用于生化检测、可燃性气体尾焰探测、臭氧层监测、短波通信以及导弹羽烟的紫外辐射探测等领域，并适用于恶劣环境的光探测器件与光传感器。Ti、Co、Al 掺入 SiC 薄膜具有比纯的 SiC 薄膜更优越的光敏性能，是一种在光催化、太阳能电池、紫外光传感器等多个领域具有研究价值的薄膜材料。

国外连续 SiC 纤维产品的应用见图 6-16、表 6-17。

（a）纤维增强碳化硅及其在光学反射镜中的应用　　　　（b）保温隔热碳化硅纤维毡

图 6-16　碳化硅纤维的应用

表 6-17　国外连续 SiC 纤维产品应用

分类	应用领域	具体用途	应用状态
热防护材料	航天飞机、超高音速运输机	高温区和盖板	纤维及织物的复合材料
	空间飞机或探测器	平面翼板及前沿曲面翼板	纤维及织物的复合材料
	发动机	燃烧室	纤维及织物的复合材料
	燃气涡轮发动机	静翼面、叶片、翼盘、支架、进料管	纤维及织物的复合材料
	飞机以及高超飞行器	发动机喷口挡板、调节片、衬里、叶盘	纤维及织物的复合材料
隐身材料	飞机、巡航弹	尾翼、头锥、鱼鳞板、尾喷管	SiC 增强铝或 SiC 纤维与 PEEK 混编织物
纤维增强金属	飞机、战术导弹、汽车	尾翼、炮管、调节杆	SiC 纤维增强铝
防辐射	核电站耐辐射材料及核聚变装置	第一堆壁、燃料包覆、偏滤器以及控制棒材料	纤维毡及织物复合材料
民用	汽车、飞机	刹车盘	纤维毡及织物复合材料
	探测器探头	探测基元	纤维

参考文献

[1] 张耀明. 玻璃纤维与矿物棉全书 [M]. 北京：化学工业出版社，2001.

[2] 孙银霞. 无处不在的碳纤维 [M]. 兰州：甘肃科学技术出版社，2012.

[3] 董卫国. 新型纤维材料及其应用 [M]. 北京：中国纺织出版社，2018.

[4] 西鹏. 高技术纤维概论 [M]. 2版. 北京：化学工业出版社，2015.

[5] 管建敏，钱鑫，支建海，等. 利用扫描电子显微镜研究聚丙烯腈基碳纤维的形态结构 [J]. 合成纤维，2012，41（7）：12-14.

[6] 王建忠，敖庆波，刘怀礼，等. 不锈钢纤维烧结毡在腐蚀环境中的拉伸性能 [J]. 粉末冶金工业，2021，31（6）：54-59.

[7] 崔淑玲. 高技术纤维 [M]. 北京：中国纺织出版社，2016.

[8] 阴建华，吴红艳，高翼强，等. 铁铬铝金属纤维产品在燃烧器上的应用与展望 [J]. 上海纺织科技，2018，46（11）：1-3.

[9] 庾莉萍. 金属纤维的特性及其开发应用 [J]. 金属制品，2009，35（3）：45-48.

[10] 郑惠文. 纺织用金属纤维市场现状及前景分析 [J]. 产业用纺织品，2017，35（9）：35-38.

[11] 宋平，高欢，汪灵，等. 玄武岩纤维基本特征及应用前景分析 [J]. 矿产保护与利用，2022，42（4）：173-178.

任务七　识别高性能纤维

扫描查看本任务课件

工作任务：

高性能纤维是具有特殊的物理化学结构、性能和用途，或具有特殊功能的化学纤维，一般指强度大于 $17.6cN \cdot dtex^{-1}$，弹性模量在 $440cN \cdot dtex^{-1}$ 以上的纤维。如耐强腐蚀、低磨损、耐高温、耐辐射、抗燃、耐高电压、高强度高模量、高弹性、反渗透、高效过滤、吸附、离子交换、导光、导电以及多种医学功能。这些纤维大都应用于工业、国防、医疗、环境保护和尖端科学各方面。

识别高性能纤维的工作任务：归纳总结三种的高性能纤维的性能特征；填写您所了解到的若干种高性能纤维。任务完成后，提交工作报告。

学习内容：

（1）芳纶的性能与应用。

（2）聚四氟乙烯纤维的性能与应用。

（3）超高分子量聚乙烯纤维的性能与应用。

（4）聚酰亚胺纤维的性能与应用。

（5）聚苯硫醚纤维的性能与应用。

（6）聚苯并咪唑纤维的性能与应用。

（7）聚对苯撑苯并二噁唑纤维的性能与应用。

学习目标：

（1）认识常见的高性能纤维。

（2）了解常见高性能纤维的性能。

（3）了解常见高性能纤维的应用领域。

（4）按要求展示任务完成情况。

任务实施：

（1）归纳高性能纤维的性能。

①材料。随机选取高性能纤维三种，根据其性能完成相关实验，并填写任务实施单。

②任务实施单。

高性能纤维的性能			
试样编号	1	2	3
物理性能			
化学性能			

高性能纤维的性能			
介电性能			
耐气候性能			
阻燃性能			
其他性能			

（2）您所了解的其他高性能纤维有：

项目一　芳纶

芳香族聚酰胺（aramid）是指酰胺键直接与两个芳环连接而成的线型聚合物，用这种聚合物制成的纤维即芳香族聚酰胺纤维。在我国芳香族聚酰胺纤维的商品名为芳纶，是在高性能复合材料中用量仅次于碳纤维的另一种使用较多的增强纤维。主要品种有聚对苯二甲酰对苯二胺纤维（PPTA，芳纶 1414，对位芳纶）和聚间苯二甲酰间苯二胺纤维（MPIA，芳纶 1313，间位芳纶）。

一、PPTA 纤维

（一）PPTA 纤维的结构

PPTA 纤维是由近似于刚性伸直链的 PPTA 分子拟网状交联的结晶结构高聚物（图 7-1）。对位芳纶是对位连接的苯酰胺，酰胺键与苯环基团形成 π 共轭结构，内旋位能相当高，大分子构型为沿轴向伸展链结构，呈刚性链大分子结构，分子排列规整，分子取向度和纤维结晶度高，它们的链段排列规则，分子间还有很强的分子间氢键、高度伸直的刚性链构象、高结晶度、高度有序的微纤结构和较低程度的结构缺陷共同赋予了芳纶很高的拉伸模量和强度。

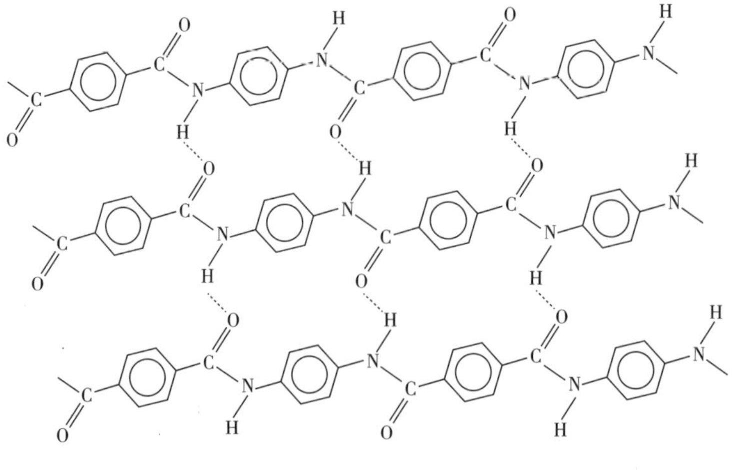

图 7-1　PPTA 的分子拟网状结构

（二）PPTA 纤维的性能

1. 力学性能

PPTA 具有超高强、超高模量、抗冲击、耐疲劳和相对密度小等特性，其强度比一般有机纤维高 3 倍以上，模量是尼龙的 10 倍，聚酯纤维的 9 倍；其相对强度相当于钢丝的 6~7 倍，模量约为钢丝和玻璃纤维 2~3 倍，而相对密度只有钢丝的 1/5 左右。

表 7-1 列出了两种 PPTA 纤维性能。PPTA 纤维不仅强度高，而且模量大，断裂伸长率小，纤维表现出很强的刚性。

表 7-1　纤维性能比较

纤维（商品名）	Kevlar29	Kevlar49
密度/（g·cm^{-3}）	1.44	1.44
抗张强度/（cN·dtex^{-1}）	19.4	19.4
抗张模量/（cN·dtex^{-1}）	406	882
断裂伸长率/%	3.8	2.4

2. 化学性能

PPTA 纤维对普通有机溶剂、盐类溶液等有很好的耐化学药品性，但耐强酸，强碱性较差。表 7-2 为 PPTA 耐化学性能。

表 7-2　PPTA 耐化学性能

性能		质量分数/%	温度/℃	时间/h	强度保持率/%		
					Kevlar29	Kevlar49	Technora
耐化学药性	硫酸	20	95	20	13	50	99
		20	95	100	2	29	93
	苛性碱	10	95	20	15	38	93
		10	95	100	4	18	75
	甘油	100	95	300	96	92	94
耐热性（湿热）		—	200	100	75	75	100
				1000	—	—	75
		—	120（饱和蒸汽）	400	20	—	100

3. 耐高温性能

PPTA 纤维大分子的刚性很强，分子链几乎处于完全伸直状态，这种结构不仅使纤维具有很高的强度和模量，而且使纤维表现出良好的热稳定性。PPTA 纤维的玻璃化转变温度（TR）约 345℃，在高温下不熔，收缩亦很少。将其在 160℃热空气中处理 400h 后，纤维强度基本不变；随着温度不断提高，纤维逐渐发生热分解或碳化；在约 500℃以上，碳化速度明显加快；若在氮气环境下，开始热分解或碳化的温度较在空气中高 50～60℃；纤维虽可燃烧，但离开火源后有自熄性，限氧指数 LOI 为 20%。

4. 其他

PPTA 有良好的介电性和化学稳定性，耐屈折性和加工性能好。可用普通织机编织成织物，编织后其强度不低于原纤维强度的 90%。

PPTA 纤维的反复拉伸性能好，而抗弯曲疲劳性较脂肪族聚酰胺和聚酯纤维差；尺寸稳定性在纤维中堪称第一；与橡胶的相容性（黏结性）介于脂肪族聚酰胺与聚酯纤维之间。它对紫外线比较敏感，不宜直接暴露在日光下使用。

（三）PPTA 纤维的应用

PPTA 纤维是一种高强，高模和耐高温纤维，具有优良的韧性、抗疲劳性、耐摩擦性、电绝缘性等，应用范围广泛，如高性能轮胎帘子线，强力传送带、防护制品，降落伞，机翼或火箭引擎外壳，压力容器、绳索（图 7-2）以及复合材料的增强材料等见表 7-3；可以用来制备个人、结构和交通运输用抗切割和防弹材料（图 7-3），还可用于光纤领域作为包覆光纤芯线；包含有机或无机超细微粒的 PPTA 纤维薄膜可以用于磁带、照相胶片、太阳能蓄电池基材、柔性印刷线路板以及绝缘电容器薄膜等；PPTA 纤维非织造布可作为电化学元件，用于锂电池隔膜、偶电层电容、电解铝电容和锂离子电容；PPTA 纤维也可用于特殊环境下的包装材料、滤纸和气体阻隔膜。以 PPTA 纤维为原料制备的对位芳纶纤维纸基复合材料在印刷线路板和蜂窝结构材料等领域具有更为重要的应用。

表 7-3　PPTA 纤维用途

最终产品	用途	主要性质
轮胎	卡车轮胎、高速轮胎、摩托车轮胎、飞机轮胎、自行车胎	密度小、重量轻、强度高、尺寸稳定、低收缩
机械橡胶制品（MRG）	输送带、传动带、汽车用软管、液压软管、海洋石油钻探软管、控制操纵用电缆	高强度、高模量、尺寸稳定、耐热、耐化学腐蚀
电缆、绳索	架空光纤电缆、管道电缆、电气电缆、机械结构缆、锚用系船缆	高强度、高模量、尺寸稳定、密度小、耐腐蚀、耐热、介电性质好
复合材料	飞机用织物、集装箱用织物、压力容器、造船、体育用品、塑料添加剂	重量轻、高强度、高模量、耐冲击强度高、易加工、耐磨
耐冲击材料	防弹衣、头盔、车用防护面板、车用防碰撞部件	高强度、高能量耗散、低密度、重量轻、舒适
摩擦与密封件	制动衬带、离合器衬片、密封垫圈、工业用纸、触变剂	纤维原纤化、耐热、耐化学腐蚀、不易燃、机械性能好
防护服	耐热工作服、防火地毯、阻燃织物、防剪切手套及椅套织物	耐热、阻燃、抗剪切

图 7-2　PPTA 纤维缆绳

图 7-3　PPTA 纤维高圈布高温防割手套

二、MPIA 纤维

（一）MPIA 纤维的结构

MPIA 纤维由排列规整的锯齿形聚间苯二甲酰间苯二胺大分子 ［图 7-4（a）］组成，间苯二甲酰间苯二胺大分子上有规律分布的 C＝O（质子受体）和 N—H（质子供体），为聚合物中相邻大分子链间形成氢键提供了环境 ［图 7-4（b）］，这些氢键对增强间位芳纶力学性能作用显著。

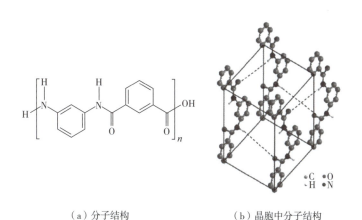

（a）分子结构　　　　　　　（b）晶胞中分子结构

图 7-4　MPIA 的化学结构

MPIA 纤维因受纺丝工艺影响，纤维具有不同厚度的皮芯结构，皮层结构相对松散，结晶度低，芯层结构较为致密，包括次晶结构和微纤结构等不同形态的超分子结构，图 7-5 为间位芳纶内部结构示意图。间位芳纶芯层的柱状微晶是沿纤维轴向排列，大分子的纵向取向也近乎与纤维轴向平行，横向是与氢键片层平行并呈辐射状。间位芳纶在轴向是以分子内共价键相连，在横向是以分子间氢键相连，氢键键能远低于共价键，因而间位芳纶在纵向及横向的力学性能不同，横向的强度低，纵向的强度高，当纤维受纵向拉力时，纤维断面会有劈裂现象，当纤维受横向拉力时，纤维断面会有分层现象。

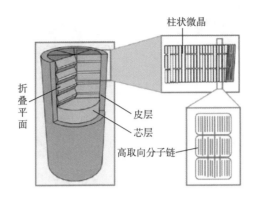

图 7-5　MPIA 纤维内部结构示意图

（二）MPIA 纤维的性能

1. 力学性能

与 PPTA 纤维不同，MPIA 纤维由于是间位苯环连接酰胺基，苯环共价键没有共轭效应，键的内旋转位能相对处于低位，容易自由活动，因此大分子链呈现柔性结构，其弹性模量的数量级与柔性大分子链处于同一水平，伸长也大，手感柔软，强度比棉纤维稍大，耐磨牢度好。与其他无机耐高温纤维相比较，MPIA 纤维的纺织加工性良好，服用性好。国产 MPIA 纤维（商品名芳纶 1313）、国外 PMIA 纤维（商品名 Nomex）与几种常用纤维的力学性能见表 7-4。

表 7-4　几种常见纤维的力学性能

性能	芳纶 1313	Nomex	锦纶	聚酯纤维	棉
断裂强度/ （cN·dtex^{-1}）	3.52~4.84	3.34~6.16	3.5~6.6	4.1~5.7	2.6~4.3
断裂伸长率/%	20~50	35~50	25~60	20~50	6~10
初始模量/ （cN·dtex^{-1}）	52.8~79.2	48.4~70.4	8.8~26.4	22.0~61.6	60~79
密度/（g·cm^{-3}）	1.37	1.38	1.13	1.38	1.54
LOI/%	28~32	29~32	20~22	20~22	19~21
碳化温度/℃	400~420	400~430	250 熔化	255 熔化	130~150

2. 化学性能

MPIA 纤维具有良好的耐碱性，耐酸性优于锦纶，耐水解和蒸汽作用，耐有机溶剂、漂白剂以及抗虫蛀和霉变。

3. 热学性能

MPIA 纤维具有良好的耐热性和阻燃性。纤维的玻璃化转变温度为 270℃，没有明显的熔点，热分解温度高达 400~430℃。在 200℃ 以下工作 3000h，仍能保持原强度的 90%，在

260℃的热空气中连续使用 1000h，仍能保持原强度的 65%～70%，在 300℃下连续使用 7 天，仍可保持原强度的 50%，明显优于常规化学纤维。纤维的极限氧指数为 29%，点火温度在 800℃以上，离火自熄，散烟密度小。MPIA 纤维不熔融，在超过 400℃的高温环境中，纤维会炭化分解，分解产生的气体主要是 CO、CO_2，并产生一种特别的隔热及保护层，能阻挡外部热量暂时不能传入内部，起到有效防御高温的作用。芳纶 1313 在 250℃时热收缩率仅为 1%，在 300℃以下为 5%～6%，在高温下表现出很好的尺寸稳定性。

4. 染色性能

MPIA 纤维超分子结构立体规整性好，结晶度高，小分子染料很难进入纤维大分子内部，而且纤维玻璃化温度高于 270℃，因此，染色困难，色牢度低，尤其是耐日晒色牢度差。研究表明，MPIA 纤维可采用分散染料和阳离子染料染色，其中阳离子染料较好。目前多采用高温高压载体染色工艺进行染色，染色时加入电解质氯化钠，可降低纤维与阳离子染料的正电荷斥力，有利于染料上染纤维。

5. 其他性能

MPIA 纤维电导率很低，而且由于纤维吸湿性较差，使其在高低温和高低湿度环境中均可以保持优良的电绝缘性能。MPIA 纤维具有良好的耐辐射性能，包括耐 α 射线、β 射线、γ 射线以及 X 射线等的辐射。用 50kV 的 X 射线照射 100h，其纤维强度仍保持原来的 73%。抗紫外性能较差，因为纤维大分子链上有酰胺基团，在紫外线的照射下会发生断链，从而引起力学性能的变坏。

（三）MPIA 纤维的应用

MPIA 纤维是耐高温纤维中品质优秀、应用性能非常好的纤维，价格高出常规纤维 5～10 倍。该纤维是一种永久性的阻燃纤维，其阻燃性是建立在内部分子结构之上的固有特性，不会因反复洗涤而降低，并且无毒无害。MPIA 纤维还是一种柔性高分子材料，纺织加工性能良好，手感柔软，穿着舒适，因此，用途非常广泛，用于耐高温纺织品、高温过滤材料、防火材料、工业耐高温零部件（图 7-6）及工程纸等方面。

耐高温防护服、消防服、军服是 MPIA 纤维的最重要用途之一。MPIA 纤维有很高的阻燃耐热性，当意外火灾发生时，用它做的防护服（图 7-7），在短时间内可耐高温火焰，不自燃，不熔融烫伤皮肤，在起火环境下，人们能有逃生的时间。MPIA 防护服靠近火焰时，纤维表面高温焦化，分解的气体会使纤维稍稍膨胀，这样服装面料与里层之间产生空气间隙，起到隔热作用，保护人体不受高热伤害，及时走出火场。

高温过滤袋和过滤毡是 MPIA 应用最多的工业领域。在高温烟道气、工业粉尘的过滤除尘上，其吸附、耐高温、耐腐蚀特性优越，长期使用仍能保持机械强度，因此在发电、金属冶炼、水泥、石灰石、炼焦、化工厂等行业中得到广泛应用。

工业上耐高温产品的零部件，如复印机的清洁毡条、耐高温电线、电缆、橡胶管、工业洗涤机内衬垫等，均使用 MPIA 产品。MPIA 纤维具有极佳的绝缘性，还可制成浆粕纤维，打成纸浆，用普通造纸法生产强度高、耐高温的工业用纸，用于电器绝缘纸材料，介电常数很低，耐击穿电压可达到 $1 \times 10^5 V \cdot mm^{-2}$，是全球公认的极佳绝缘材料。MPIA 纤维用于民航飞机中的阻燃纺织装饰材料，高速列车的内部构件，可降低列车总质量，有利于提高车速。MPIA 纤维还可应用于电弧危害的防护，有着独特的优势，如电弧防护服、电弧防护头罩等。

图 7-6　耐高温零部件

图 7-7　消防员防护服

项目二　聚四氟乙烯纤维

聚四氟乙烯（PTFE）又称氟纶或特氟纶（Teflon），是一种高度对称和不带有极性、不含有任何支链的线型高分子化合物。聚四氟乙烯最初用作塑料安装、修理水暖管件和阀门时使用的"生料带"就是聚四氟乙烯纤维制品。聚四氟乙烯纤维独特的性能是对化学药品的稳定性，是迄今为止最耐腐蚀的纤维，称为"耐腐蚀纤维之王"。

一、聚四氟乙烯纤维的结构

聚四氟乙烯是一种高度对称、整体不带极性的高分子化合物。红外光谱和 X 衍射分析表明，其为不含任何支链的线型高分子（—CF_2—CF_2—），原因在于作用力极强的 C—F 键是很难打开的，氟原子的作用半径较大（0.72nm），故分子链的稳定构型是螺旋状结构。链结构的高度对称性和规整性，使聚四氟乙烯具有良好的结晶性（结晶度>60%）和高密度特征，结晶区的密度为（2.35±0.06）g·cm^{-3}，非晶区密度为（2.00±0.04）g·cm^{-3}。

聚四氟乙烯纤维的结晶形式有两种，可相互转换。当温度小于19℃时，晶胞为三斜晶系，c 轴（纤维轴）恒等周期为 1.65nm，每个晶胞含有 14 个—CF_2—基团。当温度高于 19℃时，晶胞开始转变为六方晶系，晶胞参数为 $a=0.561$nm，$b=0.561$nm，$c=1.68$nm。其分子链的高内旋转活化能（15.5~17.0J·mol^{-1}），高熔融熵（4.77mol·K），使其具有高熔点（372℃），为极好的耐高温、阻燃材料。其 C—F 为高键能（439~519kJ·mol^{-1}）键，链的高规整性和氟原子的大作用范围及屏蔽作用，使其耐腐蚀，抗溶解，溶胀。其高密度、链结构高对称和稳定，使其表面能低、表面致密，成为耐渗入，耐活化和难黏附的表面功能材料。

二、聚四氟乙烯纤维的性能

（一）物理性能

聚四氟乙烯纤维密度为 $2.2g \cdot cm^{-3}$，其断裂强度不高，约为 $1.3cN \cdot dtex^{-1}$，断裂伸长率为 $13\% \sim 15\%$，回潮率为 0.01%。

（二）化学性能

聚四氟乙烯纤维有非常优异的化学稳定性，耐氢氟酸、王水、发烟硫酸、浓碱、过氧化氢等强腐蚀性试剂的作用，只有熔融的碱金属和高温高压下的氟才能对它产生轻微的腐蚀作用。聚四氟乙烯纤维的这种性能超过现在所有的天然纤维和化学纤维。

（三）耐高温和耐低温性能

聚四氟乙烯纤维既能在较高的温度下使用，也能在很低的温度下使用，其使用温度范围是 $-180 \sim 260℃$，零强温度大约是 $310℃$，熔融点 $327℃$，$390℃$ 开始解聚，加热至 $415℃$ 分解趋于明显，$500℃$ 迅速完全分解。

（四）耐气候性能

聚四氟乙烯纤维具有十分良好的耐气候性，是现有各种化学纤维中耐气候性最优良的一个品种，在室外暴露达 15 年之久，其机械性能仍不发生明显的变化。

（五）其他

聚四氟乙烯纤维是最难燃的有机纤维之一，在空气中不燃烧，其极限氧指数高达 95%。此外，聚四氟乙烯纤维还具有良好的电绝缘性和抗辐射性。摩擦系数（$0.01 \sim 0.05$）在现有合成纤维中最小，而且可以在广泛的温度和荷重范围内保持不变，聚四氟乙烯的表面张力极小，不能被表面张力在 $0.02N \cdot m^{-1}$ 以上的液体所润湿。聚四氟乙烯纤维本身没有任何毒性，但是在 $200℃$ 以上使用时，可能有少量有毒气体 HF 释放出来，因此应采取必要的劳动保护措施。

三、聚四氟乙烯纤维的应用

（一）过滤领域

由于聚四氟乙烯纤维在高温下力学性能较好，可以长期在 $260℃$ 及以下高温使用，温度 $280℃$ 时也可以短期使用，因此可以作为高温粉尘过滤材料。利用聚四氟乙烯短纤制备的袋式除尘滤袋具备耐酸、碱性强，抗氧化性、耐腐蚀性优异的特性（图7-8）；聚四氟乙烯长丝经工艺制备的纤维网布，与磺酸树脂复合形成离子交换膜，是氯碱工程的关键材料。聚四氟乙烯纤维的表面能较低，也可以用于自清洁过滤介质领域，如发动机和燃气轮机的进气系统都可以采用自清洁过滤器，以防止高浓度粉尘带来的不利影响。

 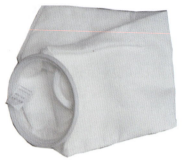

图 7-8　用聚四氟乙烯纤维制造的滤尘袋

（二）石油工业

聚四氟乙烯具有优异的性能，可应用于石油工业领域的诸多方面。在静密封方面，设备接触面的密封系统里常采用聚四氟乙烯共混复合材料作为静密封件。在动密封方面，常采用以聚四氟乙烯悬浮树脂为基体的聚四氟乙烯共混复合材料。在润滑减摩方面，聚四氟乙烯可以添加到润滑油中作为减摩改性剂，也可以作为稠化剂对润滑油进行稠化改性。在油水分离方面，常用于原油脱水处理以及含油废水的处理。

（三）医疗行业

近年来，聚四氟乙烯纤维在医疗领域的应用逐渐拓展，如人工心脏瓣膜、人造韧带、人造食道、人造血管、普通外科和整容外科的手术缝合等生物医用材料方面。聚四氟乙烯纤维本身没有毒性，化学惰性良好，并且生物相容性很强，因此机体不会对其产生排斥，对人体没有生理副作用，且由于其耐化学腐蚀强，因此可以使用任意方法对其进行消毒。王祥花等人发现，因聚四氟乙烯人造血管具有抗血栓性能好，生物相容性良好，内径和长度可调节，能够承受较大的动脉压力且血管不易塌陷、弯曲，硬度适宜，因此聚四氟乙烯人造血管可用于血液透析患者再建透析通路。

（四）建筑行业

通常情况下，建筑工程中的膜材料通常有两大类，一是以聚四氟乙烯薄膜为代表的非织物类膜材，二是以聚四氟乙烯涂层玻璃纤维织物以及涂层覆盖聚酯纤维织物为代表的织物类膜材。利用聚四氟乙烯纤维制成的膜结构材料透光性好，对于照明及空调等费用的节约有很大帮助，且表面系数低、不易积灰，耐老化性能好、使用寿命更加长久，常用作体育馆、室外竞技场、大型展会等屋顶材料。

（五）纺织领域

聚四氟乙烯纤维在纺织领域的应用主要有以下几个方面：利用聚四氟乙烯纤维的高弯曲疲劳性能，与其他高性能纤维进行混合，制备用于起重作业的高张力、高弯曲应力高性能绳索。医用多功能防护服的隔离层常采用聚四氟乙烯复合材料，其对血液、病毒都有很好的隔离作用，且具有抗菌、防水、阻燃透湿等优良的性能。宇航服对于材料的要求很高，需要满足耐压、质轻、耐老化等特性，而聚四氟乙烯纤维织物通常可以作为宇航服的防撕裂层和限制层（图7-9）。

图7-9　聚四氟乙烯宇航服

（六）其他应用领域

聚四氟乙烯纤维在其他领域也有着广泛的应用，如可用于轴承和低摩擦率零部件、离子交换、密封填料等。此外，由于其固有的低损耗与介电常数，还可以用来制备电线和电缆的绝缘材料（图7-10）。

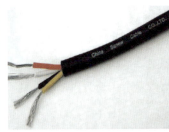

图7-10　聚四氟乙烯纤维制造的电线和电缆的绝缘材料

项目三　超高分子量聚乙烯纤维

超高分子量聚乙烯纤维（UHMWPE）又称高强高模聚乙烯纤维或伸直链聚乙烯纤维，是相对分子量在100万以上无支链的线性聚乙烯，与碳纤维和芳纶纤维一起被称为"三大高性能纤维"。

一、UHMWPE纤维的结构

UHMWPE纤维的基本结构为聚乙烯，分子式如下：

$$\left.-\!\!\left(CH_2CH_2\right)\!\!\right._n$$

分子量不同赋予聚乙烯不同的性能，分子量越高，拉伸强度、表面硬度、耐磨性、耐蠕变、耐老化和耐溶剂性越提高，断裂伸长率降低。

在超倍牵伸时，其大分子链的高度取向使晶区及非晶区的大分子充分伸展，形成了高度结晶的伸直链的超分子结构，超高分子量聚乙烯纤维的优越性能完全是由于其超分子结构决定的（图7-11）。产品的结晶度一般不低于75%，有较高的取向度，微纤轴方向与纤维轴方向之间的夹角值一般不低于0.9697。这些特点赋予其沿拉伸方向有着较高的强度（24cN·dtex^{-1}以上）和较高的模量（700cN·dtex^{-1}以上）。

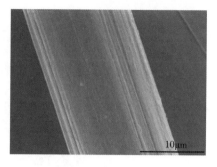

图7-11　UHMWPE 纤维纵向形态图

通过提高相对分子质量，增加纤维中伸直链结构等方法可以进一步提高其强度和模量。当相对分子质量高达300万以上，把无限长的高分子链完全伸展后，其纤维的拉伸强度相当于高分子链的极限强度。极限强度可达331cN·dtex^{-1}。而目前市售 UHMWPE 纤维的强度仅为33cN·dtex^{-1}。一般柔性链分子构成纤维的强度最多只能达极限强度的10%。因此，只要采取特定的纺丝及后拉伸技术，使纤维达到超高强度是可能的。

二、UHMWPE 纤维的性能

UHMWPE 纤维具有独特的综合性能，是目前拉伸强度最高的纤维之一，拉伸强度高，杨氏模量也很高，断裂伸长率较其他特种纤维高，断裂功大。此外，该纤维还具有良好的弯曲性能、耐紫外线辐射、耐化学腐蚀、比能量吸收高、介电常数低，电磁波透射率高，摩擦系数低及突出的抗冲击，抗切割等优异性能。但 UHMWPE 的耐热性比较差，长期使用温度一般在100℃以下。

（一）物理性能

UHMWPE 纤维外观呈白色，是所有化学纤维中密度最小，唯一能够漂浮在水面上的高性能纤维。纤维的密度为0.97g·cm^{-3}，是锦纶密度的2/3，是碳纤维密度的1/2，UHMWPE 纤维复合材料要比芳纶复合材料轻20%，比碳纤维复合材料轻30%。

因为没有侧基，UHMWPE 分子链之间的作用力主要是范德瓦耳斯力，流动活化能较小，熔点较低，小于160℃。在受到长时间外力作用时，分子链之间易滑移，产生蠕变。UHMWPE 纤维主要的物理性能见表7-5。

表7-5　UHMWPE 纤维与其他同类纤维物理性能的比较

性能	密度/(g·cm^{-3})	强度/(N·tex^{-1})(g·旦$^{-1}$)	模量/(N·tex^{-1})(g·旦$^{-1}$)	伸长率/%	比强度	比模量
UHMWPE 纤维	0.97	3.2（36.0）	110.3（1250）	3.5	4.14	146

由于 UHMWPE 是线性长链结构，由亚甲基组成，高分子链在晶区呈伸直链构象，因此UHMWPE 纤维具有其他纤维无法比拟的力学性质。UHMWPE 纤维内部高度取向和高度结晶，

使其强度、模量大为提高，具有优良的力学性能。

（二）耐化学腐蚀性能

UHMWPE 纤维具有高度的分子取向和结晶，大分子截面积小，内部结构较为致密规整，这些特点使其能耐受化学试剂的腐蚀，能阻止水分子的侵蚀，因此，UHMWPE 纤维具有良好的耐溶剂溶解性能。

表 7-6 给出了室温条件下 UHMWPE 纤维耐化学腐蚀性能的实测数据。结果表明，UHMWPE 纤维经强酸作用一周后，其强度不变，模量损失 10%；一个月后强度损失 5%，模量损失 10%。相比之下，虽然开始阶段模量稍有变化，但随着时间的增长，没有进一步变化的趋势。

表 7-6 UHMWPE 纤维在室温条件下的耐化学腐蚀性能

化学品	残余强度/%		残余模量/%	
	暴露 7 天	暴露 30 天	暴露 7 天	暴露 30 天
盐酸（10%）	100	95	90	90
硝酸（10%）	100	95	90	90
硫酸（10%）	100	95	90	90
氨水（10%）	100	90	90	90
碳酸钠（10%）	95	90	95	90
硫酸钠（10%）	95	90	80	80
硫酸铵（10%）	100	90	90	90

（三）耐冲击性能和防弹性能

UHMWPE 纤维是玻璃化温度低的热塑性纤维，韧性很好，在塑性变形过程中吸收能量，因此，具有良好的耐冲击性能。图 7-12 是各种纤维耐冲击性的比较，从图中可以看出，UHMWPE 纤维的耐冲击强度高于芳纶、碳纤维和聚酯纤维，仅小于锦纶。

防弹材料的防弹性能是以该材料对弹丸或碎片能量的吸收程度来衡量的。而防弹材料的能量吸收性是受材料的结构和特性影响的。由于 UHMWPE 纤维的高模量、高韧性，使其具有相应的高断裂能和高的传播声速，防弹性能好。

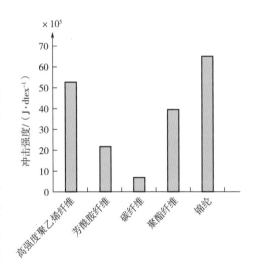

图 7-12 各种纤维的冲击强度比较

（四）耐磨性和耐弯曲性能

由于 UHMWPE 纤维具有较低的摩擦系数，因此，具有比其他高性能纤维更加优越的耐磨性能。其耐磨性能非常好，比碳钢、黄钢还耐磨数倍，是普通聚乙烯的数十倍以上，并且随着相对分子质量的增大，其耐磨性能还进一步提高，但当相对分子质量达到一定数值后，其耐磨性能不再随相对分子质量的增大而发生变化。

UHMWPE 纤维在具有高强性能的同时又有相对大的伸长，因此具有良好的耐弯曲形变性能，同时具有很高的结节强度和环结强度。表 7-7 为几种高性能纤维的耐磨性及弯曲性能比较。

表 7-7　几种高性能纤维的耐磨性和弯曲性能比较

性能	UHMWPE 纤维	Kevlar29	Kevlar49	CarbonHS	CarbonHM
耐磨性（至破坏的循环数）	>110×10³	9.5×10³	5.7×10³	20	120
弯曲寿命（至破坏的循环数）	>240×10³	3.7×10³	4.3×10³	5	2
结节强度/(cN·dtex⁻¹)	10~15	6~7	6~7	0	0
环结强度/(cN·dtex⁻¹)	12~18	10~12	10~12	0.7	0.1

（五）抗蠕变性能

UHMWPE 纤维的抗蠕变性能取决于使用环境的温度和负荷情况，纤维在 35℃ 和 $0.011cN \cdot dtex^{-1}$（$1g \cdot 旦^{-1}$）负荷状态下的蠕变情况见表 7-8。与常规方法得到的纤维相比，其抗蠕变性能已经非常杰出。

表 7-8　UHMWPE 纤维的蠕变情况

负荷时间/h	10	100	1000
伸长率/%	0.05	0.2	0.4

UHMWPE 纤维蠕变行为的大小还与冻胶纺丝中使用的溶剂种类有关，若使用的溶剂为石蜡油、石蜡，则由于溶剂不易挥发易残存于纤维内，蠕变倾向显著；而用挥发性溶剂十氢萘时，则所得纤维的抗蠕变性能极大地改善。

（六）电绝缘性

UHMWPE 的介电强度约为 $700kV \cdot mm^{-1}$，能抑制电弧和电火花的转移。

（七）耐光性和耐高能辐射性能

芳纶纤维不耐紫外线，使用时必须避免阳光直接照射，而聚乙烯纤维由于化学结构上的优势，是有机纤维中耐光性最优异的，经过 24 个月光照之后，强度保持率高于 50%，而其他纤维均在 50% 以下。

UHMWPE 纤维在受到高能辐射，如电子射线或 γ 射线的照射时，分子链会发生断裂，纤维强度会降低。有研究表明，当对射线的吸收剂量达到 $100kJ \cdot kg^{-1}$ 时，会对该纤维的性能产生显著影响。

（八）耐切割性能

UHMWPE 纤维具有良好的耐切割性能，与 Kevlar29 的耐切割性能相当，可应用于加工制作防切割工作服等。由于该纤维比 Kevlar29 的加工工艺流程短、无溶剂回收问题、设备投资少、价格低，因此会在制作防切割纺织品等方面受到重视。表7-9为几种高性能纤维耐切割性能的比较。

表7-9 几种高性能纤维耐切割性能的比较

纤维品种	线密度/dtex	相对负荷
UHMWPE（Certran）纤维	1782	1.2
Kevlar29	1650	1.2
Spectra1000	1430	1.0
Vectran	1650	3.3

（九）耐低温性能和耐热性

UHMWPE纤维在液氦（-269℃）中仍具有延展性，在液氮（-195℃）中也能保持优异的冲击强度，这一特性是其他合成纤维所没有的，因而它能够用作核工业的耐低温部件。

UHMWPE纤维耐热性较差，熔点为150℃左右，因此，它不能在高温下使用，这是该纤维最大的缺陷。表7-10给出了UHMWPE纤维在不同温度及时间条件下物理性能的保持率。由此可以看出，UHMWPE纤维的最高使用温度为80~100℃。但在稍高温度短时间内仍能保持原有性能，这一点对用于复合材料的加工非常重要。

表7-10 在不同温度及时间条件下纤维物理性能保持能力

温度/℃	时间/h	强度保持率/%	模量保持率/%	断裂伸长率/%
23	∞	100	100	100
60	∞	75	80	180
80	1	100	100	100
	4	100	100	100
	∞	50	55	300
100	1	100	100	—
	4	100	100	—
	∞	30	30	480
120	1	85	80	—
	4	50	80	—

三、UHMWPE纤维的应用

（一）航空、海洋领域

缆绳是现阶段UHMWPE纤维最大应用领域之一。绳、缆、索类的重要性能指标之一是断裂强度。UHMWPE纤维的断裂强度高于其他高强度纤维，可制作各种捻制编制的耐海水、耐紫外线、不会沉浸而浮于水面的工具，而且由于UHMWPE纤维具有轻质高强、柔曲性好、耐磨损、不吸水、绝缘性好等特点，与钢丝、麻绳相比，UHMWPE 纤维缆绳强力高、伸长低、直径小、耐用，普遍用于船舶的缆绳、牵引缆绳、拉索绳、钻井平台缆绳、采油机绳索等方面。用此纤维制成的直径 1cm 的绳索断裂强度达 120kN，与钢丝绳相比，重量减轻 50%，强度却能提高 15%，寿命是钢丝绳的几倍，使用及存放方便。在许多低温应用领域，如航天降落伞、飞机悬吊重物的绳索、高空气球的吊索等，UHMWPE 纤维绳缆也是首选（图 7-13）。

图 7-13　UHMWPE 纤维海工缆绳、渔网、渔线和带材

由于 UHMWPE 纤维复合材料轻质高强和抗冲击性能好，在航空航天工程中应用广泛，适用于各种飞机驾驶舱内壁、飞机座舱防弹门、飞机的翼尖结构、飞船结构和浮标飞机等。以其制成的武装直升机和战斗机的壳体材料还具有优异的防弹性能（图 7-14）。

图 7-14　军用飞机和神舟飞船减速降落伞用 UHMWPE 纤维绳索

（二）劳保防护领域

防护用品是目前 UHMWPE 纤维的主要应用领域，单是单向织物（简称 UD 布）的生产就使用了 UHMWPE 纤维总量的 45% 以上，UD 布是生产防弹衣、防刺服、防弹板、防弹装甲的核心材料，其中最主要的产品是软质防弹衣。UHMWPE 纤维防护用品与芳纶、碳纤维防护用品，以及陶瓷、钢铁、合金防护用品相比，在保证防护性能的前提下，大大降低了防护用品的重量。例如，用于头盔可减重 400g 左右，相当于壳体重的 30%～40%，可大大减轻使用人员的负担，所以深受欢迎。在轻质装甲方面，UHMWPE 纤维有很好的应用前景，如可用于直升机防护装甲、坦克装甲、装甲车装甲等。另外，UHMWPE 纤维防护用品（图 7-15）的使用温度可低至零下 150℃，已经超出地球低温极限，因此在高寒地区，UHMWPE 纤维产品是防护用品的首选。

图 7-15　UHMWPE 纤维防割手套

（三）国防军工领域

UHMWPE 纤维可以制成直升机、坦克、运钞车和舰船的装甲防护（防弹）板、防弹头盔、防弹衣等不同产品。图 7-16 为防弹衣和防弹头盔。UHMWPE 纤维复合材料在装甲方面的应用是因为 UHMWPE 纤维具有低密度、高强度、抗吸湿性、极好的介电性、高耐磨性等优点，同等面密度情况下，UHMWPE 纤维复合材料的防弹能力高出芳纶复合材料 25%。

图 7-16　UHMWPE 纤维防弹衣和防弹头盔

（四）生物医疗领域

UHMWPE 纤维的生物相容性和耐久性都较好，化学稳定性好，不会引起人体的过敏反应和生物排斥反应，作为生物医用材料已成功应用于牙托材料、医用移植物、医用缝合线及人造器官。目前，UHMWPE 纤维还可以制备形状复杂且具有多孔的支架材料，例如，现在已经成功开发出熔融堆积方法生产的人耳组织支架。将 UHMWPE 纤维作为血液泵的材料，经测试无生物毒性并且可以长期使用。UHMWPE 纤维与乙烯、丁烯和苯乙烯弹性体共混作为血液袋可以耐 -196℃ 的低温，并且在低温下保持良好的塑性。

（五）高导热领域

在纤维导热领域，UHMWPE 是典型的高热传导率聚合物。热传导是通过质子之间的热振动来产生热的传递现象。高度取向的 UHMWPE 纳米纤维的导热系数可以达到 $104W \cdot (mK)^{-1}$，因此在高导热领域，如电子信息产业，电子元器件散热领域具有潜在的应用前景，但现阶段应用较少。

（六）土木建筑领域

UHMWPE 纤维可以替代钢筋用于建筑材料，其复合材料可用作墙体、隔板结构等。以 UHMWPE 短纤维增强的水泥复合材料，可以改善水泥的韧度和强度，提高水泥的抗冲击性能，综合性能远远优于普通的钢筋水泥材料。此外，由于 UHMWPE 纤维复合材料具有轻质、高强、抗腐蚀、耐疲劳等特点，优于建筑钢材，因此，在土木建筑工程结构加固中，采用其纤维复合材料比采用钢板或其他传统加固方法具有非常明显的优势，例如，在桥梁、隧道、房屋等结构抗震加固补强方面有广阔的应用前景。

（七）纺织领域

由于 UHMWPE 纤维具有良好的纺织加工性能，故可以加工成二维机织物、针织物和非织造布。针织物主要用于防切割产品，机织物和非织造布主要用于防刺产品。根据使用要求，有些直接叠合使用，有些则制成复合材料使用。UHMWPE 纤维也可以根据使用要求加工成三维织物，作为复合材料的增强体。

项目四　聚酰亚胺纤维

聚酰亚胺（PI）是一类以酰亚胺环为结构特征的高性能聚合物材料，其刚性分子链结构使其具有优越的力学性能，同时还是一种耐高温聚合物，通常在 550℃ 下能短期保持主要的物理性能，在接近 330℃ 下可长期使用。此外它还具有耐辐射性和介电性等特点，是综合性能最佳的有机高分子纤维之一，目前已经广泛应用于航空航天、电气、通信及环保等领域。

一、聚酰亚胺纤维的结构

聚酰亚胺的结构不是固定的，已知的结构就有上万种。另外，聚酰亚胺难以溶解，直接纺丝成本非常高，因此可纺性是很关键的一环。为保证研发所得纤维具有优秀的综合性能，用于纺丝的聚合物分子链要有足够的刚性，初生纤维在牵伸后聚合物分子链应能高度取向。目前，国内商品化的聚酰亚胺纤维大分子链的典型结构如下：

聚酰亚胺大分子主链上含有大量含氮五元杂环及苯环，且芳环密度较大，使其具有超高的稳定性。聚酰亚胺纤维表面钝化且没有亲水基团，分子结构呈刚性，其各项化学性能十分稳定。聚酰亚胺纤维具有的优异性能，不仅取决于其特殊的化学结构，也与分子链沿纤维轴方向的高度取向及横向的二维有序排列高度相关。聚酰亚胺纤维一般为半结晶型聚合物材料，通过热拉伸处理，其无定形区以及结晶区域都会沿纤维轴方向进行取向，因而具有较高的结晶度和取向度。

二、聚酰亚胺纤维的性能

（一）物理性能

聚酰亚胺高度共轭的分子结构赋予该纤维优异的机械力学性能，通常聚酰亚胺纤维的抗张强度主要取决于聚酰亚胺的化学结构、相对分子质量、大分子的取向度和结晶度、纤维的皮芯结构以及缺陷分布等。目前，耐热型聚酰亚胺纤维的力学强度介于 0.5~1.0GPa，模量为 10~40GPa，而高强高模型聚酰亚胺纤维的抗拉强度普遍高于 2.5GPa，模量超过 100GPa，而我国第三代聚酰亚胺纤维的断裂强度超过 4GPa，模量达 150GPa。

（二）耐高低温性能

芳香族聚酰亚胺纤维的起始分解温度一般在 500℃左右，由联苯二酐和对苯二胺合成的聚酰亚胺，热分解温度达到 600℃，无氧下使用温度 300℃，在 300℃氮气下处理 1000h 后强度几乎不下降；耐低温性能优异，在-269℃液氮中不会脆裂。

（三）耐化学腐蚀性

聚酰亚胺的耐溶剂性良好，对稀酸比较稳定，但是耐水解性较差，尤其不耐碱性水解。以长春高琦聚酰亚胺材料有限公司生产的聚酰亚胺纤维为样品进行试验，经硫酸、硝酸和盐酸三种酸处理后，对纤维的断裂强度和断裂伸长率影响程度从小到大依次为 H_2SO_4、HNO_3 和 HCl 溶液。经 5%NaOH 溶液处理 30min 后，纤维的断裂强度保持率和断裂伸长保持率分别下降到 46.9%和 51.4%；而经 10%NaOH 溶液室温处理 30min 后，纤维的断裂强度保持率和断裂伸长保持率分别下降到 31.6%和 31.4%。

（四）阻燃性能

聚酰亚胺被认为是已经工业化的聚合物中耐热性最好的品种之一，自身具有较高的阻燃性能，且发烟率低，属于自熄性材料，可满足大部分领域的阻燃要求。由于结构的多样性，不同的聚酰亚胺纤维产品的阻燃特性有明显差别，如 PMDA—ODA 结构聚酰亚胺纤维 LOI 值为 37%，P84 纤维的 LOI 值为 38%，一些特殊结构的聚酰亚胺纤维其 LOI 值甚至可高达 52%。

（五）介电性能和耐辐射性能

芳香族聚酰亚胺纤维的介电常数一般在 3~4，引入氟或将空气以纳米尺寸分散在纤维中，其介电常数可降到 2.5 左右。介电损耗仅 0.004~0.007，并且在很宽的温度和频率范围内仍能保持较好的稳定性。聚酰亚胺纤维受到高能辐射时，纤维大分子吸收的能量小于使分子链断裂所需要的能量，经高能的 γ 射线照射 8000 次以后，其强度和介电性能基本不变。经 80~100℃ 的紫外线照射 24h 后，力学强度保持率仍能达到 90%。

（六）其他性能

聚酰亚胺纤维的缺点是染色性能差。根据聚合物的化学结构，纤维的本色呈黄色。若需要彩色纤维，则在纺丝原液中加入有机颜料便可获得深色泽。聚酰亚胺纤维无生物毒性，可耐数千次消毒使用。一些品种在血液相容性试验中表现为非溶血性，体外细胞毒性试验为无毒。

表 7-11 为聚酰亚胺纤维与 P84 纤维的力学性能及热稳定对比。

表 7-11　国产干法聚酰亚胺纤维与 P84 纤维的力学性能及热稳定对比

技术指标	干纺 PI 纤维	P84 纤维
断裂强度/（cN·dtex^{-1}）	>4.0	3.8
断裂伸长率/%	15~25	30
玻璃化转变温度/℃	376	318
起始分解温度/℃	560	420

三、聚酰亚胺纤维的应用

（一）高温过滤领域

优越的耐高温、耐化学腐蚀等特性使聚酰亚胺纤维可在高温、高湿和高腐蚀性气体等极其恶劣的环境条件下长期使用。作为高温工况条件下袋式除尘器的滤料，其已经成功应用于铁合金行业的硅铁炉、锰铁炉、硅锰合金炉等除尘，火电厂、采暖、供热燃煤锅炉和燃煤工业锅炉除尘，垃圾焚烧、发电、医疗垃圾焚烧和危险废弃物焚烧的除尘，新型干法水泥生产线除尘等，性价比高，除尘效果良好。

（二）特种防护领域

聚酰亚胺纤维导热系数低 [300℃ 导热系数为 0.03W·(m·k)$^{-1}$]，阻燃性能好，具有优良的耐紫外、耐热氧化性能，可用于专业防护服，如森林防火服、消防战斗服以及化工、冶金、火力发电、地质、矿业和核工业等领域的专业防护服装。聚酰亚胺纤维的极限氧指数介于 35~50，为自熄性材料，在高温火焰中不燃烧、不熔融，而且没有烟雾放出。聚酰亚胺织物高温碳化，发烟率低，损毁长度是主流消防服面料的 1/5，利用聚酰亚胺纤维制备的防火服可极大地保障消防救援人员的生命安全和提高其作战能力。聚酰亚胺纤维的导热系数比羊绒还要低，因此也是一种颠覆性的保暖材料，与羊绒、羽绒相比，可以做到更轻、更薄。此外，聚酰亚胺纤维还通过了欧洲瑞士纺织测试研究所 OEKO-100TEX 婴儿级生态信心纺织品认证，成为婴儿用一级产品。抓绒衣已经列装森林武警部队；通过原液染色可得到黑色的聚酰亚胺纤维，制备成头套，列装特警部队；与其他阻燃纤维混纺，研发的消防毯等也已得到应用（图7-17）。

图7-17　聚酰亚胺纤维制品

（三）航天航空领域

高性能聚酰亚胺纤维可用于制造固体火箭发动机壳体，制造先进战斗机、运输机和航天器的机身、主翼、后翼等部件，可在地面武器系统、舰船、海陆空战斗武器减重等军控领域发挥重要作用。在航空航天领域，随着飞行器轻质高强要求的日益提高，特种纤维材料的需求量逐渐增大。此外，聚酰亚胺纤维除了可代替碳纤维作为先进复合材料的增强材料，还可用于防弹服织物、高比强绳索、宇航服、消防服、高温滤材等。

（四）聚酰亚胺中空纤维膜

研究表明，聚酰亚胺纤维对 CO_2/CH_4 体系的分离性能大大优于普通分离膜材料（如聚砜、醋酸纤维素等），既具有高的透过系数又有高的分离系数，对从天然气中除去 N，十分有利。同时，生产天然气时喷出气的压力较高，而聚酰亚胺具有优良的机械性能，因此纤维在 N_2/CH_4、CO_2/CH_4 分离中有很好的应用前景。在石油精制及化学工业中，高压情况较多，待分离物系中含有机物质且要求膜材料耐热，故可采用聚酰亚胺纤维来回收氢气。此外，利用聚酰亚胺纤维的耐腐蚀性和耐溶剂性，为在回收工厂尾气中的有机气体和渗透汽化等领域的应用提供了广阔前景。

项目五　聚苯硫醚纤维

聚苯硫醚全称为聚亚苯基硫醚（polyphenylene sulfide，PPS），是一种具有芳香环醚键的高分子化合物，是一种新型的高性能合成纤维，主要由高分子量的线型聚苯硫醚树脂纺丝制得。美国菲利普公司开发并注册了商品名为"Ryton"的 PPS 纤维。日本东洋纺公司的 PPS

纤维注册商标为 Procon，日本东丽公司的 PPS 纤维注册商标为 Torcon 之后。2006 年，江苏瑞泰科技有限公司根据与四川省纺织工业研究所共同开发的技术，成功进行 PPS 纤维试生产，年产 PPS 短纤 10000t，PPS 长丝 3000t。

一、PPS 纤维的结构

PPS 纤维的化学结构如下：

$$-\!\!\left\langle\!\!\bigcirc\!\!\right\rangle\!\!-S-$$

其分子主链由苯环和硫原子交替排列，几何形状结构对称，流动性在聚芳醚系列中最佳，易于加工成高性能的纤维。PPS 纤维的形态结构一般为纵向光滑，横截面为规整的圆形；纤维的整体外观效果较好，表现为毛羽很少，粗细均匀。PPS 纤维有特殊的过滤性能，其截面形状对其过滤性能的影响较为显著。作为过滤用的 PPS 纤维，国内目前纺丝得到的纤维截面基本上为圆形，国外主要是三叶形。三叶形纤维的比表面积比圆形截面的比表面积大得多，所以其过滤性能更高。

PPS 纤维是以苯环在对位上连接硫原子而形成大分子主链，具有半结晶性，一般的 PPS 纤维的结晶度为 50%～60%。在 PPS 的分子结构上含有大 π 键，为刚性主链，熔融挤出后的 PPS 切片为结晶性聚合物。PPS 切片纺丝后，其结晶结构发生变化，由结晶结构转变为半结晶结构。

PPS 纤维的横截面形态为圆形或近似圆形，其纵向形态为表面平滑，形态结构跟多数合成纤维类似（图 7-18）。

图 7-18　PPS 纤维的纵向、横向形态

二、PPS 纤维的性能

（一）物理性能

PPS 纤维的密度约为 1.34g·cm^{-3}，具有较高的结晶度，较好的力学性能和尺寸稳定性，适合在高温和高湿的环境下使用。PPS 纤维耐磨性能优异，1000r·min^{-1} 时的磨耗量仅为 0.04g。PPS 纤维吸湿率低，在相对湿度为 65% 时，吸湿率为 0.2%～0.3%，因而纤维的回潮

率极低；PPS 纤维阻燃性能较好，在火焰上能燃烧，且离火自熄，燃烧时呈黄橙色火焰，生成微量的黑烟灰，燃烧物不滴落，形成残留焦炭，表现出较低的延燃性和烟密度，发烟率低于卤化聚合物。在正常大气条件下不会燃烧，着火点为 590℃；PPS 纤维的电学性能良好，它的介电强度（击穿电压强度）为 13～17kV·mm^{-1}，介电常数为 3.9～5.1，在高温、高湿、变频等条件下仍能保持良好的绝缘性；PPS 纤维强度、伸长率和弹性等力学性能与聚酯相差无几，纺织加工性能良好。PPS 纤维的基本性能见表 7-12。

表 7-12　PPS 纤维的基本性能

密度/(g·cm^{-3})	回潮率/%	LOI/%	断裂强度/(cN·dtex^{-1})	断裂伸长率/%	熔点/℃	介电常数
1.37	0.6	34～35	3～4	15～35	285	3.9～5.1

（二）化学性能

PPS 高聚物分子主链上含有硫醚基，结构对称无极性，因此 PPS 纤维耐化学腐蚀性好，仅次于号称"塑料之王"的聚四氟乙烯（PTFE），能抵抗酸、碱、氯代烃、芳香烃、酮、醇、醋酸等化学品的侵蚀（表 7-13）。在 200℃下几乎不溶于任何化学溶剂。高温下，在不同的无机试剂中放置一周后其强度基本不损失，对甲苯和氧化类溶剂等抵抗较弱，只有强氧化剂（如浓硝酸、浓硫酸、铬酸）才能使纤维发生剧烈降解。此外，PPS 纤维不水解，可暴露在热空气中。在压力为 0.01MPa、温度为 95℃的水浴中浸渍 1000h，PPS 纤维的断裂强度和伸长率几乎没有变化。

表 7-13　PPS 纤维的耐化学腐蚀性能

化合物		温度条件/℃	暴露 7 天后强度保持率/%
酸	硫酸（48%）	93	100
	盐酸（10%）	93	100
	浓盐酸	60	95
	浓磷酸	93	100
	醋酸	93	100
	甲酸	93	100
碱	氢氧化钠（10%）	93	100
	氢氧化钠（30%）	93	100
氧化剂	硝酸（10%）	93	75
	浓硝酸	93	0
	铬酸（50%）	93	0～10
	次氯酸钠（50%）	93	20
	浓硫酸	93	10
	溴	93	0

续表

化合物		温度条件/℃	暴露 7 天后强度保持率/%
有机溶剂	丙酮	沸点	100
	四氯化碳	沸点	100
	氯仿	沸点	100
	二氯乙烯	沸点	100
	甲苯	93	75~90
	二甲苯	沸点	100

（三）耐热性能

PPS 的玻璃化转变温度（T_g）为 88℃，结晶温度（T_c）约为 125℃，熔点（T_m）约为 285℃，与常规合成纤维相近。耐热性好，可在温度 190℃以下的空气中连续使用（暴露在空气中 10^5h，强度保持率依然在 50%以上）；160℃高压釜汽蒸 160h，强度保持率在 90%以上。在 175℃下处理 104h 后强力保持率为 55%；在 230℃下处理 104h 后强力保持率仅为 47%；在高温下具有较高的强度保持率，将复丝置于 200℃的高温炉中，54 天后断裂强度基本保持不变。PPS 纤维在高温下具有优良的强度、刚性及耐疲劳性，可在 200~240℃下连续使用，且在 204℃高温空气中存放 2000h 后可保留 90%的强度，5000h 后保留 70%，8000h 后保留近 60%的强度，在 260℃高温空气中存放 1000h 后，保留 60%的强度；空气中温度达到 700℃时发生完全降解。

（四）阻燃性能

PPS 按 UL 标准属于不燃；自身阻燃，极限氧指数可达 34%~35%，着火点为 590℃；在火焰上能燃烧，燃烧呈黄橙色火焰，并生成微量黑烟灰，离开火焰燃烧立即停止，无滴落物，形成残留焦炭，发烟率低于卤化聚合物，烟密度和续燃性低；不需添加阻燃剂就可以达到 UL-94V-0 标准。几种纤维的 LOI 及耐热性见表 7-14。

表 7-14　几种纤维的 LOI 及耐热性

纤维种类	LOI/%	常用最高温度/℃	热分解温度/℃
PPS	35	190	450
间位芳纶	30	230	400
对位芳纶	28	250	550
Kemel	32	200	380
PBI	41	232	450
P84	40	260	550
Basofil	32	200	—
PBO	68	350	650
Teflon	95	250	327
棉	18	95	150

纤维种类	LOI/%	常用最高温度/℃	热分解温度/℃
毛	24	90	150
聚酯纤维	21	130	260
锦纶	21	130	220~225

（五）染色性

PPS 纤维的染色比较困难，缺乏亲水性，在水中膨化度较低，且纤维分子结构中缺少能与染料发生结合的活性基团，所以能用于纤维素或蛋白质纤维染色的染料不能用来染 PPS 纤维；PPS 纤维分子排列紧密，纤维中只存在较小的空隙，即使采用分子较小的分散染料染色，也存在一些困难。所以经常采用苯甲酸苄酯、N-异丙基邻苯二甲酰亚胺、N-正丁基邻苯二甲酰亚胺等载体进行高温高压分散染料染色。

（六）其他性能

PPS 纤维保温性能优良，其相对热传导率为 $5W \cdot (m \cdot ℃)^{-1}$，比用于毛毯的腈纶、羊毛和"天美龙"（日本制聚氯乙烯纤维）还低，接触肌肤有暖感。PPS 纤维大分子中有硫原子存在，对氧化剂比较敏感，耐光性较差。PPS 纤维对中低频声波的吸声性能较差，对高频的吸声性能较好。PPS 非织造布的降噪系数为 0.25，可作吸声材料使用。PPS 纤维与其他纤维的性能比较见表 7-15。

表 7-15 PPS 纤维与其他纤维性能比较

项目	PPS 纤维	芳纶 1313	聚酯纤维
密度/（g·cm^{-3}）	1.37	1.38	1.38
拉伸强度/（cN·dtex^{-1}）	3~5	4.0~4.9	4.2~5.7
伸长率/%	30~60	25~35	20~50
熔点/℃	285	400~430	255~260
长期使用温度/℃	190	210~230	80~120
耐酸性	○	×	△
耐碱性	○	○	×
耐有机药品性	○	×	△
LOI/%	35	30	20~21
耐汽蒸性	○	×	×

注 ○代表良，△代表中，×代表差。

三、PPS 纤维的应用

由于 PPS 纤维性能优异，用途十分广泛。在国外，PPS 纤维被确认是主要的特种功能过滤材料，用于火力发电厂、燃煤锅炉、垃圾焚烧炉以及取暖燃煤锅炉粉尘滤袋的过滤织物；在国内，随着环境越来越受到重视，PPS 纤维发展迅速，在燃煤电厂、工业燃煤锅炉、垃圾焚烧炉等得到了广泛应用，确立了该产品在环保行业的重要地位。表 7-16 为 PPS 纤维在各领域的应用。

表 7-16　PPS 纤维在各领域的应用

应用领域	用途	应用领域	用途
环境保护	过滤织物、除尘器	电子	电绝缘材料、特种用纸
化学工业	化学品的过滤	纺织	缝纫线、各种防护布、耐热衣料
航空工业	增强复合材料、阻燃、防雾	造纸	针刺毡干燥带
汽车工业	耐热件、耐腐蚀件、摩擦片		

（一）过滤除尘

PPS 纤维主要用于火力发电厂、燃煤锅炉、垃圾焚烧炉以及取暖燃煤锅炉粉尘滤袋的过滤织物。目前袋式除尘设备已占燃煤电力、燃煤锅炉除尘设备的 80% 左右，其滤袋材料全部采用 PPS 纤维。

近年来，我国高温袋式除尘的推广应用已取得较大进展，现已在钢铁厂、热电厂、垃圾焚烧炉、炭黑厂等领域得到应用，水泥厂的常温除尘已使用了袋式除尘。目前，国产的 PPS 短纤维已用于制作国内电厂使用的滤料。

（二）化学品的过滤

PPS 纤维还可用于腐蚀性强、溶液温度较高的化学品的过滤，如各种有机酸和无机酸、各种酚类、各种强极性溶剂等。PPS 纤维滤布用于高温磷酸的过滤，可避免传统的加强丙纶或聚酯纤维滤布因耐酸和耐热性差、易老化发硬发脆的缺点，将滤布的使用寿命由 2~3 天提高到两个月以上；可用于生产烧碱的化工厂，对 90℃ 左右、浓度为 40%~50% 的高温浓碱进行过滤；造纸用 PPS 针刺毡取代传统的 PA 针刺布，用作纸浆的滤网，可有效降低滤网的吸水率和变形率，提高滤网的耐用性、抗污性及透水率，应用于高速造纸机。

（三）高性能复合材料

PPS 纤维具有耐高温、耐腐蚀、阻燃等性能，可在航天航空及军事等领域中用于绝缘、阻燃等用途。PPS 纤维与碳纤维混织可作为高性能复合材料的增强织物和航空航天用复合材料，用作受力结构、耐热结构、隔热垫及耐腐蚀、耐辐射绝缘材料，如防辐射用军用帐篷、导弹外壳、隐形材料、特种纸、雷达天线罩、火箭的发动机套等。将 PPS 纤维用作宇航和核动力站所需的各种织物，如涂层织物、防辐射织物、防辐射军用帐篷、导弹外壳、隐形材料等。

（四）其他领域

PPS 纤维具有耐高温且不受汽车燃料中化学组分的腐蚀，比金属轻，价格相对某些合金便宜等优点，非常适合于汽车工业，其主要用来制作动力制动装置和动力导向系统的旋转式真空泵叶片、发动机活塞环、排气循环阀、点火开关零件、电磁线圈轴承、燃料喷射流量计电动窗、汽化器头阀、冷却水管和支撑架等。此外，PPS 纤维还成功用于汽车空调机用塑料皮带轮，不但减轻了重量，还降低了造价，且报废的皮带轮可以回收利用。

可将 PPS 制成的非织造布用于干燥机用帆布、防护产品、耐热衣料、特种包装材料等（图 7-19）。利用 PPS 纤维开发保温衣用材料，日本东丽公司利用 PPS 纤维的热遮蔽特性，开发出使用 PPS 复合丝的保温衣用材料，比原来的聚酯纤维衣料提高 30%～40% 的保温性，并降低 16% 穿衣时的接触冷感，因此可以降低冬季寒冷的不舒适感。通过进一步对其进行防水、防污等后处理后，使其不粘水和污物，从而可保持服装表面的干燥和清洁。

（a）PPS纤维保暖袜

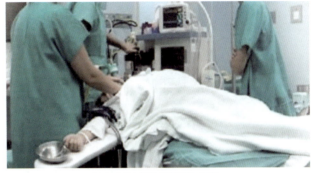
（b）含PPS纤维的医用防护服

图 7-19　PPS 纤维在民用纺织品领域的应用

项目六　聚苯并咪唑纤维

聚苯并咪唑纤维（polybenzimidazole fiber，简称 PBI）是一种高性能纤维，具有耐高温、阻燃、化学稳定性好等优良特性，有"阻燃之王"的美誉，其在航空航天、军工国防、消防保护、交通通信、环保净化等领域应用十分广泛，尤其在消防领域有着极高的应用价值。

一、PBI 纤维的结构

PBI 纤维是指由四元胺及其衍生物、二元羧酸及其衍生物为原料经溶液或熔融聚合的方法合成制得，是主链上含重复苯并咪唑环的一类聚合物，用于合成 PBI 的单体种类繁多，因此聚合所得 PBI 的结构也有很大差别。目前已有研究结果显示，PBI 的结构主要有如下四类：

其分子式如下：

PBI（Ⅰ）

PBI（Ⅲ）

PBI（Ⅱ）

PBI（Ⅳ）

（其中，R_1、R_2、R_3 和 R_4 为与聚合单体相对应的相关取代基团）

如图 7-20 所示，PBI 纤维在显微镜观察下，其纵向表面微观形貌与其他常见的一些合成纤维如聚酯纤维、锦纶、腈纶等并无明显区别。但其横截面特征比较明显、呈现出"哑铃状"或"腰圆状"，这在高性能阻燃纤维材料中非常少见。

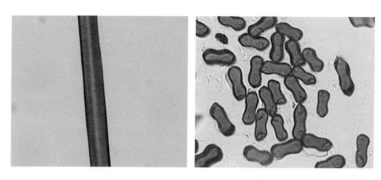

图 7-20　PBI 纤维纵向、横向形态图

二、PBI 纤维的性能

（一）物理性能

PBI 的刚性分子结构赋予了 PBI 纤维良好的机械性能、优越的尺寸稳定性和耐磨性，但目前对于不同结构 PBI 力学性能的研究比较少，只有已商品化的聚 2,2′-间亚苯基-5,5′-双苯并咪唑纤维，其主要性能指标见表 7-17。

表 7-17　PBI 纤维的主要性能指标

线密度/dtex	抗张强度/ $(cN \cdot dtex^{-1})$	初始模量/ $(cN \cdot dtex^{-1})$	断裂伸长率/%	卷曲度（短纤）/%	含油率/%	密度/ $(g \cdot cm^{-3})$
1.7	2.4	28.0	28.0	28.0	0.25	1.43

（二）化学性能

PBI 纤维具有良好耐化学试剂性能，包括耐无机强酸、强碱和有机试剂。研究表明，将 PBI 纤维放置在 75% 浓硫酸蒸汽中 3h 后，即使经 400℃ 以上高温硫酸蒸汽处理，PBI 纤维的强度仍可保持初始强度的 50% 左右。另外，PBI 纤维耐蒸汽水解性很强，如将纤维在 182℃ 高压蒸汽中处理 16h 后，其强度基本不变。用无机酸、碱处理 PBI 纤维后，其强度保持率在 90% 左右，而一般有机试剂对其强度无影响。

（三）阻燃性能

PBI 纤维在空气中不燃烧，也不熔融或形成熔滴，LOI 达到了 41%，显示出了优异的阻燃性能，属于不燃纤维。在 600℃ 火焰中，纤维收缩率为 10%，在火焰中暴露较长时间，也没有进一步的收缩，其织物仍保持完整及柔软。

（四）热稳定性能

PBI 分子链主要是由含有杂环的芳香族链区构成，其结构由于共振而稳定，熔融温度较高（大多数超出分解温度），强度和刚度较大，纤维含氢量低，因此，PBI 纤维具有突出的耐高温性能。如将 PBI 纤维在 500℃氮气中处理 200min，由于相对分子质量增大及发生交联等，其玻璃化温度（TR）可提高到 500℃左右；即使在-196℃时，PBI 纤维仍有一定韧性，不发脆。PBI 纤维的热收缩率较小，沸水收缩率为 2%，在 300℃和 500℃空气中收缩率分别为0.1%和 5%~8%，这使其织物在高温下甚至炭化时仍保持尺寸稳定性、柔软性和完整性。

（五）染色性能

PBI 纤维为金黄色，其化学结构和形态结构类似于羊毛，可采用分散染料和酸性染料进行染色。由于该纤维的玻璃化转变温度很高，约在 400℃以上，加之大分子上存在氢键，使其自身有强的联结，因此染料扩散时所需的聚合物链段的活动受到了严格的限制，所以用常规方法染色效果差。目前广泛采用的是原液染色法，但色谱不全。

（六）其他性能

PBI 纤维具有较高的回潮率，在 65%的湿度下，20℃时吸湿达 15%，吸湿性强于棉、丝及普通化学纤维，因而在加工过程中不会产生静电，具有优良的纺织加工性能，其织物具有良好的服用舒适性。

当然，PBI 纤维也有其自身的缺点：咪唑环能吸收可见光并发生光降解，特别是在氧存在时这种现象更加明显，所以 PBI 纤维耐光性较差。

三、PBI 纤维的应用

PBI 纤维的耐热、阻燃性能突出，使其在航空航天、消防服和防护服装、工业等领域都有一定的应用。

（一）在航空航天领域中的应用

PBI 纤维在高温环境下不燃烧，不会产生有害气体，产生的烟雾也比较少，能满足航空航天人员在特殊外界条件下对自身的保护要求。美国研究人员研发了一系列用于航天服与航天器的 PBI 纺织品，如阿波罗号和空间试验室宇航员的航天服、内衣，以及驾驶舱内的阻燃材料。PBI 纤维还可用于制作航天器重返地球时的制动降落伞及喷气飞机减速用的减速器、热排出气的储存器等。

（二）在消防服及防护服装中的应用

消防服的外层织物由于直接面对热源，其性能对消防服的热防护性能有重要影响。PBI纤维优良的阻燃、耐高温性能，使其在高质量消防服装上有了一定的应用。1978 年，PBI 纤维材料被推广到美国消防系统中用于消防员装备的外部防护材料，取名 PBIGold，由 40%耐高温的 PBI 纤维材料和 60%高强度芳香族聚酰胺纤维材料构成。这种复合纤维在极高温度环境以及暴露在火焰中等情况下，都不收缩不变脆不断裂。同时，PBI 纤维也可以用于飞行服、赛车服、救生服以及钢铁、玻璃等制造业的工作服（图 7-21）。

（三）在工业上的应用

在工业上，利用 PBI 纤维的耐热抗燃、耐化学试剂等特点，制成的滤布或织物可用于工业产品过滤、废水及淤泥类过滤、粉土捕集、烟道气和空气过滤、高温或腐蚀性物料的传输等。此外，该纤维制成的织物，还可用于阻燃等级要求较高的高速列车及潜艇等的内饰材料，制作飞机、汽车等的内装饰材料和家用防火材料如帘布、地毯、装饰品、带状纺织品等。

图 7-21　PBI 纤维在宇航服、消防服上应用

项目七　聚对苯撑苯并二噁唑纤维

聚对苯撑苯并二噁唑纤维（poly-p-phenylenebenzobisthiazole，PBO）简称 PBO 纤维，其商品名为柴隆（Zylon）。PBO 纤维具有超高强度、超高模量、超高耐热性、超阻燃性四项"超"性能，是目前所发现的有机纤维中性能最好的纤维之一，被誉为 21 世纪超级纤维。

一、PBO 纤维的结构

PBO 纤维是一种芳香族杂环刚性链状高分子化合物，其分子结构如图 7-22 所示，分子链在液晶纺丝过程中形成高度取向的二维有序结构，最显著的特征是大分子链、晶体和微纤/原纤均沿纤维轴向呈现几乎完全取向的排列，形成高度取向的有序结构。

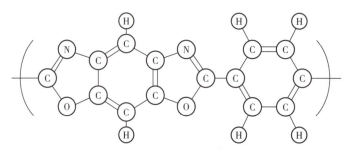

图 7-22　PBO 分子结构

PBO 纤维是由液晶纺丝法制备的，其最显著的特征是大分子链、晶体和微纤/原纤均沿纤维轴向呈现几乎完全的取向排列，形成高度取向的有序结构。由几条分子链结合形成微纤，

再通过分子间力结合在一起构成纤维。PBO 的纺丝原液具有向列性液晶性质，在凝固成型时，其结构变化如图 7-23 所示，伸直链分子聚集微纤网络，高度取向和结晶组成原纤结构，初生丝结晶大小约为 10nm，纤维经过热处理，结构进一步致密，结晶也更加完整，晶粒尺寸增长到 20nm，所以纤维模量增加很多，这使得 PBO 具有很多优异的力学性能。

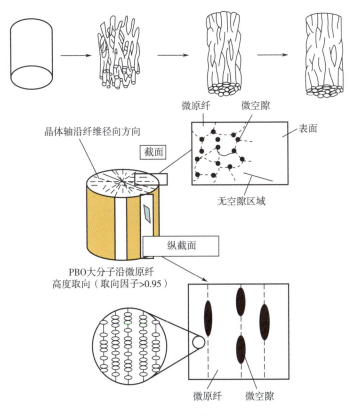

图 7-23　PBO 纤维结构图

PBO 纤维表面形态和大多数合成纤维类似，纵向光滑平整，如图 7-24 所示。PBO 纤维呈皮芯结构，其表面为光滑皮质区，尺寸约为 0.2μm 厚，无微孔，皮质组织致密，取向高；芯层是由微纤维组成的，位于核心皮层下方。微纤维由 PBO 大分子链组成，沿纤维轴向高度取向。纤维直径为 10~50nm，微纤丝之间分布着许多毛细微孔，这些微孔通过微纤丝之间的裂缝或者微孔相互连接，晶体细胞位于纤维轴上，并沿 α 轴择优取向，沿纤维径向横截面方向排列。

图 7-24　PBO 纤维纵向形态

二、PBO 纤维的性能

（一）物理性能

PBO 作为 21 世纪超性能纤维，具有十分优异的力学性能和化学性能，其强力、模量为

Kevlar（凯夫拉）纤维的 2 倍，并兼有间位芳纶耐热阻燃的性能，而且物理化学性能完全超过迄今处于领先地位的 Kevlar 纤维。PBO 纤维性能见表 7-18。

表 7-18 PBO 纤维性能

性能指标	断裂强度/$(N \cdot tex^{-1})$	模量/GPa	断裂伸长率/%	密度/$(g \cdot cm^{-3})$	回潮率/%	LOI/%	裂解温度/℃
ZylonHM	3.7	280	2.5	1.56	0.6	68	650
ZylonAS	3.7	180	3.5	1.54	2	68	650

PBO 纤维的拉伸强度为 5.8GPa，拉伸模量可达 280～380GPa，抗压强度仅为 0.2～0.4GPa，相比较其拉伸强度相差甚远。目前研究者已经在增强 PBO 纤维抗压性能这一领域展开研究，如采用交联法、涂层法以及引入取代基都是有效地提高抗压性能的方法。

PBO 纤维在受冲击时可原纤化而吸收大量的冲击能，是十分优异的耐冲击材料。PBO 纤维复合材料的最大冲击载荷和能量吸收均高于芳纶和碳纤维，在相同的条件下，PBO 纤维复合材料的最大冲击载荷可达 3.5kN，能量吸收为 20J；而 T300 碳纤维复合材料的最大冲击载荷为 1kN，能量吸收约 5J，高模量芳纶复合材料的最大冲击载荷约为 1.3kN，能量吸收略大于碳纤维。PBO 纤维在 50%断裂载荷下 100h 的塑性形变不超过 0.03%。在 50%的断裂载荷下的抗蠕变值是同样条件下对位芳纶的 2 倍。PBO 纤维在吸脱湿时尺寸变化和特性变化小。PBO 纤维的耐磨性优良，在 0.88cN · dtex^{-1} 的初始张力下，PBO-AS 和 PBO-HM 磨断循环周期为 5000 次和 3900 次，而对位芳纶和高模量对位芳纶分别为 1000 次和 200 次。PBO-AS 和 PBO-HM 纤维在 300℃空气中处理 100h 之后的强度保持率分别为 48%和 42%。PBO-HM 纤维在 400℃还能保持在室温时强度的 40%、模量的 75%。在高达 500℃和 600℃时仍能保持 40%和 17%的室温强度。PBO 在 180℃饱和热蒸汽中处理 50h 后强度保持率为 40%～50%，处于对位芳纶和间位芳纶之间。PBO 在 300℃热空气中无张力处理 30min，收缩率只有 0.1%。PBO 纤维的抗压强度只有 0.2～0.4GPa，相比较其拉伸强度相差甚远。

（二）化学性能

PBO 纤维具有优异的耐化学性，几乎在所有的有机溶剂及碱中都是稳定的。但能溶解于 100%的浓硫酸、甲基磺酸、氯磺酸、多聚磷酸。此外，PBO 对次氯酸也有很好的稳定性，在漂白剂中 300h 后仍保持 90%以上的强度。

由图 7-25～图 7-29 可知，PBO 纤维经酸碱处理后，纤维表面形态发生不同程度的变化。经硝酸处理后纤维表面产生大量细纹、沟壑和凹槽，甚至发生变形，纤维表面刻蚀最严重，表层有大量剥落；经硫酸处理的纤维，有少量细纹、凹槽，纤维表层有少量剥落，刻蚀较硝酸轻；盐酸处理的 PBO 纤维，表面产生少量细纹，表层剥落较少，刻蚀是所有酸处理中最轻的；氢氧化钠处理 PBO 纤维，有少许的细纹产生，纤维几乎无损伤。

图 7-25 PBO 原纤维

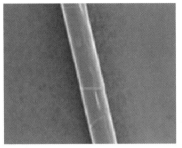

图 7-26 80% H_2SO_4 处理

图 7-27 30% HCl 处理

图 7-28 40% HNO_3 处理

图 7-29 30% NaOH 处理

（三）吸湿性

PBO 纤维的吸湿率比芳纶小，PBO-AS 的吸湿率为 2.0%，PBO-HM 的吸湿率为 0.6%，而对位和间位芳纶的吸湿率都为 4.5%。

（四）耐热及阻燃性能

PBO 纤维没有熔点，是迄今为止耐热性最高的有机纤维，其分解温度高达 650℃，可在 300℃下长期使用。PBO 纤维的极限氧指数（LOI）为 68%，在有机纤维中仅次于聚四氟乙烯纤维（LOI 为 95%）。PBO 纤维织物经垂直法燃烧试验证实：在接触火焰时不收缩，移去火焰后基本无残焰，炭化长度小于 5mm。

（五）耐光及染色性能

PBO 纤维耐日晒性能较差，暴露在紫外线中的时间越长，强度下降越多。特别是经过 40h 的日晒实验，芳纶的拉伸断裂强度值还可以稳定在原值的 80% 左右，而 PBO 纤维的拉伸断裂强度值仅为原来的 37%。PBO 纤维分子非常刚直且密实性高，染料难以向纤维内部扩散，所以染色性能差，一般只可用颜料印花着色。

三、PBO 纤维的应用

（一）耐热和阻燃材料

利用 PBO 纤维耐热的特点，可将其制成温度超过 350℃的耐热垫和高温滚筒。用 PBO 纤维制成的高温过滤袋和过滤毡，高温下长期使用仍可保持高强度、高耐磨性。PBO 纤维阻燃性好，在火焰中不燃烧、不皱缩，并且非常柔软，适用于高性能的消防服、炉前工作服、焊接工作服等处理熔融金属现场用的耐热工作服以及军服。

（二）增强和高拉力材料

PBO 纤维的拉伸强度和模量约为对位芳纶的两倍。特别是弹性模量，作为直链型高分子，被认为是有极限弹性模量。刚直性分子链又赋予了 PBO 纤维优异的耐热性，比对位芳纶的耐热温度高 100℃，是目前综合性能最优异的一种有机纤维（图 7-30）。利用 PBO 纤维高模量的特性，可用于光导纤维的增强，可减小光缆直径，使之易于安装，减少通信中的噪声。

PBO 纤维也可在密封垫片、轮胎、胶带（运输带）、胶管等橡胶制品，各种树脂、塑料、混凝土抗震水泥构件和高性能同步传动带中作为增强纤维。PBO 纤维还可做电热线、耳机线等各种软线的增强纤维以

图 7-30　PBO 纤维防弹头盔

及弹道导弹和复合材料的增强组分。利用 PBO 纤维的高强及高模量特性，可用于绳索和缆绳等高拉力材料、光纤电缆承载构件、纤维光缆的受拉件、光缆的保护膜件材料、桥梁缆绳、航海运动帆船的主缆以及赛船用帆布。

（三）防弹抗冲击材料

在纤维增强塑料领域，由于要求高弯曲刚性，其增强材料一般以碳纤维为主流，但碳纤维增强树脂型复合材料存在的一个问题是耐冲击性低，PBO 纤维的耐冲击强度远远高于由碳纤维以及其他纤维增强的复合材料，能吸收大量的冲击能，利用其优异的抗冲击性能，应用于防弹材料，使装甲轻型化，也可用于导弹和子弹的防护装备，如警用的防弹衣、防弹头盔、防弹背心。

（四）民用领域

PBO 纤维可用作防切伤的保护服、安全手套和安全鞋、赛车服、骑手服、各种运动服和活动性运动装备、飞行员服、防割破装备以及其他体育用品，如羽毛球、网球拍、高尔夫球杆及钓鱼竿，山地自行车及赛车制动器、滑雪板、托柄、盔、降落伞、船帆、运动鞋、跑鞋、钉鞋、溜冰鞋等。已有体育用品公司开发出全 PBO 纤维增强复合材料的运动自行车轮辐和网球拍，另外，在赛艇建造方面也已有应用。

（五）航天航空领域

PBO 纤维在航天领域可用于火箭发动机隔热、绝缘、燃料油箱、太空中架线、行星探索气球等方面。美国曾打算把行星探测遥控装置送上金星，使用 PBO 气球（内装遥控装置）进行探测。金星地表温度为 460℃，金星上空的硫酸云中的温度为 -10℃，在这样的温度下，能使用的耐热性气球薄膜材料只有 PBO。PBO 纤维还可用于弹道导弹、战术导弹和航空航天领域使用的复合材料增强材料，主要用于军用飞机、宇宙飞船及导弹等的结构材

料，在火星轨道探测器的空气袋应用方面，特别是对减少发射经费起着重要的作用。此外PBO纤维已广泛用于各种武器装备，对促进武器装备的轻量化、小型化和高性能化起着至关重要的作用。

（六）国防军工领域

PBO纤维可用于防护设备、防弹背心（图7-31）、防弹头盔和高性能航行服；用于舰艇的结构材料，降落伞用材料，制造飞机机身等；用于弹道导弹、战术导弹的复合材料用增强材料。北京宇航通泰技术中心、天津特种纤维复合加工中心、德国Robuso公司研发并推出了采用独特设计和制造方法制造出的PBO纤维新工艺防弹衣系列产品，这种产品不仅能有效地阻止不同级别弹头穿过，而且可以避免或极大地减轻人体受子弹袭击时带来的非贯穿性伤害，并能完整吸附高能子弹带来的击穿能量。

图7-31　PBO纤维防弹衣

参考文献

[1] 肖长发 . 化学纤维概论［M］. 3版 . 北京：中国纺织出版社，2015.

[2] 沈新元 . 化学纤维手册［M］. 北京：中国纺织出版社，2008.

[3] 西鹏 . 高技术纤维概论［M］. 2版 . 北京：化学工业出版社，2015.

[4] 李金宝，张美云，吴养育 . 对位芳纶纤维结构形态及造纸性能［J］. 中国造纸，2004（10）：56-59.

[5] 陈运能 . 新型纺织原料［M］. 北京：中国纺织出版社，1998.

[6] 于伟东，储才元 . 纺织物理［M］. 2版 . 上海：东华大学出版社，2009.

[7] 夏志林 . 纺织天地［M］. 济南：山东科学技术出版社，2013.

[8] 李佳宁，刘明月，马建伟 . 聚四氟乙烯纤维的制备方法及应用研究［J］. 山东纺织科技，2022（2）：23-25.

[9] 李栋 . 聚四氟乙烯材料在石油行业中的研究应用［J］. 浙江化工，2019，50（2）：10-15，37.

[10] 张天，胡祖明，于俊荣，等 . PTFE纤维制备技术的研究进展［J］. 合成纤维工业，2012，35（3）：36-39，43.

［11］曹意，郭亚．聚四氟乙烯纤维的制备与应用［J］．成都纺织高等专科学校学报，2017，34（3）：204-208.

［12］王祥花，肖敬华，杨芳芳，等．聚四氟乙烯人造血管动静脉内瘘的应用及护理［J］．齐鲁护理杂志，2020，26（3）：126-127.

［13］崔书健．耐性优良的聚四氟乙烯纤维［J］．纺织科学研究，2019（9）：54-59.

［14］赵莹，王笃金，于俊荣．超高分子量聚乙烯纤维［M］．北京：国防工业出版社，2018.

［15］崔淑玲．高技术纤维［M］．北京：中国纺织出版社，2016.

［16］董卫国．新型纤维材料及其应用［M］．北京：中国纺织出版社，2018.

［17］石姗姗，孙勇飞，张磊，等．超高分子质量聚乙烯纤维的制备和应用综合综述［J］．合成纤维，2021，50（5）：16-21.

［18］张清华．聚酰亚胺高性能纤维［M］．北京：中国纺织出版社有限公司，2019.

［19］吴浩，郑森森，苗岭，等．干法纺丝聚（苯并咪唑-酰亚胺）纤维的制备及性能研究［J］．合成纤维工业，2018，41（1）：1-5.

［20］郭光振，郑少明，刘贵，等．聚苯并咪唑纤维定性鉴别方法［J］．中国纤检，2019（6）：68-72.

［21］盛向前．聚苯硫醚纤维在民用纺织品领域的应用［J］．国际纺织导报，2021，49（3）：7-9.

［22］陆艳．聚苯硫醚纤维的定性鉴别［J］．纺织科技进展，2018（3）：26-28.

［23］蔡小川，张海涛，韩建国，等．超高性能PBO纤维的发展及性能应用［J］．辽宁化工，2016，45（11）：1435-1438.

［24］刘姝瑞，张明宇，谭艳君，等．PBO纤维性能测试研究［J］．纺织科学与工程学报，2020，37（4）：34-41.

［25］史纪友，李磊，廖金银，等．PBO纤维的开发与应用［J］．合成纤维工业，2017，40（3）：56-62.

［26］李俊龙．基于PBO纤维阻燃耐磨面料的开发与性能研究［D］．上海：东华大学，2022.